スバラシク面白いと評判の

初めから始める数学B

改訂10 revision

馬場敬之

マセマ出版社

◆ はじめに ◆

みなさん, こんにちは。数学の**馬場敬之** (ばばけいし) です。みんな高校生活でも元気に活動していることだと思う。でも, **高2で習う数学 II・B**は高校数学の中でも特に内容が豊富でレベルも高いので, 勉強している割には思った程成績が伸びなくて, 悩んでいるかもしれないね。

そんな数学 II・B で困っている人たちを助けるために, どなたでも読める, この**「初めから始める数学 B 改訂 10」**を書き上げたんだよ。

この**「初めから始める数学 B 改訂 10」**は, **「同　数学 II」**の続編で, 偏差値 40 前後の数学アレルギーの人でも, 初めから数学 B をマスターできるように, それこそ**中学・高1レベルの数学からスバラシク親切に解説した, 読みやすい講義形式の参考書**なんだよ。

本書では, **"平面ベクトル"**, **"空間ベクトル"**, **"数列"**, そして**"確率分布と統計的推測"**と, 数学 B のすべての重要テーマを豊富な図解と例題, それに読者の目線に立った分かりやすい**語り口調の解説**で, ていねいに教えている。

数学 B は図形的な要素や重要な数学的要素を含んでいるため, これをどのように教えるべきか, 毎日検討を重ねながら作り上げたものが, この**「初めから始める数学 B 改訂 10」**なんだ。だから, これまでベクトルや数列などの入口で躓き, 分からなくて苦しんでいた人達も, その糸口がつかめ, **数学 B の面白い世界に一歩足を踏み入れる**ことができるんだよ。しかも, 内容は本格的だから, 数学 B のシッカリとした基礎力も身に付けることができるはずだ。

本当に数学に強くなりたかったら, 焦ることはない。まず, 本書で基礎力を確実に固めることだ。そして, **「基本が固まれば, 応用は速い」**ので, その後, 数学の学力を**飛躍的に伸ばしていく**ことも可能だよ。マセマでは, **"サクセス・ロード"**として, 完璧な学習システムを確立しているので, 本書をマスターした後, キミ達それぞれの目標に合わせて利用してくれたらいい。

この本は **15 回の講義形式** になっており，流し読みだけなら **2 週間程度** で読み切ってしまうこともできる。まず，この **「流し読み」** により，本書の全体像をつかみ，大雑把だけれど，どのようなテーマをこれから勉強していくのかをつかんでほしい。でも，**「数学にアバウトな発想は一切通用しない」** ので，必ずその後で **「精読」** して，講義や，例題・練習問題の解答・解説を完璧に **自分の頭でマスター** するようにするんだよ。この **自分で考える** という作業が特に大切だ。

　そして，自信が付いたら今度は，解答を見ずに **「自力で問題を解く」** ことだ。そして，自力で解けたとしても，まだ安心してはいけない。人間は忘れやすい生き物だから，その後の **「反復練習」** をシッカリやることだ。**練習問題** には 3 つのチェック欄を設けておいたから，1 回自力で解く毎に "○" を付けていけばいい。最低でも 3 回は自力で問題を解くことを勧める。また，毎回○の中に，その問題を解くのにかかった **所要時間(分)** を書き込んでおくと，**自分の成長過程** が分かって，さらにいいかもしれないね。

　「流し読み」，**「精読」**，**「自力で解く」**，そして **「反復練習」**，この **4 つ** がキミの実力を本物にしてくれる大切なプロセスなんだ。この反復練習を何度も繰り返して，**本物の実力** を身に付けることができるんだよ。

　これまで，不安で立ちすくんでいた人たちの頭の中にも，初めはゆっくりとだろうけれど，**マセマの強力な数学エンジンが回転をはじめる** んだね。これから，数学の面白さ，楽しさが分かるように様々な話を盛り込みながら，ていねいに教えていくから，緊張する必要はないよ。むしろ，気を楽に，楽しみながらこの本と向き合っていってくれたらいいんだよ。

　これで，心の準備も整った？　いいね！それでは，早速講義を始めよう！

マセマ代表　馬場 敬之

> この改訂 10 では，漸化式と数学的帰納法の問題をより教育的な問題に差し替えました。

◆ 目 次 ◆

第1章 平面ベクトル

第2章 空間ベクトル

4

第3章　数列

第4章　確率分布と統計的推測

第 1 章
CHAPTER

平面ベクトル

― テーマ ―

▶ ベクトルの 1 次結合，まわり道の原理

▶ 平面ベクトルの成分表示，内積

▶ 平面ベクトルの内分点・外分点の公式

▶ ベクトル方程式

1st day　ベクトルの1次結合，まわり道の原理

　みんな，おはよう！さわやかな朝だね。さァ，今日から気分も新たに，数学 B の講義を始めよう！最初のテーマは，"**平面ベクトル**"だよ。ベクトルには，"**平面ベクトル**"と"**空間ベクトル**"の2種類があるんだけれど，この章ではまず平面上のベクトル，つまり"**平面ベクトル**"について教えよう！ン？みんな，ベクトルって何！？って顔をしてるね。

　実はこのベクトルとは，"**大きさ**"と"**向き**"をもった量のことで，図形的には"**矢線**"で表記することになる。だから，初めから図を沢山使ったビジュアル (視覚的) な授業になるから面白いと思うよ。

　今日の講義では，ベクトルの基本として，"**ベクトルの定義**"，"**ベクトルの1次結合**"，それに"**まわり道の原理**"まで教えるつもりだ。ベクトルには独特の考え方があるので，初めは少し戸惑うかも知れないね。でも，今回もまた分かりやすく教えるから，すべてマスターできるはずだ。

● ベクトルって，何だろう!?

　「毎秒 10m の速さで，東向きに移動する。」とか，「100N の力が下向きに働く。」とか，世の中には，"**大きさ**"と"**向き**"をもった量が沢山存在するんだね。もちろん，数学では，"m/秒"や"N(ニュートン)"といった物理的な単位は切り捨てて考えるんだけど，この"**大きさ**"と"**向き**"をもった量のことを"**ベクトル**"と呼ぶんだよ。

　ベクトルは，普通の実数 a，b などと区別するため，頭に"→"をつけて，$\vec{a}$, $\vec{b}$ などと表す。

"ベクトル a" "ベクトル b" と読む！

$\vec{a}$ の例として，図1に示した

図1　ベクトル $\vec{a}$

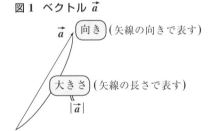

向き (矢線の向きで表す)

大きさ (矢線の長さで表す)

$|\vec{a}|$

・$\vec{a}$ の"**大きさ**"は，矢線の長さで表示し，これを $|\vec{a}|$ と表す。

"$\vec{a}$ の大きさ" と読む！

・また，$\vec{a}$ の"**向き**"は，文字通り矢線の向きで表す。

8

エッ，実際に $|\vec{a}|=3$ と $|\vec{b}|=2$ の 2 つのベクトル $\vec{a}$ と $\vec{b}$ をどのように描くのかって？図 2 に示すように，まず $\vec{a}$ の向きに適当な長さの矢線をとって，それを $\vec{a}$ と定めればいいんだね。そして，この $\vec{a}$ の大きさ $|\vec{a}|$ を 3 と考えるので，次 $|\vec{b}|=2$ のベクトル $\vec{b}$ は，$\vec{b}$ の向きに，この $\vec{a}$ の長さの $\dfrac{2}{3}$ の大きさをとって，示せばいいんだね。要領は分かった？

図 2 $\vec{a}$ と $\vec{b}$

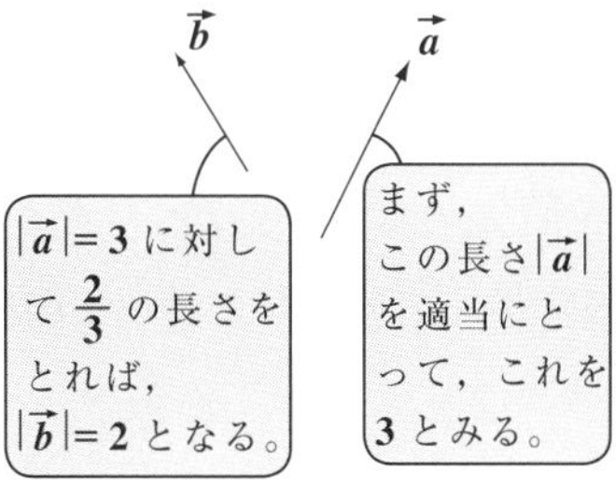

$|\vec{a}|=3$ に対して $\dfrac{2}{3}$ の長さをとれば，$|\vec{b}|=2$ となる。

まず，この長さ $|\vec{a}|$ を適当にとって，これを 3 とみる。

　次，ベクトルというのは "大きさ" と "向き" をもった量なので，逆に言うならば，"大きさ" と "向き" さえ同じであるならば平行移動しても，$\vec{a}$ は同じ $\vec{a}$ であり，$\vec{b}$ は同じ $\vec{b}$ なんだね。その様子を図 3 に示しておいた。これも，ベクトルの重要な性質なんだよ。

図 3 $\vec{a}$ と $\vec{b}$

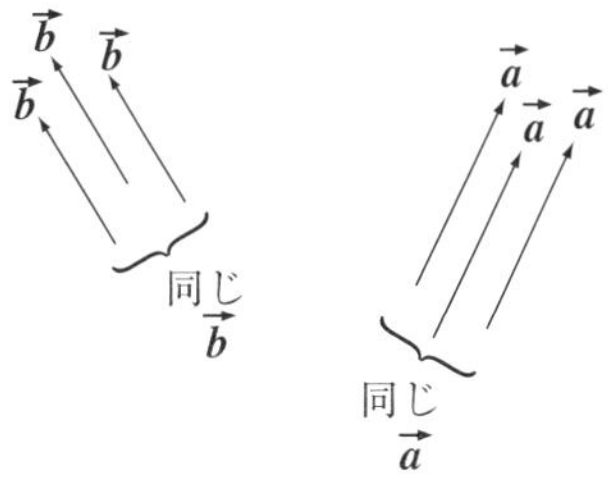

同じ $\vec{b}$

同じ $\vec{a}$

　高校で学習するベクトルには，実は，

$$\begin{cases} (\text{I}) \textbf{ 平面ベクトル } & \text{と} \\ (\text{II}) \textbf{ 空間ベクトル } & \text{の 2 種類がある。} \end{cases}$$

空間ベクトルについては，第 2 章で解説するね。

(I) **平面ベクトル**は，文字通りある平面上にのみ存在するベクトルのことで，これに対して，(II) **空間ベクトル**は 3 次元空間に広く存在するベクトルなんだ。でも，この章では平面ベクトルだけに話しをしぼって解説していこうと思う。これでベクトルの基本がすべて身に付くからなんだね。

　ここで，$\vec{a}$ や $\vec{b}$ など以外のベクトルの表し方についても言っておこう。図 4 に示すように，平面上に 2 つの定点 A, B が与えられているとき，A から B に向かうベクトルを $\overrightarrow{AB}$ と表すことも覚えておこう。このとき，A を "始点"，B を "終点" という。

図 4 $\overrightarrow{AB}$

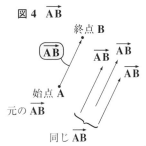

終点 B

$\overrightarrow{AB}$

$\overrightarrow{AB}$　$\overrightarrow{AB}$

$\overrightarrow{AB}$

始点 A

元の $\overrightarrow{AB}$

同じ $\overrightarrow{AB}$

9

そして、いったんベクトル $\overrightarrow{AB}$ になったならば、元の **2** 定点から離れて、平行移動したものも、同じ $\overrightarrow{AB}$ になる。"大きさ"と"向き"が元の $\overrightarrow{AB}$ と同じだからだ。納得いった？ だから、図 **5** に示すような、平行四辺形 **ABCD** が与えられたとき、

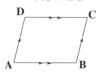

図 **5** 平行四辺形 **ABCD**

・図 **5**（ⅰ）のように、$\overrightarrow{AB}$ と $\overrightarrow{DC}$ は"大きさ"と"向き"が等しいベクトルなので、

$$\overrightarrow{AB} = \overrightarrow{DC} \cdots\cdots ① \quad \text{となるんだね。}$$

（ⅰ）$\overrightarrow{AB} = \overrightarrow{DC}$

・同様に、図 **5**（ⅱ）のように、$\overrightarrow{AD}$ と $\overrightarrow{BC}$ も、"大きさ"と"向き"が等しいベクトルなので、

$$\overrightarrow{AD} = \overrightarrow{BC} \cdots\cdots ② \quad \text{となる。}$$

ここで、$\overrightarrow{AB} = \vec{a}$ とおくと、①より、

$$\overrightarrow{DC} = \vec{a} \quad \text{となるし、}$$

また、$\overrightarrow{AD} = \vec{b}$ とおくと、②より、

$$\overrightarrow{BC} = \vec{b} \quad \text{となるんだね。大丈夫だね。}$$

（ⅱ）$\overrightarrow{AD} = \overrightarrow{BC}$

● **ベクトルを実数倍してみよう！**

次、$\vec{a}$ の**実数倍**について解説しよう。$\vec{a}$ に実数 k をかけたもの、すなわち $k\vec{a}$ は、k の符号（⊕,⊖）によって、**2** つに分類される。

図 **6** $\vec{a}$ の実数倍

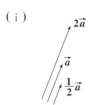

（ⅰ）

図 **6**（ⅰ）に、$k > 0$ のときの例として、$k = \dfrac{1}{2}$ と **2** のときのものを示した。$\vec{a}$ に対して、$\dfrac{1}{2}\vec{a}$ と $2\vec{a}$ は、$\vec{a}$ と同じ向きで、その大きさはそれぞれ $\vec{a}$ の $\dfrac{1}{2}$ 倍、**2** 倍になるんだね。

（ⅱ）

図 **6**（ⅱ）に、$k < 0$ のときの例として、$k = -\dfrac{1}{2}$ と -1 と -2 のときのものを示した。$\vec{a}$ に対して、$-\dfrac{1}{2}\vec{a}$,　$-1 \cdot \vec{a}$,　$-2 \cdot \vec{a}$ は、$\vec{a}$ と反対の向きで、

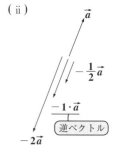

その大きさはそれぞれ, $\vec{a}$ の $\frac{1}{2}$ 倍, **1** 倍, **2** 倍になるのが分かると思う。

ここで, $-1 \cdot \vec{a} = -\vec{a}$ と表し, これを特に "$\vec{a}$ の逆ベクトル" と呼ぶ。逆ベクトル $-\vec{a}$ は, $\vec{a}$ と大きさが同じで, 向きが逆向きのベクトルのことなんだね。

最後に, $k=0$ のとき, $0 \cdot \vec{a}$ がどうなるかについても話しておこう。この場合, $0 \cdot \vec{a} = \vec{0}$ とおいて, これを "零ベクトル" と呼ぶ。この零ベクトル $\vec{0}$ は, 大きさが **0** のベクトルなんだ。エッ, $\vec{0}$ はどんな "矢線" で示すのかって? $\vec{0}$ は大きさが **0** だから, これまでのような "矢線" では表すことのできない特殊なベクトルだけど, 具体的には, $\overrightarrow{AA}$ や $\overrightarrow{BB}$ など, 始点と終点が一致するベクトルのことなんだね。納得いった?

$\underline{\vec{a} が \vec{0} でないとき}$, たとえば $|\vec{a}| = 3$ であったとしよう。すると, この $\vec{a}$

> このとき, $\vec{a}$ の大きさは **0** ではないので, $|\vec{a}| > 0$ となるね。

を自分自身の大きさ **3** で割ったベクトル, すなわち $\vec{a}$ を $\frac{1}{3}$ 倍したベクトル $\frac{1}{\boxed{3}} \vec{a}$ は,

> $|\vec{a}|$ のこと

図7 単位ベクトル $\vec{e}$

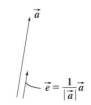

$$\vec{e} = \frac{1}{|\vec{a}|} \vec{a}$$

大きさが **1** のベクトルになるね。この大きさ **1** のベクトルのことを "単位ベクトル" と呼び, 一般に $\vec{e}$ で表すことも覚えておこう。ここでは, まず, $|\vec{a}| = 3$ の例で話したけれど, 一般論として, $\vec{0}$ でない $\vec{a}$ を, 自分自身の大きさ $|\vec{a}| (\neq 0)$ で割ったベクトル $\frac{1}{|\vec{a}|} \vec{a}$ は, $\vec{a}$ と同じ向きの単位ベクトル $\vec{e}$ になるんだね。これを図7に示しておいた。

> 大きさが **1** のベクトル

ン? 頭が混乱してきたって? いいよ。以上のことを基本事項として, まとめて示しておこう。これまで具体例で示してきたから, 意味はよく分かると思うよ。

ベクトルの実数倍

（Ⅰ）$\vec{a}$ を実数 k 倍したベクトル $k\vec{a}$ について，

    （ⅰ）$k>0$ のとき，$k\vec{a}$ は，

        $\vec{a}$ と同じ向きで，その大きさを $\underset{\oplus}{k}$ 倍したベクトルになる。

    （ⅱ）$k<0$ のとき，$k\vec{a}$ は，　たとえば，$k=-2$ のとき $-k=2$ となる。

        $\vec{a}$ と逆向きで，その大きさを $\underset{\oplus}{-k}$ 倍したベクトルになる。

        （特に $k=-1$ のとき，$-1\cdot\vec{a}=-\vec{a}$ を，$\vec{a}$ の**逆ベクトル**という。）

（Ⅱ）**零ベクトル $\vec{0}$**　大きさが 0 の特殊なベクトル　（$0\cdot\vec{a}=\vec{0}$ となる。）

（Ⅲ）**単位ベクトル $\vec{e}$**　大きさが 1 のベクトル

それでは，練習問題 1 で，実際にベクトルを図示してみよう。

練習問題 1　　単位ベクトル　　CHECK *1*　　CHECK *2*　　CHECK *3*

右図に示すような，大きさが 2 のベクトル $\vec{b}$ がある。
$\vec{b}$ と逆向きの単位ベクトル $\vec{e}$ を求めて，図示せよ。

$|\vec{b}|=2$ だから，$\dfrac{1}{|\vec{b}|}\vec{b}=\dfrac{1}{2}\vec{b}$ が，$\vec{b}$ と同じ向きの単位ベクトル（大きさ 1 のベクトル）になる。今回は，逆向きの単位ベクトルを求めるんだね。

$\vec{b}$ の大きさが 2 より，$|\vec{b}|=2$ だね。よって，$\vec{b}$ と同じ向きの単位ベクトルは $\dfrac{1}{|\vec{b}|}\vec{b}=\dfrac{1}{2}\vec{b}$ となる。今回は，$\vec{b}$ と逆向きの単位ベクトル $\vec{e}$ を求めたいので，この $\dfrac{1}{2}\vec{b}$ の逆ベクトルが答えだね。

よって，$\vec{e}=-\dfrac{1}{2}\vec{b}$ となる。
$\vec{b}$ と $\vec{e}$ を，右に図示する。

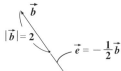

　　次，共に $\vec{0}$ でない 2 つのベクトル $\vec{a}$ と $\vec{b}$ が平行になるための条件，つまり $\vec{a}$ と $\vec{b}$ の "**平行条件**" についても，次に示そう。

ベクトルの平行条件

共に $\vec{0}$ でない 2 つのベクトル $\vec{a}$ と $\vec{b}$ が
$\vec{a}/\!/\vec{b}$（平行）となるための必要十分条件
は，$\vec{a}=k\vec{b}$ である。（$k:0$ でない実数）

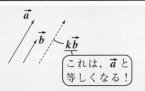

これは，$\vec{a}$ と
等しくなる！

この意味は分かるね。共に $\vec{0}$ でない 2 つのベクトル $\vec{a}$ と $\vec{b}$ が $\vec{a}/\!/\vec{b}$（平行）
であるとき，$\vec{b}$ に何かある実数 k をかければ，$\vec{a}$ と等しくなるはずだから
だ。よって，$\vec{a}\neq\vec{0}$，$\vec{b}\neq\vec{0}$ の条件の下で，

$$\begin{cases} \cdot\ \vec{a}/\!/\vec{b} & \text{ならば，} \vec{a}=k\vec{b} & \text{と言えるし，また，} \\ \cdot\ \vec{a}=k\vec{b} & \text{ならば，} \vec{a}/\!/\vec{b}\,(\text{平行}) & \text{と言えるんだよ。} \end{cases}$$

● ベクトルの和と差も押さえよう！

ベクトルの実数倍の話が終わったので，いよいよ 2 つのベクトル $\vec{a}$ と $\vec{b}$
の和 $(\vec{a}+\vec{b})$ と差 $(\vec{a}-\vec{b})$ について解説しよう。
まず，和と差のベクトルをそれぞれ $\vec{c}$ と $\vec{d}$ とおくと，
（I）$\vec{c}=\vec{a}+\vec{b}$ （II）$\vec{d}=\vec{a}-\vec{b}$ になる。
（I）ベクトルの和 $\vec{c}=\vec{a}+\vec{b}$ について，まず考えてみよう。
下の図 8（i）のように， 2 つのベクトル $\vec{a}$ と $\vec{b}$ が与えられたとするよ。
そして，これらの和 $\vec{c}=\vec{a}+\vec{b}$ を求めたかったならば，図 8（ii）のように，
2 つのベクトルの始点をまず一致させる。そして，図 8（iii）に示すように，
$\vec{a}$ と $\vec{b}$ を 2 辺とする平行四辺形を作り，その対角線を矢線にもつベクト
ルを求めれば，これが $\vec{a}$ と $\vec{b}$ の和，すなわち $\vec{c}=\vec{a}+\vec{b}$ になるんだね。
これは，ベクトル独特の面白い考え方を示しているんだよ。図 8（iii）の $\vec{c}$ の
始点と終点に着目してみよう。ここで，図 8（iv）のように，$\vec{b}$ を平行移動さ
せても同じ $\vec{b}$ になるので，始点から，中継点を経て，終点に至るベクトルの
動きが，直線的に始点から終点に至る $\vec{c}$ と同じであると言ってるんだね。

図 8 ベクトルの和

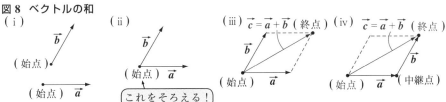

13

この考え方から，ベクトルでは始点と終点
さえ一致すればいいので，図9のように5
点A，B，P，Q，Rが与えられたならば，次の
⑦の等式が成り立つことも分かるだろう。

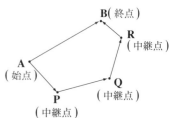

図9 ベクトルの和

$$\overrightarrow{AB} = \overrightarrow{AP} + \overrightarrow{PQ} + \overrightarrow{QR} + \overrightarrow{RB} \cdots\cdots ⑦$$

始点→終点　始点→中継点→中継点→中継点→終点

エッ，⑦の右辺みたいに，沢山まわり道して行くものと，⑦の左辺のよ
うに直線的に行くものが，同じになるなんて，納得できないって？ 確かに
ボク達の常識から言うとそうだね。電車でこんなにまわり道したんじゃ，
時間もかかるし，運賃だって余分にとられると思う。でも，ベクトルでは
このように，始点と終点が同じであれば直線的に行っても，まわり道をし
て行っても同じになるんだよ。

（II）次，ベクトルの差 $\vec{d} = \vec{a} - \vec{b}$ についても考えてみよう。
これを，$\vec{d} = \vec{a} + (-\vec{b})$ と変形すると，$\vec{a}$ と $\vec{b}$ の差は，$\vec{a}$ と $-\vec{b}$ の和と
考えられる。よって，図8と同じ $\vec{a}$ と $\vec{b}$ を使っ

$\vec{b}$ の逆ベクトル

て，ベクトルの差 $\vec{d}$ を求める様子を示すと，
図10のようになるんだね。まず，$\vec{a}$ と $\vec{b}$ の始
点を一致するようにそろえ，さらに $\vec{b}$ の逆ベ
クトル $-\vec{b}$ も同じく始点をそろえて描く。次
に，$\vec{a}$ と $-\vec{b}$ の和を求めればいいので，この

図10 ベクトルの差

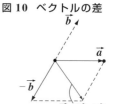

2つのベクトルを2辺とする平行四辺形を作り，その対角線を矢線に
もつベクトルを描けば，それが求める $\vec{d} = \vec{a} - \vec{b}$ になるんだね。納得
いった？

ここで，$\vec{0}$ に関連した和や差の公式を下に示す。

$$\vec{a} + \vec{0} = \vec{0} + \vec{a} = \vec{a} \cdots\cdots ①, \quad \vec{a} - \vec{a} = \vec{0} \cdots\cdots ②$$

$\vec{a}$ に $\vec{0}$ をたしても変化しないことを①は示
している。また，②の左辺を $\vec{a} + (-\vec{a})$ と見
ると，$\vec{a}$ とその逆ベクトル $-\vec{a}$ との和は互いに
打ち消し合って，$\vec{0}$ になると考えてもいいんだね。

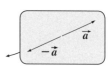

これまで，ベクトルの実数倍 ($k\vec{a}$ や $l\vec{b}$ など) と，ベクトルの和と差 ($\vec{a}+\vec{b}$ と $\vec{a}-\vec{b}$) について勉強したので，これらを組み合わせるとさまざまなベクトルの計算が，あたかも文字定数 a や b などの 1 次式の計算と同様に行えるようになるんだよ。いくつか，例題で練習してみよう。

$(ex1)$ $2\vec{a} + \vec{a} = (2+1)\vec{a} = 3\vec{a}$ ← これは，$2a+a=(2+1)a=3a$ と同じ。

$$2\vec{a} + \vec{a} = \overset{3\vec{a}}{} \quad \text{イメージ}$$

$(ex2)$ $3\vec{b}-2\vec{b}=(3-2)\vec{b}=1\cdot\vec{b}=\vec{b}$ ← $3b-2b=(3-2)b=b$ と同じ。

これは，$3\vec{b} + (-2\vec{b}) = \vec{b}$ と考えれば，イメージがわくね。

$$3\vec{b} + \overset{-2\vec{b}}{} = \overset{-2\vec{b}}{3\vec{b}} \; \vec{b}$$

それでは，次の練習問題でさらに計算してみよう。

練習問題 2　ベクトルの計算　　CHECK 1　CHECK 2　CHECK 3

次のベクトルの式を簡単にせよ。

(1) $5(\vec{a}+\vec{b})-2(2\vec{a}-3\vec{b})$　　　(2) $-(4\overrightarrow{AB}-\overrightarrow{AC})+2(3\overrightarrow{AB}-2\overrightarrow{AC})$

(1)(2) 共に，a や b などの 1 次式の計算と同様に計算すればいいよ。

(1) $5(\vec{a}+\vec{b})-2(2\vec{a}-3\vec{b})$

$= 5\vec{a}+5\vec{b}-4\vec{a}+6\vec{b}$

$= (5-4)\vec{a}+(5+6)\vec{b}$

$= \vec{a}+11\vec{b}$ となる。

これは，
$5(a+b)-2(2a-3b)$
$=5a+5b-4a+6b$
$=a+11b$
と同じ変形だね。

(2) $-1\cdot(4\overrightarrow{AB}-\overrightarrow{AC})+2(3\overrightarrow{AB}-2\overrightarrow{AC})$

$= -4\overrightarrow{AB}+\overrightarrow{AC}+6\overrightarrow{AB}-4\overrightarrow{AC}$

$= (-4+6)\overrightarrow{AB}+(1-4)\overrightarrow{AC}$

$= 2\overrightarrow{AB}-3\overrightarrow{AC}$ となる。

これは，
$-1(4a-b)+2(3a-2b)$
$=-4a+b+6a-4b$
$=2a-3b$
と同じ変形だね。

どう？ これで，ベクトルの演算にも自信が付いただろう。

● まわり道の原理は，式変形に役に立つ！

ベクトルの場合，$\overrightarrow{AB}$ のように，点 A から点 B に直線的に移動しても，ある中継点を経由して，点 A から点 B に向かっても等しいという性質がある。これを，ボクは "まわり道の原理" と呼んでいるんだけど，ベクトルの式を変形していく際に非常に役に立つので，シッカリマスターしよう。まわり道の原理を使えば，$\overrightarrow{AB}$ は中継点のとり方によって，次のようにさまざまな形に変形できる。

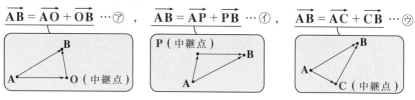

$$\overrightarrow{AB} = \overrightarrow{AO} + \overrightarrow{OB} \cdots ⑦ \quad , \quad \overrightarrow{AB} = \overrightarrow{AP} + \overrightarrow{PB} \cdots ④ \quad , \quad \overrightarrow{AB} = \overrightarrow{AC} + \overrightarrow{CB} \cdots ⑦$$

このように，中継点は何でもよいので，これを "○" で表すと，

$$\overrightarrow{AB} = \overrightarrow{A○} + \overrightarrow{○B}$$

（中継点）

の形に変形できる。これをボクは "**たし算形式のまわり道の原理**" と呼んでいる。

次に，⑦の右辺の $\overrightarrow{AO}$ が，$\overrightarrow{AO} = -\overrightarrow{OA}$ となることは大丈夫？ $\overrightarrow{OA}$ は $\overrightarrow{AO}$ の逆ベクトルになるんだけど，さらにその逆ベクトル $-\overrightarrow{OA}$ は反対の反対で，元の $\overrightarrow{AO}$ と等しくなるんだね。 $\therefore \overrightarrow{AO} = -\overrightarrow{OA} \cdots ⑦'$ となる。この⑦'を⑦に代入すると，

$$\overrightarrow{AO} \qquad \overrightarrow{OA} \qquad -\overrightarrow{OA}$$

$$\overrightarrow{AB} = -\overrightarrow{OA} + \overrightarrow{OB} = \overrightarrow{OB} - \overrightarrow{OA} \cdots ㊂ \quad となる。$$

（$\overrightarrow{AO}$）

同様に，$\overrightarrow{AP} = -\overrightarrow{PA} \cdots ④'$ ，$\overrightarrow{AC} = -\overrightarrow{CA} \cdots ⑦'$ より，④，⑦にそれぞれ④'，⑦'を代入すると，

④は，$\overrightarrow{AB} = -\overrightarrow{PA} + \overrightarrow{PB} = \overrightarrow{PB} - \overrightarrow{PA} \cdots ㊄$ となるし，また，

（$\overrightarrow{AP}$ のこと）← 反対の反対で，元の $\overrightarrow{AP}$ と同じだね。

⑦は，$\overrightarrow{AB} = -\overrightarrow{CA} + \overrightarrow{CB} = \overrightarrow{CB} - \overrightarrow{CA} \cdots ㊅$ となるのもいいね。

（$\overrightarrow{AC}$ のこと）← 反対の反対で，元の $\overrightarrow{AC}$ と同じだね。

以上，㊂，㊄，㊅ を並べて書くと，

16

$$\underset{\text{中継点 O}}{\overrightarrow{AB} = \overrightarrow{OB} - \overrightarrow{OA}} \cdots ㊣, \quad \underset{\text{中継点 P}}{\overrightarrow{AB} = \overrightarrow{PB} - \overrightarrow{PA}} \cdots ㊧, \quad \underset{\text{中継点 C}}{\overrightarrow{AB} = \overrightarrow{CB} - \overrightarrow{CA}} \cdots ㊦$$

となる。この場合も，中継点は何でもかまわないので，これを"○"で表すことにすると，

$$\underset{\text{中継点 ○}}{\overrightarrow{AB} = \overrightarrow{○B} - \overrightarrow{○A}}$$ の形に変形できる。これをボクは "引き算形式のまわり道の原理" と呼んでいる。ベクトルの式を変形していく上で，非常に役に立つ公式なんだよ。

まわり道の原理

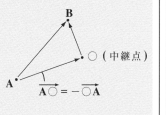

$\overrightarrow{AB}$ に対して何か中継点を "○" とおくと，

(I) たし算形式のまわり道の原理は，

$$\overrightarrow{AB} = \overrightarrow{A○} + \overrightarrow{○B}$$ となる。

(II) 引き算形式のまわり道の原理は，

$$\overrightarrow{AB} = \overrightarrow{○B} - \overrightarrow{○A}$$ となる。

B から A を引くと覚えよう！

$\overrightarrow{A○} = -\overrightarrow{○A}$

これから，引き算形式のまわり道の原理を用いると，$\underset{\text{中継点 O}}{\underset{\text{N から M を引く！}}{\overrightarrow{MN} = \overrightarrow{ON} - \overrightarrow{OM}}}$，

Q から P を引く！　Q から C を引く！

$$\underset{\text{中継点 A}}{\overrightarrow{PQ} = \overrightarrow{AQ} - \overrightarrow{AP}}, \quad \underset{\text{中継点 X}}{\overrightarrow{CQ} = \overrightarrow{XQ} - \overrightarrow{XC}}$$ などの変形ができるようになるんだね。

だから，練習問題 2(2) の答えの $2\overrightarrow{AB} - 3\overrightarrow{AC}$ も，点 O を始点とするベクトルに書き換えたかったならば，"引き算形式のまわり道の原理" を用いて，

$$2\overrightarrow{AB} - 3\overrightarrow{AC} = 2(\overrightarrow{OB} - \overrightarrow{OA}) - 3(\overrightarrow{OC} - \overrightarrow{OA})$$

$$= 2\overrightarrow{OB} - 2\overrightarrow{OA} - 3\overrightarrow{OC} + 3\overrightarrow{OA}$$

$$= (3 - 2)\overrightarrow{OA} + 2\overrightarrow{OB} - 3\overrightarrow{OC}$$

$$= \overrightarrow{OA} + 2\overrightarrow{OB} - 3\overrightarrow{OC}$$ と，アッという間に変形できてしまうんだね。

17

● ベクトルの1次結合にも, チャレンジしよう！

2つのベクトル $\vec{a}$ と $\vec{b}$, それに2つの実数 s と t を使って作られた式： $s\vec{a}+t\vec{b}$ のことを, $\vec{a}$ と $\vec{b}$ の "1次結合" というんだよ。具体的には, $2\vec{a}+3\vec{b}$ や $-3\vec{a}+5\vec{b}$ などのことを, $\vec{a}$ と $\vec{b}$ の1次結合という。大丈夫？

ここで, $\vec{a}$ と $\vec{b}$ が共に $\vec{0}$ でなく, かつ, 互いに平行でない場合を考えよう。これを数学的に表すと, $\vec{a}\neq\vec{0}$, $\vec{b}\neq\vec{0}$, かつ $\vec{a}\not\parallel\vec{b}$ となる。このとき, $\vec{a}$ と $\vec{b}$

> $\vec{a}$ と $\vec{b}$ が, $\vec{a}\neq\vec{0}$, $\vec{b}\neq\vec{0}$ かつ $\vec{a}\not\parallel\vec{b}$ であるとき, $\vec{a}$ と $\vec{b}$ は "1次独立" であるという。これも覚えておこう。

の1次結合 $s\vec{a}+t\vec{b}$ で, $\vec{a}$ と $\vec{b}$ を含む平面上のすべてのベクトルを表すことができるんだよ。エッ, 信じられないって？ いいよ, これから詳しく解説しよう。

まず, $\vec{a}$ と $\vec{b}$ の条件について, $\vec{a}=\vec{0}$ とすると, $s\vec{a}=s\cdot\vec{0}=\vec{0}$ となって, s 倍しても, $\vec{0}$ は $\vec{0}$ のまんまだから, これで他のいろんなベクトルを表すことなんて不可能だね。$\vec{b}=\vec{0}$ の場合も同様だ。よって, $\vec{a}\neq\vec{0}$, $\vec{b}\neq\vec{0}$ の条件が付くんだね。次に, $\vec{a}//\vec{b}$ (平行) とすると, $s\vec{a}//t\vec{b}$ (平行) となるので, この和をとって $s\vec{a}+t\vec{b}$ としてもある一定の直線に平行なベクトルを表すだけなので, これで他のさまざまなベクトルを表すことはやはりできないね。よって, $\vec{a}\not\parallel\vec{b}$ (平行でない) の条件も付くんだ。

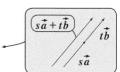

それでは, $\vec{a}$ と $\vec{b}$ が, $\vec{a}\neq\vec{0}$, $\vec{b}\neq\vec{0}$ かつ $\vec{a}\not\parallel\vec{b}$ の条件をみたすとき, すなわち, $\vec{a}$ と $\vec{b}$ が1次独立であるとき, $\vec{a}$ と $\vec{b}$ が存在する平面上のどんなベクトルも, $\vec{a}$ と $\vec{b}$ の1次結合 $s\vec{a}+t\vec{b}$ で表すことができることを具体的に示していくよ。

図11に示すように, $\vec{a}$ と $\vec{b}$ は共に $\vec{0}$ ではなく, かつ互いに平行ではないので, この $\vec{a}$ と $\vec{b}$ の存在する平面が1枚決まってしまうね。ここで, $\vec{a}$ と $\vec{b}$ を平行移動して, 始点が一致するように表した。

図11 $\vec{a}$ と $\vec{b}$ が存在する平面

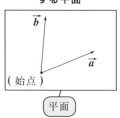

この平面上のさまざまなベクトルの例として，図 12 に $\vec{p}$, $\vec{q}$, $\vec{r}$ の 3 つのベクトルを示した。すると，これら $\vec{p}$, $\vec{q}$, $\vec{r}$ は図 13(i), (ii), (iii) に示すように，すべて次のような $\vec{a}$ と $\vec{b}$ の 1 次結合の形で表されることが分かるはずだ。

図 12 $\vec{p}$, $\vec{q}$, $\vec{r}$

(i) $\vec{p} = \dfrac{1}{3}\vec{a} + \dfrac{1}{2}\vec{b}$　　　　(ii) $\vec{q} = -\vec{a} + 2\vec{b}$　　　　(iii) $\vec{r} = \dfrac{3}{2}\vec{a} - \dfrac{1}{2}\vec{b}$

図 13　$\vec{p}$ と $\vec{q}$ と $\vec{r}$ は，$s\vec{a} + t\vec{b}$ の形で表される

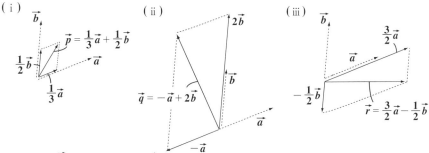

(i)　$\vec{p} = \dfrac{1}{3}\vec{a} + \dfrac{1}{2}\vec{b}$
　(ii)　$\vec{q} = -\vec{a} + 2\vec{b}$
　(iii)　$\vec{r} = \dfrac{3}{2}\vec{a} - \dfrac{1}{2}\vec{b}$

$\vec{a} \neq \vec{0}$, $\vec{b} \neq \vec{0}$, かつ $\vec{a} \not\parallel \vec{b}$ の条件は付くけれど，この要領で同一平面上のベクトルならすべて，この 2 つのベクトル $\vec{a}$ と $\vec{b}$ の 1 次結合によって表されることが分かると思う。だから，平面のことを 2 次元平面とも呼ぶんだね。それじゃ，練習問題で腕試しをしてみようか。

練習問題 3　　ベクトルの 1 次結合　　CHECK 1　　CHECK 2　　CHECK 3

右図に示すような平行四辺形 ABCD があり，辺 DC を 1：2 に内分する点を P，辺 BC の中点を M とおく。
また，$\overrightarrow{AB} = \vec{a}$, $\overrightarrow{AD} = \vec{b}$ とおく。
(1) $\overrightarrow{AP}$ と $\overrightarrow{AM}$ を $\vec{a}$ と $\vec{b}$ で表せ。
(2) $\overrightarrow{MP}$ を $\vec{a}$ と $\vec{b}$ で表せ。

$\vec{a}$ と $\vec{b}$ は，明らかに $\vec{a} \neq \vec{0}$, $\vec{b} \neq \vec{0}$, $\vec{a} \not\parallel \vec{b}$ の条件をみたすから，この平面上のベクトルである $\overrightarrow{AP}$, $\overrightarrow{AM}$, そして，$\overrightarrow{MP}$ はすべて，$\vec{a}$ と $\vec{b}$ の 1 次結合，つまり $s\vec{a} + t\vec{b}$ の形で表すことができるんだね。頑張ろうな！

(1) 平行四辺形 **ABCD** の辺 **DC** を **1 : 2** に

内分する点が **P**，辺 **BC** を **1 : 1** に内分

する点が **M** だね。

よって，

- $\underline{\overline{DC} = \vec{a}}$ より，$\overrightarrow{DP} = \dfrac{1}{3}\overrightarrow{DC} = \dfrac{1}{3}\vec{a}$ …①

- $\underline{\overline{BC} = \vec{b}}$ より，$\overrightarrow{BM} = \dfrac{1}{2}\overrightarrow{BC} = \dfrac{1}{2}\vec{b}$ …② となる。

平行移動しても，同じベクトル

①，②より，

（ⅰ）$\overrightarrow{AP} = \overrightarrow{AD} + \overrightarrow{DP}$ ← たし算形式のまわり道の原理

$\qquad = \vec{b} + \dfrac{1}{3}\vec{a}$

$\qquad \therefore \overrightarrow{AP} = \dfrac{1}{3}\vec{a} + \vec{b}$ …③ となる。

（ⅱ）$\overrightarrow{AM} = \overrightarrow{AB} + \overrightarrow{BM}$ ← たし算形式のまわり道の原理

$\qquad = \vec{a} + \dfrac{1}{2}\vec{b}$

$\qquad \therefore \overrightarrow{AM} = \vec{a} + \dfrac{1}{2}\vec{b}$ …④ となる。

(2) **(1)** の結果より，

$\vec{a}$ と $\vec{b}$ の 1 次結合

$\overrightarrow{AP} = \dfrac{1}{3}\vec{a} + \vec{b}$ …③ ，$\overrightarrow{AM} = \vec{a} + \dfrac{1}{2}\vec{b}$ …④ だね。

ここで，$\overrightarrow{MP}$ を点 **A** を始点とするベクトルで表すと，

P から **M** を引く

引き算形式のまわり道の原理

$\overrightarrow{MP} = \overrightarrow{AP} - \overrightarrow{AM}$ …⑤ となる。 ← $\overrightarrow{MP} = \overrightarrow{\bigcirc P} - \overrightarrow{\bigcirc M}$ の形

③，④を⑤に代入して，

$\overrightarrow{MP} = \left(\dfrac{1}{3}\vec{a} + \vec{b}\right) - \left(\vec{a} + \dfrac{1}{2}\vec{b}\right) = \left(\dfrac{1}{3} - 1\right)\vec{a} + \left(1 - \dfrac{1}{2}\right)\vec{b}$

$\qquad \therefore \overrightarrow{MP} = -\dfrac{2}{3}\vec{a} + \dfrac{1}{2}\vec{b}$ となって，答えだ。 ← $\vec{a}$ と $\vec{b}$ の 1 次結合

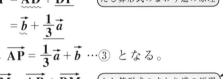

(2) の別解

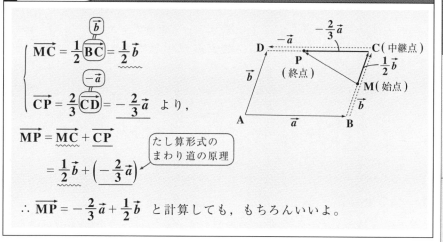

$$\begin{cases} \overrightarrow{MC} = \dfrac{1}{2}\overrightarrow{BC} = \dfrac{1}{2}\vec{b} \\[2mm] \overrightarrow{CP} = \dfrac{2}{3}\overrightarrow{CD} = -\dfrac{2}{3}\vec{a} \end{cases} \text{より,}$$

$$\overrightarrow{MP} = \overrightarrow{MC} + \overrightarrow{CP}$$

たし算形式のまわり道の原理

$$= \dfrac{1}{2}\vec{b} + \left(-\dfrac{2}{3}\vec{a}\right)$$

$$\therefore \overrightarrow{MP} = -\dfrac{2}{3}\vec{a} + \dfrac{1}{2}\vec{b} \quad \text{と計算しても,もちろんいいよ。}$$

　どう？ 面白かった？ "たし算形式のまわり道の原理"と"引き算形式のまわり道の原理"が大活躍したね。ただし,この"まわり道の原理"というのは,ボクが命名したもので,一般に使われる用語ではないから,答案には書かない方がいいよ。頭の中で,つぶやきながら解いていけばいいんだよ。

　今日が,"**平面ベクトル**"の第1日目の講義だったんだけど,どうだった？これまで勉強してきた数学と比べて図が多かったので,ヴィジュアルに理解できたと思う。この図のイメージを使って考えていくということは,決してレベルの低いことではない。数学に強い人の頭の中って,実は図形的なイメージでいっぱいなんだよ。

　これからさらに"**平面ベクトル**"の講義が続くけれど,図形的なセンスにもっと磨きをかけていこうな。そうすれば,もっと数学に強くなって,もっと数学を楽しめるようになるはずだ。ここでアドヴァイスを1つ。この平面ベクトルで扱うテーマは,数学Ⅱの"**図形と方程式**"で扱うものとかなり重なっているので,この2つを併せて学習すると,効果が大きいと思うよ。

　それじゃ,次回の講義まで,みんな元気で。さようなら…。

21

2nd day　ベクトルの成分表示, 内積とその演算

　おはよう！ みんな調子はどう？ 前回から "平面ベクトル" の講義に入っ
たんだけど, 今回は "ベクトルの成分表示" と "ベクトルの内積" につ
いて詳しく解説するつもりだ。

　エッ, "内積" って "積" だから, "かけ算" のことかって？ そうだよ。
でも, ベクトルとは "大きさ" と "向き" をもった量だから, その "かけ
算" をどうするのか, これはキチンと定義する以外ないんだね。興味が湧
いてきたって？ いいね。それじゃ, 早速, 講義を始めよう！

● ベクトルのデジタル表示, それが成分表示だ！

　ベクトルをこれまでのように矢線でのみ表している限り, 作図が中心に
なるんだけど, これを数値で表現することができれば, 数学的な計算に乗
りやすくなるんだね。そんなことができるのかって？ うん, できるよ。
ベクトルを数値により表現したものを "ベクトルの成分表示" と言う。
つまり, ベクトルの矢線による表示を "アナログ表示" すると, ベクトル
の成分表示は "デジタル表示" ってこと
なんだね。

　それじゃ, 平面ベクトルの成分表示の
要領を図1に示そう。まず, xy 座標平
面上に, 平面ベクトル $\vec{a}$ が存在するもの
とするよ。"大きさ" と "向き" さえ同
じなら, 平行移動しても同じ $\vec{a}$ なので,
この $\vec{a}$ の始点が原点 O と一致するように
する。すると, 図1 に示すように, $\vec{a}$ の
終点の座標が (x_1, y_1) と定まってしまう

図1 ベクトルの成分表示

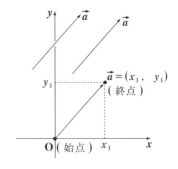

ね。この x_1 と y_1 をそれぞれ $\vec{a}$ の x 成分, y 成分と呼び, $\vec{a}$ を $\vec{a} = (x_1, y_1)$
と表す。これを平面ベクトル $\vec{a}$ の成分表示と言うんだよ。

22

エッ，ベクトルの成分表示は，始点が原点 O と一致するベクトルについてのみかって？ ううん，違うよ。図 2 に示すように，始点を原点 O に一致させて，終点の座標から，$\vec{a} = (x_1, y_1)$ と成分表示できたならば，後は $\vec{a}$ を平行移動させてできるどんな $\vec{a}$ も，当然 $\vec{a} = (x_1, y_1)$ と表していいんだよ。同じ $\vec{a}$ なんだから，当たり前だね。ン？ $\vec{a} = (x_1, y_1)$ と成分表示できるのなら，$\vec{a}$ の大きさ $|\vec{a}|$ も，三平方の定理から，x_1 と y_1 で表せるんじゃないかって？ いい勘してるね。その通りだ！ 図 3 に示すように，$|\vec{a}|$ を斜辺の長さ，x_1 と y_1 を他の 2 辺の長さとする直角三角形で考えれば，三平方の定理より，
$|\vec{a}|^2 = x_1{}^2 + y_1{}^2$ となる。よって，
$|\vec{a}| = \sqrt{x_1{}^2 + y_1{}^2}$ と計算できるんだね。

ここで，x_1 や y_1 は負の場合もあるんだけど，どうせ 2 乗してしまうから，この公式のままで，$|\vec{a}|$ が計算できることも大丈夫だね。

それじゃ，以上を公式としてまとめておくから，もう 1 度確認してみてくれ。

図 2 ベクトルの成分表示

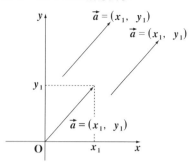

図 3 成分表示と $|\vec{a}|$

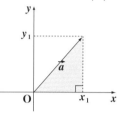

三平方の定理より，
$|\vec{a}|^2 = x_1{}^2 + y_1{}^2$
$\therefore |\vec{a}| = \sqrt{x_1{}^2 + y_1{}^2}$

$\left(\begin{array}{l} x_1,\ y_1 \text{ はどうせ 2 乗さ} \\ \text{れるので，これらは} \ominus \\ \text{でもかまわない。} \end{array}\right)$

ベクトルの成分表示と大きさ

xy 座標平面上のベクトル $\vec{a}$ について，その始点を原点 O に一致させると，終点の座標が (x_1, y_1) と定まる。このとき，$\vec{a}$ を，
$\vec{a} = (x_1, y_1)$ と表し，これを $\vec{a}$ の**成分表示**と言う。
（$x_1,\ y_1$ をそれぞれ $\vec{a}$ の **x 成分**，**y 成分**と言う。）
また，$\vec{a}$ の大きさ $|\vec{a}|$ は，
$|\vec{a}| = \sqrt{x_1{}^2 + y_1{}^2}$ で計算できる。

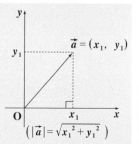

$\left(|\vec{a}| = \sqrt{x_1{}^2 + y_1{}^2} \right)$

ちょっと，抽象的すぎてるって？ そうだね。具体的に例題で考えていこう。

(ex1) $\overrightarrow{OA}$ が $\overrightarrow{OA} = (3, 1)$ と成分表示されている

とき，これがどんなベクトルか分かる？

そう。右図のように，xy 座標平面を描き，こ

の座標平面上の点 $A(3, 1)$ をとって，これと

原点 O を結び，O を始点，A を終点とした

矢線で示せば，それが求める $\overrightarrow{OA}$ になるんだね。

じゃ，ベクトル $\overrightarrow{OA}$ の大きさ $|\overrightarrow{OA}|$ はどうなる？

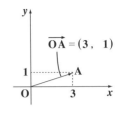

$\underset{\underset{(x_1)(y_1)}{}}{OA = (3, 1)}$ だから，$|\overrightarrow{OA}|$ の公式から，

公式
$|\overrightarrow{OA}| = \sqrt{x_1{}^2 + y_1{}^2}$

$|\overrightarrow{OA}| = \sqrt{3^2 + 1^2}$

$|\overrightarrow{OA}| = \sqrt{3^2 + 1^2} = \sqrt{10}$ となるんだね。

(ex2) 次，$\overrightarrow{OB}$ が $\overrightarrow{OB} = (-2, 2)$ と成分表示されたら，同様に，$\overrightarrow{OB}$ を座

標平面上に右のように矢線で表すことができるね。

また，$\overrightarrow{OB}$ の大きさ $|\overrightarrow{OB}|$ は

$|\overrightarrow{OB}| = \sqrt{(-2)^2 + 2^2}$

$\overrightarrow{OB} = (x_1, y_1)$ のとき
$|\overrightarrow{OB}| = \sqrt{x_1{}^2 + y_1{}^2}$ だ。

$\ominus$ でもかまわない！

$= \sqrt{8} = \sqrt{2^2 \times 2} = 2\sqrt{2}$ となるんだね。

$\boxed{2^2 \times 2}$

(ex1)，(ex2) で示した，$\overrightarrow{OA} = (3, 1)$ と $\overrightarrow{OB} = (-2, 2)$ を使って，さらに

考えてみようか？ 図4 に示すように，成分

表示された $\overrightarrow{OA} = (3, 1)$ に実数 2，$\frac{1}{2}$，-1 を

かけたら，どうなるか分かる？ …，そうだね。

図4 ベクトルの実数倍

$\cdot\ 2\overrightarrow{OA} = 2(3, 1) = (2 \times 3, 2 \times 1) = (6, 2)$ となり，

$\boxed{\overrightarrow{OA} \text{ の } x \text{ 成分と } y \text{ 成分それぞれに } 2 \text{ がかかる！}}$

$\cdot\ \frac{1}{2}\overrightarrow{OA} = \frac{1}{2}(3, 1) = \left(\frac{1}{2} \times 3, \frac{1}{2} \times 1\right) = \left(\frac{3}{2}, \frac{1}{2}\right)$ となる。さらに，

$\boxed{\overrightarrow{OA} \text{ の } x \text{ 成分と } y \text{ 成分それぞれに } \frac{1}{2} \text{ がかかる！}}$

$\cdot\ -1\overrightarrow{OA} = -1(3, 1) = (-1 \times 3, -1 \times 1) = (-3, -1)$ となるのもいいね。

$\boxed{\overrightarrow{OA} \text{ の } x \text{ 成分と } y \text{ 成分それぞれに } -1 \text{ がかかる！}}$

次，$\overrightarrow{\mathrm{OA}}$ と $\overrightarrow{\mathrm{OB}}$ の和 $\overrightarrow{\mathrm{OA}}+\overrightarrow{\mathrm{OB}}$ と差 $\overrightarrow{\mathrm{OA}}-\overrightarrow{\mathrm{OB}}$
についても具体的に見てみよう。

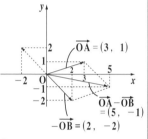
図5 ベクトルの和

・図5 に示すように，和 $\overrightarrow{\mathrm{OA}}+\overrightarrow{\mathrm{OB}}$ は，

$$\overrightarrow{\mathrm{OA}}+\overrightarrow{\mathrm{OB}} = (3,1)+(-2,2) = (3+(-2),1+2)$$

（$\overrightarrow{\mathrm{OA}}$ と $\overrightarrow{\mathrm{OB}}$ の x 成分同士，y 成分同士をそれぞれたす！）

$$= (3-2,1+2) = (1,3) \ \text{となって}，$$

$\overrightarrow{\mathrm{OA}}$ と $\overrightarrow{\mathrm{OB}}$ を 2 辺とする平行四辺形の対角線を矢線
にもつ $\overrightarrow{\mathrm{OA}}+\overrightarrow{\mathrm{OB}}$ の成分表示が得られる。大丈夫？

・図6 に示すように，差 $\overrightarrow{\mathrm{OA}}-\overrightarrow{\mathrm{OB}}$ は，

図6 ベクトルの差

$$\overrightarrow{\mathrm{OA}}-\overrightarrow{\mathrm{OB}} = (3,1)-(-2,2) = (3-(-2),1-2)$$

（$\overrightarrow{\mathrm{OA}}$ と $\overrightarrow{\mathrm{OB}}$ の x 成分同士，y 成分同士をそれぞれ引く！）

$$= (3+2,1-2) = (5,-1) \ \text{となる}。$$

$\overrightarrow{\mathrm{OA}}-\overrightarrow{\mathrm{OB}}$ は $\overrightarrow{\mathrm{OA}}+(-\overrightarrow{\mathrm{OB}})$ とみれば，$\overrightarrow{\mathrm{OA}}$ と
$-\overrightarrow{\mathrm{OB}}$ を 2 辺とする平行四辺形の対角線を矢線
にもつ $\overrightarrow{\mathrm{OA}}-\overrightarrow{\mathrm{OB}}$ の成分表示が，図6 より $(5,-1)$ と分かると思う。

以上の例題から，次のような計算公式が成り立つことが分かるはずだ。

■ ベクトルの計算公式

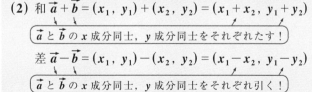

$\vec{a} = (x_1,y_1)$, $\vec{b} = (x_2,y_2)$ のとき，k, l を実数とおくと，

(1) $k\cdot\vec{a} = k\overbrace{(x_1,y_1)} = (kx_1,ky_1)$

（$\vec{a}$ の x 成分と y 成分のそれぞれに k がかかる！）

(2) 和 $\vec{a}+\vec{b} = (x_1,y_1)+(x_2,y_2) = (x_1+x_2,y_1+y_2)$

（$\vec{a}$ と $\vec{b}$ の x 成分同士，y 成分同士をそれぞれたす！）

差 $\vec{a}-\vec{b} = (x_1,y_1)-(x_2,y_2) = (x_1-x_2,y_1-y_2)$

（$\vec{a}$ と $\vec{b}$ の x 成分同士，y 成分同士をそれぞれ引く！）

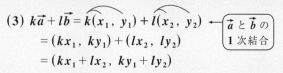

(3) $k\vec{a}+l\vec{b} = k\overbrace{(x_1,y_1)}+l\overbrace{(x_2,y_2)}$ ← $\vec{a}$ と $\vec{b}$ の 1 次結合

$= (kx_1,ky_1)+(lx_2,ly_2)$

$= (kx_1+lx_2,ky_1+ly_2)$

上の計算公式の (1) ベクトルの実数倍と，(2) ベクトルの和と差については，

既に例題でやった通りだから意味は分かると思う。で，**(3)** だけど，これは **(1)** と **(2)** の公式を組み合わせたもので，成分表示された $\vec{a}$ と $\vec{b}$ の 1 次結合 $k\vec{a}+l\vec{b}$ の成分表示の計算の仕方を示しているんだね。これについても，例題で練習しておこう。

(a) $\vec{a}=(-1, 2)$，$\vec{b}=(4, -3)$ のとき，次のベクトルの成分表示を求めてみよう。

(i) $2\vec{a}+3\vec{b}$　　　(ii) $4\vec{a}-2\vec{b}$

それじゃ，(i) からいくよ。

(i) $2\vec{a}+3\vec{b}=2\overbrace{(-1, 2)}+3\overbrace{(4, -3)}$

$\boxed{\vec{a} \text{ の } x \text{ 成分，} y \text{ 成分それぞれに実数をかける。}}$

$=(-2, 4)+(12, -9)=(-2+12, 4-9)$

$\boxed{x \text{ 成分同士，} y \text{ 成分同士それぞれをたす。}}$

$=(10, -5)$ となって，答えだ。

(ii) は，テンポよくいくよ。計算にはある程度のスピード感も必要なんだよ。

(ii) $4\vec{a}-2\vec{b}=4\overbrace{(-1, 2)}-2\overbrace{(4, -3)}=(-4, 8)-(8, -6)$

$=(-4-8, 8-(-6))=(-12, 14)$ となる。大丈夫だった？

(i) の $2\vec{a}+3\vec{b}$ を，$\vec{c}=2\vec{a}+3\vec{b}$ とおくと，$\vec{c}=(10, -5)$ となるから，この大きさ $|\vec{c}|$ の計算も大丈夫だね。そう，

$$|\vec{c}|=\sqrt{10^2+(-5)^2}=\sqrt{100+25}=\sqrt{\boxed{125}}=\sqrt{5^2 \times 5}=5\sqrt{5}$$ となるんだね。

$\boxed{5^2 \times 5}$

また，2 つの成分表示されたベクトル $\vec{a}=(x_1, y_1)$ と $\vec{b}=(x_2, y_2)$ について，$\vec{a}=\vec{b}$ ならば，当然その対応する成分は等しく，その逆も言えるので，

$\vec{a}=\vec{b} \Longleftrightarrow x_1=x_2 \text{ かつ } y_1=y_2$　　が成り立つんだね。

これを "**ベクトルの相等**" と呼ぶので，これも覚えておこう。

また，右図に示すような 2 つの x 軸，y 軸方向の単位ベクトル $\vec{e_1}=(1, 0)$ と $\vec{e_2}=(0, 1)$ のことを "**基本ベクトル**" という。これを使うと，一般に，

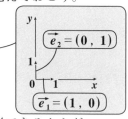

$\vec{a_1}=(x_1, y_1)$ は，$\vec{a_1}=x_1\vec{e_1}+y_1\vec{e_2}$

と表すことができる。何故なら，次のように変形できるからだ。

$\vec{a_1}=x_1\overbrace{(1, 0)}+y_1\overbrace{(0, 1)}=(x_1, 0)+(0, y_1)=(x_1, y_1)$　　　大丈夫？

26

● まわり道の原理も，成分で練習しよう！

次，"まわり道の原理"と"ベクトルの成分表示"についても考えてみよう。

図7(ⅰ)に示すように，xy 座標平面上に 2 点 $A(x_1, y_1)$ と $B(x_2, y_2)$ が与えられたとすると，ベクトルの成分表示の定義から，図7(ⅱ)に示すように，

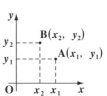

図 7　まわり道の原理
（ⅰ）

$$\begin{cases} \overrightarrow{OA} = (x_1, y_1) \cdots\cdots ⑦ \\ \overrightarrow{OB} = (x_2, y_2) \cdots\cdots ④ \end{cases}$$ になるのはいいね。

ここで，$\overrightarrow{AB}$ に対して，"引き算形式のまわり道の原理"を用いると，

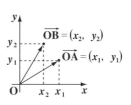

（ⅱ）

$$\overrightarrow{AB} = \overrightarrow{OB} - \overrightarrow{OA} \cdots\cdots ⑨$$ となるので，

> B から A を引く要領だ！

⑨に⑦，④ を代入すると，

$$\overrightarrow{AB} = (x_2, y_2) - (x_1, y_1)$$
$$= (x_2 - x_1, y_2 - y_1)$$ が導ける。

> x 成分同士，y 成分同士それぞれを引く！

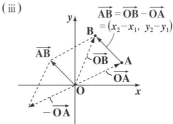

（ⅲ）

この $\overrightarrow{AB}$ は，$\overrightarrow{AB} = \overrightarrow{OB} + (-\overrightarrow{OA})$ と考えることもできる。この様子を図7(ⅲ)に示しておくね。

そして，$\overrightarrow{AB} = (x_2 - x_1, y_2 - y_1)$ から，$\overrightarrow{AB}$ の大きさ $|\overrightarrow{AB}|$ は，

$$|\overrightarrow{AB}| = \sqrt{(x_2 - x_1)^2 + (y_2 - y_1)^2}$$ となる。

この結果は，"図形と方程式"で勉強した

2 点 $A(x_1, y_1)$，$B(x_2, y_2)$ 間の距離の公式：

$$AB = \sqrt{(x_1 - x_2)^2 + (y_1 - y_2)^2}$$ と実質的に同じだね。

> どうせ 2 乗するので，$(x_1 - x_2)^2 = (x_2 - x_1)^2$，$(y_1 - y_2)^2 = (y_2 - y_1)^2$ となる。

(b) xy 座標平面上に 2 点 $P(3, 0)$，$Q(-1, 3)$ があるとき，$\overrightarrow{PQ}$ の成分を求めて，$|\overrightarrow{PQ}|$ を計算しよう。

$P(3, 0)$，$Q(-1, 3)$ から，

$$\begin{cases} \overrightarrow{OP} = (3, 0) \cdots\cdots ⑦ \\ \overrightarrow{OQ} = (-1, 3) \cdots\cdots ④ \end{cases}$$ だね。

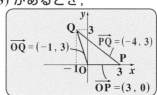

また，

$$\overrightarrow{PQ} = \overrightarrow{OQ} - \overrightarrow{OP} \cdots\cdots ⑰$$ （引き算形式 のまわり道の原理） となるので，

⑰，⑰を⑰に代入して，

$$\overrightarrow{PQ} = (-1, 3) - (3, 0) = (-1-3, 3-0) = (-4, 3)$$ となる。

（x 成分同士，y 成分同士をそれぞれ引く！）

よって，ベクトル $\overrightarrow{PQ}$ の大きさ $|\overrightarrow{PQ}|$ は，

$$|\overrightarrow{PQ}| = \sqrt{(-4)^2 + 3^2} = \sqrt{16+9} = \sqrt{25} = 5$$ となって，答えだ！

● ベクトルの内積って，何!?

さァ，それでは "ベクトルの内積" について解説しよう。ベクトルって，"大きさ" だけでなく，"向き" ももった量なので，2 つのベクトル $\vec{a}$ と $\vec{b}$ の内積 (つまり "かけ算" のこと) については，特別に定義してやる必要があるんだね。一般に $\vec{a}$ と $\vec{b}$ の内積は，$\vec{a} \cdot \vec{b}$ と表すんだけど，その内積の定義を次に示しておこう。（内積を表す "・" は，ハッキリと大きめに書くといいよ。）

$\vec{a}$ と $\vec{b}$ の内積の定義

2 つのベクトル $\vec{a}$ と $\vec{b}$ のなす角を θ とおくと，$\vec{a}$ と $\vec{b}$ の内積は次のように定義される。

$$\vec{a} \cdot \vec{b} = |\vec{a}||\vec{b}|\cos\theta$$

（"(大きさ)×(大きさ)×(なす角の cos)" と覚えよう！）

（ ただし，$0° \leqq \theta \leqq 180°$ とする。）

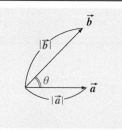

$\vec{a}$ と $\vec{b}$ の内積は $\vec{a} \cdot \vec{b} = |\vec{a}||\vec{b}|\cos\theta$ と定義されるので「大きさ・かける大きさ・かける・なす角の cos」と覚えておくといいね。ここで，$\vec{a}$ と $\vec{b}$ のなす角 θ は，常に小さい方をとることにしておけば，$0° \leqq \theta \leqq 180°$ の範囲にすべて収まる。

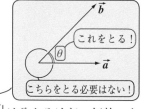

（これをとる！）
（こちらをとる必要はない！）

エッ，でも，$\vec{a}$ と $\vec{b}$ の内積 (かけ算) だから，$|\vec{a}| \times |\vec{b}|$ は分かるけど，何故，なす角の余弦 ($\cos\theta$) をかけるのかって？ 何故，$\sin\theta$ や $\tan\theta$ じゃダメなのかって？ 鋭い質問だね。まず，ベクトルには向きがあるから，内積には何らかの形で $\vec{a}$ と $\vec{b}$ のなす角を絡めないといけないのは分かるはずだ。でも，ここで $\tan\theta$ を使うと，$\theta = 90°$ のとき定義できなくなってしまう。だから，$\tan\theta$ はボツだね。

次，$\sin\theta$ を使うと，図 8 (i) の $y = \sin\theta \ (0° \leqq \theta \leqq 180°)$ のグラフのように 1 つの y_1 に対して，2 つの値，θ_1，θ_2 が対応するので，たとえば内積を $\vec{a} \cdot \vec{b} = |\vec{a}||\vec{b}|\sin\theta$ と定義すると，もし

> このある値に対して，θ の値は 2 つ対応する。

図 8 　$y = \sin\theta$ と $y = \cos\theta$ のグラフ
　（ i ）$y = \sin\theta$ 　　　（ ii ）$y = \cos\theta$

> 1 つの y_1 に対して，θ は θ_1，θ_2 と 2 つ対応する。

> 1 つの y_1 に対して，1 つの θ_1 が対応する。

$\sin\theta$ がある値をとったとすると，$\vec{a}$ と $\vec{b}$ のなす角は θ_1 か θ_2 のいずれか分からなくなってしまうんだね。だから，$\sin\theta$ もやっぱりボツだ。

これに対して，$\vec{a} \cdot \vec{b} = |\vec{a}||\vec{b}|\cos\theta$ と定義すると，図 8 (ii) に示すようにある $\cos\theta$ の値に対して，$\vec{a}$ と $\vec{b}$ のなす角は θ_1 とただ 1 つに決まるから，これだと内積の定義として何の問題もないんだね。これで，納得いった？

それじゃ，練習問題で実際に内積の値を計算してみよう。

練習問題 4	内積	CHECK 1	CHECK 2	CHECK 3

次の各問いに答えよ。ただし，θ は 2 つのベクトルのなす角として，$0° \leqq \theta \leqq 180°$ とする。

(1) $|\vec{a}| = \sqrt{5}$, $|\vec{b}| = 4$, $\theta = 45°$ のとき，内積 $\vec{a} \cdot \vec{b}$ を求めよ。

(2) $|\overrightarrow{OA}| = 2$, $|\overrightarrow{OB}| = \sqrt{3}$, $\theta = 150°$ のとき，内積 $\overrightarrow{OA} \cdot \overrightarrow{OB}$ を求めよ。

(3) $|\vec{p}| = 5$, $|\vec{q}| = 2$, 内積 $\vec{p} \cdot \vec{q} = -5$ のとき，$\vec{p}$ と $\vec{q}$ のなす角 θ を求めよ。

(1)(2) は共に，公式 $\vec{a} \cdot \vec{b} = |\vec{a}||\vec{b}|\cos\theta$ を使って，内積の値を求めればいいんだね。(3) では，$|\vec{p}|$, $|\vec{q}|$, $\vec{p} \cdot \vec{q}$ の値から公式を使って，$\vec{p}$ と $\vec{q}$ のなす角 θ を求める。ちょっとした応用だよ。頑張ろう！

(1) $\vec{a}$ と $\vec{b}$ について，$|\vec{a}| = \sqrt{5}$, $|\vec{b}| = 4$, $\vec{a}$ と $\vec{b}$ のなす角 $\theta = 45°$ より，$\vec{a}$ と $\vec{b}$ の内積は，

> $2 \cdot (\sqrt{2})^2$

内積 $\vec{a} \cdot \vec{b} = |\vec{a}||\vec{b}|\cos 45° = \sqrt{5} \times 4 \times \dfrac{1}{\sqrt{2}} = \sqrt{5} \times 2\sqrt{2} = \underline{2\sqrt{10}}$

> 内積は，ある数値になる！

と計算できる。エッ，内積って，ベクトルじゃないのかって？　ううん，計算すれば分かるとおり，(大きさ) × (大きさ) × $\cos\theta$ = (数値) となって，ベクトルではないよ。

(2) $\overrightarrow{\mathrm{OA}}$ と $\overrightarrow{\mathrm{OB}}$ について，$|\overrightarrow{\mathrm{OA}}|=2$，$|\overrightarrow{\mathrm{OB}}|=\sqrt{3}$，このなす角 $\theta=150°$ より，$\overrightarrow{\mathrm{OA}}$ と $\overrightarrow{\mathrm{OB}}$ の内積は，

内積 $\overrightarrow{\mathrm{OA}} \cdot \overrightarrow{\mathrm{OB}} = |\overrightarrow{\mathrm{OA}}| \cdot |\overrightarrow{\mathrm{OB}}| \cdot \cos 150° = \underset{\boxed{2}}{2} \times \underset{\boxed{\sqrt{3}}}{\sqrt{3}} \times \underset{\boxed{-\frac{\sqrt{3}}{2}}}{\left(-\frac{\sqrt{3}}{2}\right)} = \underset{\boxed{\ominus \text{の値}}}{-3}$

となって答えだ。エッ，内積の値は負もあり得るのかって？ 当然あるよ。一般に，ベクトルの内積の定義式：

$\vec{a} \cdot \vec{b} = \underset{\oplus}{|\vec{a}|}\,\underset{\oplus}{|\vec{b}|}\,\cos\theta$ から，$\vec{a} \neq \vec{0}$，$\vec{b} \neq \vec{0}$ とすると，まず $|\vec{a}| > 0$，$|\vec{b}| > 0$ は

$$\begin{cases} \oplus & (0 \leq \theta < 90°) \\ 0 & (\theta = 90°) \\ \ominus & (90° < \theta \leq 180°) \end{cases}$$

大丈夫だね。でも，$\cos\theta$ の値は（ⅰ）$0° \leq \theta < 90°$ のときは正，（ⅱ）$\theta = 90°$ のとき 0，そして（ⅲ）$90° < \theta \leq 180°$ のときは負となるので，これらに従って，内積 $\vec{a} \cdot \vec{b}$ の値は正，0，負の値をとるんだね。納得いった？

(3) $\vec{p}$ と $\vec{q}$ について，$|\vec{p}|=5$，$|\vec{q}|=2$，$\vec{p} \cdot \vec{q} = -5$ のとき，$\vec{p}$ と $\vec{q}$ のなす角を θ とおくと，内積の定義式から，

$$\vec{p} \cdot \vec{q} = |\vec{p}||\vec{q}|\cos\theta \quad (0° \leq \theta \leq 180°) \text{ だね。}$$

ここで，$|\vec{p}| \neq 0$，$|\vec{q}| \neq 0$ より，両辺を $|\vec{p}||\vec{q}|$ で割ると，

$$\cos\theta = \frac{\overset{\boxed{-5}}{\vec{p} \cdot \vec{q}}}{\underset{\boxed{5}}{|\vec{p}|}\,\underset{\boxed{2}}{|\vec{q}|}} = \frac{-5}{5 \times 2} = -\frac{1}{2} \quad \text{となる。}$$

これは，$X = -\frac{1}{2}$ とみて単位円を利用すると，

よって，これに対応する θ の値で，$0° \leq \theta \leq 180°$ をみたすものは $\theta = 120°$ と求まるんだね。

どう？ 面白かった？

さらに，内積について，必要なことを言っておこう。まず，$\vec{a}$ と $\vec{a}$ の内積 $\vec{a}\cdot\vec{a}$ がどうなるか分かる？ $\vec{a}$ と $\vec{a}$ は同じベクトルだから，そのなす角 θ は当然 $0°$ だね。だから，内積の定義式通りに計算すると，

$$\vec{a}\cdot\vec{a} = |\vec{a}||\vec{a}|\underset{\underset{①}{}}{\cos 0°} = |\vec{a}|^2 \text{ となる。}$$

つまり，$\vec{a}\cdot\vec{a} = |\vec{a}|^2$ の公式が導ける。

次，$\vec{a}$ と $\vec{b}$ が互いに垂直なベクトルのとき，つまり $\vec{a}\perp\vec{b}$ (垂直) のとき，内積 $\vec{a}\cdot\vec{b}$ がどうなるかも考えてごらん。…，そう。$\vec{a}\perp\vec{b}$ より，$\vec{a}$ と $\vec{b}$ のなす角 θ は $\theta = 90°$ だね。よって，内積 $\vec{a}\cdot\vec{b}$ は，

$$\vec{a}\cdot\vec{b} = \underset{\oplus}{|\vec{a}|}\underset{\oplus}{|\vec{b}|}\underset{\underset{⓪}{}}{\cos 90°} = 0 \text{ より，} \vec{a}\cdot\vec{b} = 0 \text{ となる。}$$

これは，$\vec{a}$ と $\vec{b}$ の "**直交条件**（ちょっこうじょうけん）" と呼ばれるもので，前にやった $\vec{a}$ と $\vec{b}$ の "**平行条件**" と併せて覚えておくと，いいと思う。

ベクトルの平行条件と直交条件

$\vec{a}\neq\vec{0}$，$\vec{b}\neq\vec{0}$ の 2 つのベクトル $\vec{a}$，$\vec{b}$ について，
(i) 平行条件：$\vec{a}//\vec{b}$ (平行) のとき，
　　　$\vec{a} = k\vec{b}$ (k：0 でない実数) となる。
(ii) 直交条件：$\vec{a}\perp\vec{b}$ (直交) のとき，
　　　$\vec{a}\cdot\vec{b} = 0$ となる。
　　　(逆に，$\vec{a}\neq\vec{0}$，$\vec{b}\neq\vec{0}$ のとき，$\vec{a}\cdot\vec{b} = 0$ ならば，$\vec{a}\perp\vec{b}$ となる。)

● **内積の演算にもチャレンジしよう！**

それではさらに，たとえば，$\vec{a}+2\vec{b}$ と $2\vec{a}-\vec{b}$ の内積の計算 (演算) についても勉強しよう。エッ，難しそうで，引きそうだって？ 大丈夫，これって a と b の整式のかけ算 $(a+2b)(2a-b)$ と形式的にはまったく同じなんだよ。実際に，みんなこの計算をやってごらん。

$$(a+2b)(2a-b)=2a^2 \underbrace{-ab+4ab}_{(4-1)ab} -2b^2 = 2a^2+3ab-2b^2$$

と計算できるだろう。

　これと同様に，$\vec{a}+2\vec{b}$ と $2\vec{a}-\vec{b}$ の内積も次のように計算できる。

$$(\vec{a}+2\vec{b})\cdot(2\vec{a}-\vec{b}) = \vec{a}\cdot2\vec{a} \underbrace{-\vec{a}\cdot\vec{b}+2\vec{b}\cdot2\vec{a}}_{\boxed{-\vec{a}\cdot\vec{b}+4\vec{a}\cdot\vec{b}=(4-1)\vec{a}\cdot\vec{b}=3\vec{a}\cdot\vec{b}}} -2\vec{b}\cdot\vec{b}$$

$$\underbrace{2\vec{a}\cdot\vec{a}=2|\vec{a}|^2} \qquad \underbrace{|\vec{b}|^2}$$

$$= 2|\vec{a}|^2+3\vec{a}\cdot\vec{b}-2|\vec{b}|^2 \text{ と計算できる。}$$

ポイントは，同じベクトルの内積は $\vec{a}\cdot\vec{a}=|\vec{a}|^2$ となることだね。

後，もう1つは，$2\vec{b}\cdot2\vec{a}$ の場合，係数は表に出

してまとめて4とし，$\boxed{\vec{b}\cdot\vec{a}=\vec{a}\cdot\vec{b}}$（交換法則）が

成り立つので，

> 内積の定義から，
> $$\vec{a}\cdot\vec{b}=|\vec{a}||\vec{b}|\cos\theta$$
> $$=|\vec{b}||\vec{a}|\cos\theta$$
> $$=\vec{b}\cdot\vec{a} \text{ となる。}$$

　　$2\vec{b}\cdot2\vec{a}=4\vec{a}\cdot\vec{b}$ と変形できることだ。

　以上より，内積の演算 $(\vec{a}+2\vec{b})\cdot(2\vec{a}-\vec{b})$ が，整式 $(a+2b)(2a-b)$ とまっ
たく同様に行えることが分かったと思う。

　このことは，絶対値記号の中にベクトルの1次結合のような式が入って
る場合，たとえば，$|2\vec{a}+\vec{b}|$ などの場合でも，これを2乗することにより，
整式 $(2a+b)^2$ と同様に展開できる。以下の変形をみてくれ。

$$|2\vec{a}+\vec{b}|^2 = (2\vec{a}+\vec{b})\cdot(2\vec{a}+\vec{b}) \quad \leftarrow \boxed{|\vec{a}|^2=\vec{a}\cdot\vec{a}\text{ だからね。}}$$

$$= \underbrace{2\vec{a}\cdot2\vec{a}}_{4|\vec{a}|^2} + \underbrace{2\vec{a}\cdot\vec{b}+\vec{b}\cdot2\vec{a}}_{2\vec{a}\cdot\vec{b}} + \underbrace{\vec{b}\cdot\vec{b}}_{|\vec{b}|^2}$$

$$= 4|\vec{a}|^2+4\vec{a}\cdot\vec{b}+|\vec{b}|^2 \text{ となる。}$$

これは，$(2a+b)^2$ の展開

　　$(2a+b)^2=4a^2+4ab+b^2$ と，まったく同様だね。

このように，絶対値記号の中に何かベクトルの式が入っていたら，

「2乗して，展開する！」ということを忘れないでくれ。

それでは，内積の演算について，練習問題で練習しておこう。

練習問題 5　　内積の演算　　CHECK 1　CHECK 2　CHECK 3

次の各問いに答えよ。

(1) $|\vec{a}| = \sqrt{3}$, $|\vec{b}| = 4$, $\vec{a} \cdot \vec{b} = -2$ のとき，

　　内積 $(2\vec{a} + \vec{b}) \cdot (3\vec{a} - \vec{b})$ の値を求めよ。

(2) $\vec{p}$, $\vec{q}$ が，$|\vec{p}| = 3$, $|\vec{q}| = 2$, $|2\vec{p} - \vec{q}| = 2\sqrt{7}$ をみたすとき，

　　$\vec{p}$ と $\vec{q}$ のなす角を求めよ。

---

(1) は，与えられた内積の式を，内積の演算によって展開すればいいね。

(2) は $|2\vec{p} - \vec{q}| = 2\sqrt{7}$ の両辺を 2 乗すれば，左辺の展開ができるね。

(1) $|\vec{a}| = \sqrt{3}$, $|\vec{b}| = 4$, $\vec{a} \cdot \vec{b} = -2$ のとき，与式を計算すると，

$$(2\vec{a} + \vec{b}) \cdot (3\vec{a} - \vec{b}) = 6\underbrace{|\vec{a}|^2}_{(\sqrt{3})^2} + \underbrace{\vec{a} \cdot \vec{b}}_{-2} - \underbrace{|\vec{b}|^2}_{4^2}$$

> 整数の展開 $(2a+b) \cdot (3a-b)$
> $= 6a^2 + ab - b^2$ と同じだね。

$$= 6 \times 3 - 2 - 16 = 18 - 18 = 0 \text{ となって，答えだね。}$$

よって，$(2\vec{a} + \vec{b}) \cdot (3\vec{a} - \vec{b}) = 0$ が導かれたので，2 つのベクトル
$2\vec{a} + \vec{b}$ と $3\vec{a} - \vec{b}$ が互いに垂直なベクトルであることが分かるね。

(2) $|\vec{p}| = 3$ ……①，$|\vec{q}| = 2$ ……②，$|2\vec{p} - \vec{q}| = 2\sqrt{7}$ ……③ とおく。

まず，③の両辺を 2 乗して，

> 絶対値記号の中にベクトルの式が
> 入っていたら，2 乗して展開する！

$$\underbrace{|2\vec{p} - \vec{q}|^2}_{4|\vec{p}|^2 - 4\vec{p} \cdot \vec{q} + |\vec{q}|^2} = (2\sqrt{7})^2$$

> これは $(2p-q)^2 = 4p^2 - 4pq + q^2$ と同じだ！

$$4\underbrace{|\vec{p}|^2}_{3^2} - 4\vec{p} \cdot \vec{q} + \underbrace{|\vec{q}|^2}_{2^2} = 28 \text{ ……④}$$

④に①，②を代入して，まとめると，

$$4 \times 9 - 4\vec{p} \cdot \vec{q} + 4 = 28, \quad 4\vec{p} \cdot \vec{q} = 12 \quad \therefore \vec{p} \cdot \vec{q} = 3 \text{ ……⑤}$$

①，②，⑤より，$\vec{p}$ と $\vec{q}$ のなす角を θ とおくと，$\vec{p} \cdot \vec{q} = |\vec{p}||\vec{q}|\cos\theta$ から

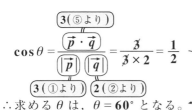

$$\cos\theta = \frac{\overbrace{\vec{p} \cdot \vec{q}}^{3(⑤より)}}{\underbrace{|\vec{p}|}_{3(①より)}\,\underbrace{|\vec{q}|}_{2(②より)}} = \frac{3}{3 \times 2} = \frac{1}{2}$$

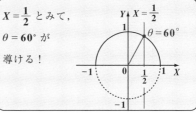

$X = \dfrac{1}{2}$ とみて，$\theta = 60°$ が導ける！

$\therefore$ 求める θ は，$\theta = 60°$ となる。

どう？これで，内積の演算にも自信がついただろう？

● 内積も成分表示してみよう！

成分表示された2つのベクトル$\vec{a}=(x_1,\ y_1)$, $\vec{b}=(x_2,\ y_2)$の内積の値は，次の公式で計算できるんだよ。

内積の成分表示

$\vec{a}=(x_1,\ y_1)$, $\vec{b}=(x_2,\ y_2)$のとき，内積$\vec{a}\cdot\vec{b}$は

$\vec{a}\cdot\vec{b}=\underline{x_1x_2+y_1y_2}$ となる。

$\vec{b}=(x_2,\ y_2)$

$\vec{a}=(x_1,\ y_1)$

内積は「x成分同士，y成分同士の積の和」と覚えよう！

この公式の証明については，「元気が出る数学B」(マセマ)で勉強するといいよ。ここでは，この公式を実際に使ってみることに専念しよう。

(c) $\vec{a}=(\sqrt{3},\ 1)$, $\vec{b}=(1,\ \sqrt{3})$のとき，内積$\vec{a}\cdot\vec{b}$を求めよう。

$\vec{a}=(\sqrt{3},\ 1)$, $\vec{b}=(1,\ \sqrt{3})$より，内積$\vec{a}\cdot\vec{b}$の値は，

$$\vec{a}\cdot\vec{b}=\underset{x_1\quad x_2}{\underset{x_1\quad y_1}{\sqrt{3}\times 1}}+\underset{y_1\quad y_2}{\underset{x_2\quad y_2}{1\times\sqrt{3}}}=2\sqrt{3}\quad\text{となる。}$$

内積の成分表示の公式
$\vec{a}\cdot\vec{b}=x_1x_2+y_1y_2$を使った！

ここで，成分が分かっているので，$|\vec{a}|$, $|\vec{b}|$もすぐ求まるね。

$|\vec{a}|=\sqrt{(\sqrt{3})^2+1^2}=\sqrt{4}=2$, $|\vec{b}|=\sqrt{1^2+(\sqrt{3})^2}=\sqrt{4}=2$

よって，$\vec{a}$と$\vec{b}$のなす角をθとおくと，$\cos\theta$の値も，

$$\cos\theta=\frac{\overset{2\sqrt{3}}{\overbrace{\vec{a}\cdot\vec{b}}}}{\underset{2\quad 2}{\underbrace{|\vec{a}|\ |\vec{b}|}}}=\frac{2\sqrt{3}}{2\times 2}=\frac{\sqrt{3}}{2}\quad\text{となる}$$

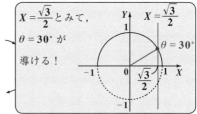

$X=\dfrac{\sqrt{3}}{2}$とみて，$\theta=30°$が導ける！

ので，$\theta=30°$ということも分かる！

以上を，公式としてまとめておこう。

成分表示と$\cos\theta$の値

共に$\vec{0}$でない2つのベクトル$\vec{a}=(x_1,\ y_1)$, $\vec{b}=(x_2,\ y_2)$のなす角をθとおくと，

$|\vec{a}|=\sqrt{x_1{}^2+y_1{}^2}$, $|\vec{b}|=\sqrt{x_2{}^2+y_2{}^2}$, $\vec{a}\cdot\vec{b}=x_1x_2+y_1y_2$

$$\cos\theta=\frac{\vec{a}\cdot\vec{b}}{|\vec{a}||\vec{b}|}=\frac{x_1x_2+y_1y_2}{\sqrt{x_1{}^2+y_1{}^2}\sqrt{x_2{}^2+y_2{}^2}}\quad\text{となる。}$$

エッ，公式にすると難しそうだって？ でも，具体的に例題で練習して
いるから意味はよく分かったと思う。実際に計算してみることにより，公
式も本当にマスターできるんだね。

● ベクトルの内積で，三角形の面積も求まる！

では，最後にベクトルの内積を使った"三角形の面積を求める公式"に
ついて解説しておこう。

図 9(ⅰ)に示すような
△ OAB について，**OA** = a，

図 9　三角形の面積 S

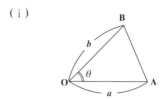
（ⅰ）

OB = b，∠ AOB = θ とおくと，
△ OAB の面積 S が，次のよう
に計算できるのは大丈夫だね。

$$S = \frac{1}{2}ab\sin\theta \quad \cdots\cdots①$$

> この公式は数学Ⅰの
> "図形と計量"で既
> に教えたね。

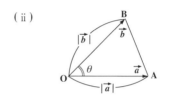
（ⅱ）

ここで，図 9 (ⅱ) のように
$\overrightarrow{OA} = \vec{a}$，$\overrightarrow{OB} = \vec{b}$，$\vec{a}$ と $\vec{b}$ のなす角を θ とおくと，
$a = \mathrm{OA} = |\vec{a}|\cdots②$　　$b = \mathrm{OB} = |\vec{b}|\cdots③$ となるので，

②，③を①に代入すると，△ OAB の面積 S は，

$$S = \frac{1}{2}|\vec{a}||\vec{b}|\sin\theta \quad\cdots④ \qquad (0°<\theta<180°)\ となるんだね。$$

エッ，④の右辺の $|\vec{a}||\vec{b}|\sin\theta$ が内積の式みたいだって？そうだけど，内
積の定義式は $\vec{a}\cdot\vec{b} = |\vec{a}||\vec{b}|\cos\theta$ だから，同じとはいえないんだね。でも，
$|\vec{a}|$，$|\vec{b}|$，$\sin\theta$ はいずれも正の数だから，これらを 2 乗して，$\sqrt{\ }$ を付け
ても，元と同じになるんだね。なんで，そんなことするのかって？それは，
$\sin^2\theta = 1 - \cos^2\theta$ の公式を利用して，内積の形にもち込むためなんだ。

じゃ，④を変形してみよう。

$$S = \frac{1}{2}\sqrt{|\vec{a}|^2|\vec{b}|^2\underbrace{\sin^2\theta}_{(1-\cos^2\theta)}}$$

$|\vec{a}||\vec{b}|\sin\theta$ を 2 乗して $\sqrt{}$ をとった

$$= \frac{1}{2}\sqrt{|\vec{a}|^2|\vec{b}|^2(1-\cos^2\theta)}$$

公式：$\sin^2\theta = 1-\cos^2\theta$ を使った！

$$= \frac{1}{2}\sqrt{|\vec{a}|^2|\vec{b}|^2-\underbrace{|\vec{a}|^2|\vec{b}|^2\cos^2\theta}_{(\vec{a}\cdot\vec{b})^2}}$$

内積の定義式
$\vec{a}\cdot\vec{b} = |\vec{a}||\vec{b}|\cos\theta$
の両辺を 2 乗したものだね。

ここで，内積の定義式：$\vec{a}\cdot\vec{b} = |\vec{a}||\vec{b}|\cos\theta$ を利用すると，ベクトルの内積を利用して $\triangle$OAB の面積 S を求める公式：

$$S = \frac{1}{2}\sqrt{|\vec{a}|^2|\vec{b}|^2-(\vec{a}\cdot\vec{b})^2} \quad \cdots\text{⑤}$$ が導けるんだね。

エッ，⑤は，成分表示できないのかって？いい勘してるね。もちろんできて，さらにスッキリした公式が導けるよ。$\vec{a}$ と $\vec{b}$ が
$\vec{a} = (x_1, y_1)$，$\vec{b} = (x_2, y_2)$ と成分表示されているとき，

$$\begin{cases} |\vec{a}|^2 = x_1^2 + y_1^2 & \cdots\cdots\text{⑥} \\ |\vec{b}|^2 = x_2^2 + y_2^2 & \cdots\cdots\text{⑦} \\ \vec{a}\cdot\vec{b} = x_1x_2 + y_1y_2 & \cdots\text{⑧} \end{cases}$$

⑥，⑦は，$|\vec{a}|$ と $|\vec{b}|$ の公式：
$|\vec{a}| = \sqrt{x_1^2+y_1^2}$，$|\vec{b}| = \sqrt{x_2^2+y_2^2}$
の両辺を 2 乗したものだね。

となるので，⑥，⑦，⑧を⑤に代入すると，

$$S = \frac{1}{2}\sqrt{\underbrace{(x_1^2+y_1^2)}_{|\vec{a}|^2}\underbrace{(x_2^2+y_2^2)}_{|\vec{b}|^2} - \underbrace{(x_1x_2+y_1y_2)^2}_{(\vec{a}\cdot\vec{b})^2}}$$

$$= \frac{1}{2}\sqrt{x_1^2x_2^2 + x_1^2y_2^2 + \underline{x_2^2y_1^2} + \cancel{y_1^2y_2^2} - (x_1^2x_2^2 + 2x_1x_2y_1y_2 + \cancel{y_1^2y_2^2})}$$

$$= \frac{1}{2}\sqrt{\underbrace{(x_1y_2)^2}_{\alpha^2} - \underbrace{2x_1y_2}_{\alpha}\underbrace{x_2y_1}_{\beta} + \underbrace{(x_2y_1)^2}_{\beta^2}}$$

$x_1y_2 = \alpha$，$x_2y_1 = \beta$ とおくと，$\sqrt{}$ 内は $\alpha^2 - 2\alpha\beta + \beta^2$ の形になっているんだね。

ヒェ〜て，感じかも知れないけれど，$\sqrt{}$ 内は $\alpha^2 - 2\alpha\beta + \beta^2$ の形をして

いるから，後一歩でキレイな公式が導けるよ。では，続きをいくよ。

$$S = \frac{1}{2}\sqrt{\underbrace{(x_1 y_2)^2 - 2x_1 y_2 \cdot x_2 y_1 + (x_2 y_1)^2}_{\boxed{\alpha^2 - 2\alpha\beta + \beta^2 \text{ とみる！}}}}$$

> 公式：
> $\alpha^2 - 2\alpha\beta + \beta^2 = (\alpha - \beta)^2$
> を使った！

$$= \frac{1}{2}\sqrt{(x_1 y_2 - x_2 y_1)^2}$$

> $x_1 y_2 - x_2 y_1 = P$ とおくと，
> $\sqrt{P^2} = |P|$ と変形できる。

$$= \frac{1}{2}|x_1 y_2 - x_2 y_1|$$

よって，$\vec{a} = \overrightarrow{\mathrm{OA}} = (x_1 , y_1)$，$\vec{b} = \overrightarrow{\mathrm{OB}} = (x_2 , y_2)$ のとき △ OAB の面積 S は
シンプルな公式：

$$S = \frac{1}{2}|x_1 y_2 - x_2 y_1| \quad \cdots\cdots ⑨ \quad \text{で求めることができるんだね。}$$

大変だったけれど，理解できたかな？

では，例題で，この公式を使ってみよう。

$(ex)\,\overrightarrow{\mathrm{OA}} = (3 , 4)$，$\overrightarrow{\mathrm{OB}} = (-2 , 3)$

のとき，右図に示す△ OAB

の面積 S を求めてみよう。

$$\begin{cases} \overrightarrow{\mathrm{OA}} = (x_1 , y_1) = (3 , 4) \\ \overrightarrow{\mathrm{OB}} = (x_2 , y_2) = (-2 , 3) \end{cases}$$

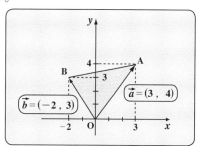

⑨の公式より，絶対値内の $\underset{\boxed{3}\ \boxed{3}\ \boxed{-2}\ \boxed{4}}{x_1 y_2 - x_2 y_1}$ は，上に示すように $\overrightarrow{\mathrm{OA}}$ と $\overrightarrow{\mathrm{OB}}$

の x 成分と y 成分を "**たすきがけ**" して，引き算すればいいので，

$$S = \frac{1}{2}|3 \times 3 - (-2) \times 4| = \frac{1}{2}\underset{\boxed{17}}{|9 + 8|} = \frac{17}{2} \quad \text{と，アッサリ計算でき}$$

るんだね。大丈夫だった？

以上で，今日の講義も終了です！今日は特に盛り沢山な内容だったから，
自分で納得がいくまで，ヨ〜ク復習しておくことだね。
では，次回また会おうな。さようなら…。

3rd day 内分点の公式，外分点の公式

みんな，おはよう。今日で，"**平面ベクトル**"も**3**回目の講義になるけれど，調子はいい？ 今日の講義では，"**内分点の公式**"と"**外分点の公式**"について詳しく教えようと思う。つまり，これは，ベクトルの平面図形への応用ということになるんだね。 さァ，それでは講義を始めよう。

● ベクトルの内分点の公式から始めよう！

まず，ベクトルによる内分点の公式を例を使って説明するよ。図 **1**(i) に示すように，平面内に線分 **AB** があり，この線分を **2 : 1** に内分する点を **P** とおく。つまり，

AP : PB = 2 : 1 ということだね。

ここで，ベクトルの場合，図 **1**(ii) のように，ある基準点 **O** をとり，これを始点とするベクトル $\overrightarrow{OA}$, $\overrightarrow{OB}$, $\overrightarrow{OP}$ で考える。そして $\overrightarrow{OP}$ を $\overrightarrow{OA}$, $\overrightarrow{OB}$ で表すことにしてみよう。

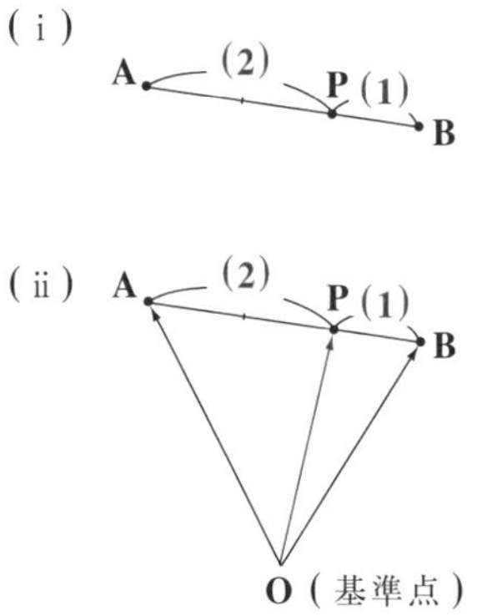

これは，"まわり道の原理"から始めればいいんだね。図 **2** のように考えて，

$$\overrightarrow{OP} = \overrightarrow{OA} + \overrightarrow{AP} \quad \cdots\cdots ⑦$$

> たし算形式の
> まわり道の原理

ここで，**AP : AB = 2 : 3** より，

$$\overrightarrow{AP} = \frac{2}{3}\overrightarrow{AB} \quad \cdots\cdots\cdots ⑦$$

図 1 線分 AB の内分点 P
(i)

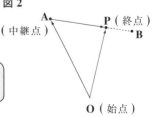

(ii)

図 2

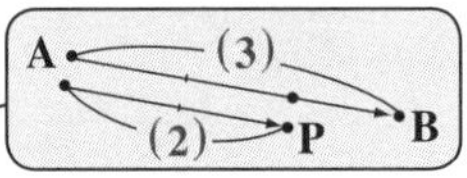

⑦を⑦に代入して，さらに **O** を始点とするベクトルに書き換えると，

$$\overrightarrow{OP} = \overrightarrow{OA} + \frac{2}{3}\overrightarrow{AB}$$

> $\overrightarrow{OB} - \overrightarrow{OA}$

> "引き算形式のまわり道の原理"により，$\overrightarrow{AB}$ を **O** を始点 (中継点) とするベクトルに書き換える！

$$= \overrightarrow{OA} + \frac{2}{3}(\overrightarrow{OB} - \overrightarrow{OA}) = \overrightarrow{OA} + \frac{2}{3}\overrightarrow{OB} - \frac{2}{3}\overrightarrow{OA}$$

$$= \left(1 - \frac{2}{3}\right)\overrightarrow{OA} + \frac{2}{3}\overrightarrow{OB} = \frac{1}{3}\overrightarrow{OA} + \frac{2}{3}\overrightarrow{OB} \quad \text{となるんだね。大丈夫？}$$

これを，一般論でもう **1** 度やれば，ベクトルによる "**内分点の公式**" が導けるんだね。図 **3** に示すように，線分 **AB** を $m:n$ に内分する点を **P** とおく。そして，基準点 **O** をとって，$\overrightarrow{OP}$ を $\overrightarrow{OA}$ と $\overrightarrow{OB}$ と m と n とで表してみるよ。

図 3 線分 AB の内分点 P

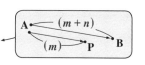

まず，たし算形式のまわり道の原理を使って，

$$\overrightarrow{OP} = \overrightarrow{OA} + \overrightarrow{AP} \ \cdots\cdots \text{⑦}' \quad \text{となる。}$$

ここで，$AP:AB = m:(m+n)$ より，

$$\overrightarrow{AP} = \frac{m}{m+n}\overrightarrow{AB} \ \cdots\cdots \text{①}' \quad \text{となる。}$$

①' を ⑦' に代入して，さらに **O** を始点とするベクトルに書き換えると，

$$\overrightarrow{OP} = \overrightarrow{OA} + \underbrace{\frac{m}{m+n}\overrightarrow{AB}}$$

$\boxed{\overrightarrow{OB}-\overrightarrow{OA}}$ "引き算形式のまわり道の原理"

$$= \overrightarrow{OA} + \frac{m}{m+n}(\overrightarrow{OB}-\overrightarrow{OA}) = \overrightarrow{OA} + \frac{m}{m+n}\overrightarrow{OB} - \frac{m}{m+n}\overrightarrow{OA}$$

$$= \left(1 - \frac{m}{m+n}\right)\overrightarrow{OA} + \frac{m}{m+n}\overrightarrow{OB} = \frac{n}{m+n}\overrightarrow{OA} + \frac{m}{m+n}\overrightarrow{OB}$$

$$\boxed{\frac{m+n-m}{m+n} = \frac{n}{m+n}}$$

∴内分点の公式 $\quad \overrightarrow{OP} = \dfrac{n\overrightarrow{OA} + m\overrightarrow{OB}}{m+n} \quad$ が導けるんだね。

特に，$m:n = 1:1$，すなわち，点 **P** が線分 **AB** の中点となるときは，$m=1$，$n=1$ を公式に代入して，

$$\overrightarrow{OP} = \frac{n\overrightarrow{OA} + m\overrightarrow{OB}}{m+n} = \frac{1\cdot\overrightarrow{OA} + 1\cdot\overrightarrow{OB}}{1+1} = \frac{\overrightarrow{OA} + \overrightarrow{OB}}{2} \quad \text{となる。これも覚えて}$$

おこう！

以上を公式としてまとめて示すよ。

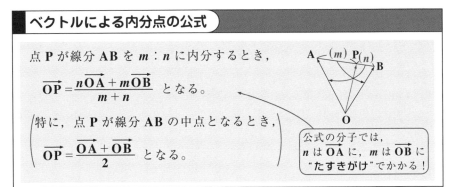

点 P が線分 AB を $m:n$ に内分するとき，

$$\overrightarrow{OP} = \frac{n\overrightarrow{OA} + m\overrightarrow{OB}}{m+n}$$ となる。

特に，点 P が線分 AB の中点となるとき，

$$\overrightarrow{OP} = \frac{\overrightarrow{OA} + \overrightarrow{OB}}{2}$$ となる。

公式の分子では，
n は $\overrightarrow{OA}$ に，m は $\overrightarrow{OB}$ に
"たすきがけ"でかかる！

この公式を使えば，さっきやった例題も，点 P が線分 AB を $2:1$ に内分すると言ってるので，公式に $m=2$，$n=1$ を代入して，

$$\overrightarrow{OP} = \frac{1 \cdot \overrightarrow{OA} + 2 \cdot \overrightarrow{OB}}{2+1} = \frac{1}{3}\overrightarrow{OA} + \frac{2}{3}\overrightarrow{OB}$$ とすぐに求まるんだね。大丈夫？

また，点 M が，線分 QR を $5:3$ に内分するときも，公式に $m=5$，$n=3$ を代入して，

$$\overrightarrow{OM} = \frac{3 \cdot \overrightarrow{OQ} + 5 \cdot \overrightarrow{OR}}{5+3} = \frac{3}{8}\overrightarrow{OQ} + \frac{5}{8}\overrightarrow{OR}$$ となるんだね。

ここで，基準点 O について，少し話しておこう。これを xy 座標系の原点 O と混同してるかも知れないね。でも，基準点 O は何か基準になればいい定点なので，もちろん原点 O と一致させてもいいんだけれど，原点とは別の点をとって基準点 O としてもかまわないんだよ。そして，基準点 O を始点とする $\overrightarrow{OA}$ や $\overrightarrow{OB}$ や $\overrightarrow{OP}$ などのことを，O に関する"位置ベクトル"と呼ぶことも覚えておくといい。

それでは，内分点の公式を練習問題で，さらに練習しておこう。

練習問題 6	内分点の公式	CHECK 1	CHECK 2	CHECK 3

$\overrightarrow{OB} = (5, 3)$，$\overrightarrow{OC} = (-2, 6)$ とする。線分 BC を $3:2$ に内分する点を P とおくとき，$\overrightarrow{OP}$ の成分表示を求めよ。

成分表示されたベクトルの場合，基準点 O は原点 O と一致するんだね。

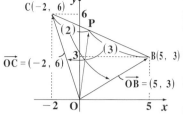

$$\begin{cases} \overrightarrow{OB} = (5,\ 3) \\ \overrightarrow{OC} = (-2,\ 6) \end{cases}$$

これは，点 B(5, 3)，点 C(-2, 6) と言ってるのと同じこと。

点 P は線分 BC を 3：2 に内分するので，

$$\overrightarrow{OP} = \frac{2\overrightarrow{OB} + 3\overrightarrow{OC}}{3+2}$$

内分点の公式
$$\overrightarrow{OP} = \frac{n\overrightarrow{OB} + m\overrightarrow{OC}}{m+n}$$

$$= \frac{2}{5}\overrightarrow{OB} + \frac{3}{5}\overrightarrow{OC} = \frac{2}{5}(5,\ 3) + \frac{3}{5}(-2,\ 6)$$

係数は x 成分，y 成分それぞれにかける。

$$= \left(\frac{2}{5}\times 5,\ \frac{2}{5}\times 3\right) + \left(\frac{3}{5}\times(-2),\ \frac{3}{5}\times 6\right) = \left(2,\ \frac{6}{5}\right) + \left(-\frac{6}{5},\ \frac{18}{5}\right)$$

$$= \left(2 - \frac{6}{5},\ \frac{6}{5} + \frac{18}{5}\right) = \left(\frac{4}{5},\ \frac{24}{5}\right)$$

$\dfrac{10-6}{5}$　x 成分，y 成分同士たす

$$\therefore \overrightarrow{OP} = \left(\frac{4}{5},\ \frac{24}{5}\right) \quad \text{となって，答えだ！}$$

これは，点 P の座標が $P\left(\dfrac{4}{5},\ \dfrac{24}{5}\right)$ と言ってるのと同じことなんだね。

面白かった？

　それでは次，△ABC の**重心 G** について話しておこう。図 4 に示すように，辺 BC の中点を M とおくと，線分 (中線)AM を 2：1 に内分する点が重心 G になるんだね。

　ここで，図 5 (i) のように基準点 O をとり，重心 G に向かうベクトル $\overrightarrow{OG}$ を，$\overrightarrow{OA}$，$\overrightarrow{OB}$，$\overrightarrow{OC}$ で表してみることにしよう。

・図 5 (i) に示すように，点 M は線分 (辺) BC の中点なので，公式から，

$$\overrightarrow{OM} = \frac{\overrightarrow{OB} + \overrightarrow{OC}}{2} \quad \cdots\cdots \text{⑦} \quad \text{となるね。}$$

図 4　△ABC の重心 G

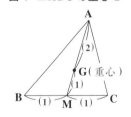

図 5 (i)　△ABC の重心 G

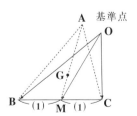

・ 次，図 5 (ⅱ) に示すように，重心 **G** は線

分 (中線) **AM** を **2：1** に内分するので，

公式を使って，

$$\overrightarrow{OG} = \frac{1 \cdot \overrightarrow{OA} + 2 \cdot \overrightarrow{OM}}{2 + 1} = \frac{\overrightarrow{OA} + 2\overrightarrow{OM}}{3} \cdots ①$$

となる。

図 5 (ⅱ) △ABC の重心 G

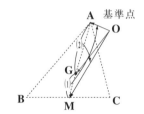

よって，㋐を①に代入すると，

$$\overrightarrow{OG} = \frac{\overrightarrow{OA} + 2\boxed{\overrightarrow{OM}}\overset{\boxed{\frac{\overrightarrow{OB} + \overrightarrow{OC}}{2}}}{}}{3} = \frac{\overrightarrow{OA} + \cancel{2} \times \frac{\overrightarrow{OB} + \overrightarrow{OC}}{\cancel{2}}}{3}$$

∴ 公式：$\overrightarrow{OG} = \dfrac{\overrightarrow{OA} + \overrightarrow{OB} + \overrightarrow{OC}}{3}$ ……㋑ が導かれるんだね。

ここで，基準点 **O** をどこにとっても㋑の公式は成り立つので，たとえば

O が **B** と一致したとすると，㋑ の **O** をすべて **B** で置き換えて，

$$\overrightarrow{BG} = \frac{\overrightarrow{BA} + \boxed{\overrightarrow{BB}}\overset{\boxed{\vec{0}}}{} + \overrightarrow{BC}}{3}, \quad \overrightarrow{BG} = \frac{\overrightarrow{BA} + \overrightarrow{BC}}{3} \text{ の式も導ける。}$$

このように，基準点 **O** を自由にとれる柔軟な頭をもっていれば，式を

さまざまに変形していくこともできるんだね。納得いった？

△**ABC** の重心 **G** の公式を導いたので，今度は

△**ABC** の**内心 I** についても話しておこう。内心 **I**

は△**ABC** の内接円の中心のことで，3 つの頂角∠**A**，

∠**B**，∠**C** の二等分線が **1** 点で交わる，その交点のこ

となんだね。ここで，"**頂角の二等分線の定理**" も

覚えてる？ たとえば，頂角 **A** の二等分線と辺 **BC** と

の交点を **P** とおくと，**P** は線分 **BC** を **AB：AC** = *c*：

b の比に内分するんだったね。さらに，数学 **A** の "**図**

形の性質" で学んだ "**メネラウスの定理**" を使うこと

により，次の内心 **I** に関する練習問題も解ける。"**図**

形の性質" の知識が多用されるけれど，頑張って解いてみようか？

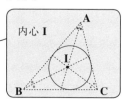

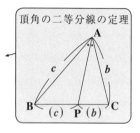

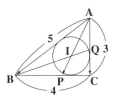

練習問題 7	内分点の公式（応用）	CHECK **1**	CHECK **2**	CHECK **3**

$AB = 5$，　$BC = 4$，　$CA = 3$ の $\triangle ABC$ がある。

$\triangle ABC$ の内心を I とおき，直線 AI と辺 BC

との交点を P，直線 BI と辺 CA との交点を

Q とおく。

(1) $BP : PC$ の比を求めて，$\overrightarrow{AP}$ を $\overrightarrow{AB}$ と $\overrightarrow{AC}$ で表せ。

(2) $AI : IP$ の比を求めて，$\overrightarrow{AI}$ を $\overrightarrow{AB}$ と $\overrightarrow{AC}$ で表せ。

(1) AP は，頂角 $\angle A$ の二等分線なので，$BP : PC = AB : AC$ になるんだね。(2) では，"メネラウスの定理" から $AI : IP$ の比を求めよう。

(1) 線分 AP は，頂角 $\angle A$ の二等分線なので，

$BP : PC = AB : AC = 5 : 3$ となる。

よって，点 P は線分 BC を $5 : 3$ に内分

するので，内分点の公式より，

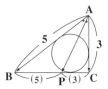

$$\overrightarrow{AP} = \frac{3\overrightarrow{AB} + 5\overrightarrow{AC}}{5 + 3}$$

> 内分点の公式
> $$\overrightarrow{AP} = \frac{n\overrightarrow{AB} + m\overrightarrow{AC}}{m + n}$$
> を使った！

> 点 A が今回の基準点になってるね。そして，$\overrightarrow{AB}$ と $\overrightarrow{AC}$ の1次結合で答えを表すことになっている！

$\therefore \overrightarrow{AP} = \dfrac{3}{8}\overrightarrow{AB} + \dfrac{5}{8}\overrightarrow{AC}$ ……① となるんだね。

(2) 線分 BQ も頂角 $\angle B$ の二等分線なので，

$AQ : QC = BA : BC = 5 : 4$ となる。

以上より，

$BP : PC = 5 : 3$, $AQ : QC = 5 : 4$ が分

かったので，$AI : IP = m : n$ とおいて，

メネラウスの定理を用いると，

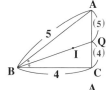

$$\frac{8}{5} \times \frac{5}{4} \times \frac{n}{m} = 1 \quad となる。$$

> メネラウスの定理：
> $$\frac{②}{①} \times \frac{④}{③} \times \frac{⑥}{⑤} = 1 \quad を使った！$$

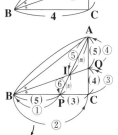

> メネラウスの定理：
> ①で行って，
> ②で戻って，
> ③，④で行って行って，
> ⑤，⑥で中に切り込む。

$2 \times \dfrac{n}{m} = 1$ より，$\dfrac{n}{m} = \dfrac{1}{2}$

$\therefore AI : IP = m : n = 2 : 1$

43

よって，

$\mathbf{AI} : \mathbf{AP} = 2 : 3$ より，

$\overrightarrow{\mathbf{AI}} = \dfrac{2}{3} \overrightarrow{\mathbf{AP}}$ ……② となる。

この②に，$\overrightarrow{\mathbf{AP}} = \dfrac{3}{8} \overrightarrow{\mathbf{AB}} + \dfrac{5}{8} \overrightarrow{\mathbf{AC}}$ ……① を代入して，

> $\overrightarrow{\mathbf{AB}}$ と $\overrightarrow{\mathbf{AC}}$ の 1 次結合の形にする。

$$\overrightarrow{\mathbf{AI}} = \dfrac{2}{3}\left(\dfrac{3}{8} \overrightarrow{\mathbf{AB}} + \dfrac{5}{8} \overrightarrow{\mathbf{AC}} \right) = \dfrac{\cancel{2}}{\cancel{3}} \times \dfrac{\cancel{3}}{\cancel{8}} \overrightarrow{\mathbf{AB}} + \dfrac{\cancel{2}}{\cancel{3}} \times \dfrac{5}{\cancel{8}} \overrightarrow{\mathbf{AC}}$$

$\therefore \overrightarrow{\mathbf{AI}} = \dfrac{1}{4} \overrightarrow{\mathbf{AB}} + \dfrac{5}{12} \overrightarrow{\mathbf{AC}}$ が答えとなるんだね。いろんな要素が入っていて，結構レベルの高い問題だったけど，分かると面白いだろう。

では次は，"外分点の公式" だね。

● 外分点の公式もマスターしよう！

これから，ベクトルによる "外分点の公式" について解説しよう。これもまず，例題で解説した後で，一般化して公式を導くことにするよ。

図6 線分 AB の外分点 P
(i)

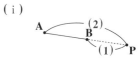

まず，図 6(i) に示すように，点 P が線分 AB を 2 : 1 に外分する場合について考える。この場合も，図 6(ii) に示すように，基準点 O をとって，$\overrightarrow{\mathbf{OP}}$ を $\overrightarrow{\mathbf{OA}}$ と $\overrightarrow{\mathbf{OB}}$ の 1 次結合で表すことにする。

(ii)

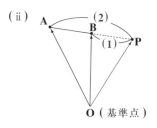

O (基準点)

図7 まわり道の原理

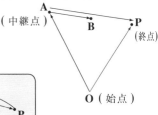

図 7 に示すように，"たし算形式のまわり道の原理" を用いて，

$\overrightarrow{\mathbf{OP}} = \overrightarrow{\mathbf{OA}} + \overrightarrow{\mathbf{AP}}$ ……⑦ となる。

ここで，$\mathbf{AP} : \mathbf{AB} = 2 : 1$ より，

$\overrightarrow{\mathbf{AP}} = 2\overrightarrow{\mathbf{AB}}$ ……① となる。

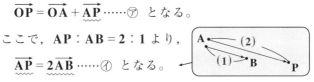

⑦を⑦に代入して，すべて **O** を始点とするベクトルに書き換えると，

$$\overrightarrow{OP} = \overrightarrow{OA} + 2\underbrace{\overrightarrow{AB}}_{\boxed{\overrightarrow{OB} - \overrightarrow{OA}}} \leftarrow \text{"引き算形式のまわり道の原理"}$$

$$= \overrightarrow{OA} + 2(\overrightarrow{OB} - \overrightarrow{OA}) = \overrightarrow{OA} + 2\overrightarrow{OB} - 2\overrightarrow{OA}$$

$$= (1-2)\overrightarrow{OA} + 2\overrightarrow{OB} = -\overrightarrow{OA} + 2\overrightarrow{OB} \quad となるんだね。大丈夫？$$

それじゃ，これから一般論に入るよ。点 **P** が線分 **AB** を $m:n$ に外分する場合について考える。外分の場合，（ⅰ）$m > n$ か，または（ⅱ）$m < n$ かによって，外分点 **P** の位置が大きく異なるんだったね。今回の図のイメージとしては，（ⅰ）$m > n$ のときのものを使うよ。

図 **8** に示すように，点 **P** が線分 **AB** を $m:n\ (m > n)$ に外分するものとする。このとき，基準点 **O** を定めて，$\overrightarrow{OP}$ を $\overrightarrow{OA}$ と $\overrightarrow{OB}$，そして m と n で表すことができれば，それが"外分点の公式"になるんだね。

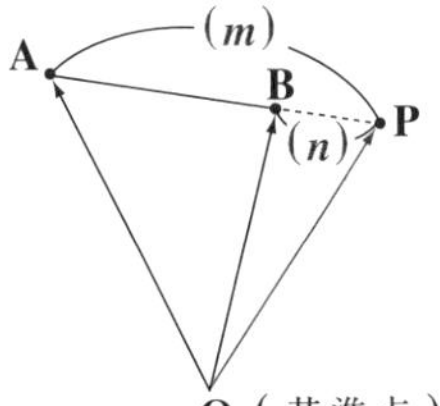

図 **9** に示すように，"たし算形式のまわり道の原理"を使って，

$$\overrightarrow{OP} = \overrightarrow{OA} + \overrightarrow{AP} \cdots \cdots ⑦' \quad となる。$$

ここで，$\mathbf{AP} : \mathbf{AB} = m : (m-n)$ より，

$$\overrightarrow{AP} = \frac{m}{m-n}\overrightarrow{AB} \cdots \cdots ④' \quad となる。$$

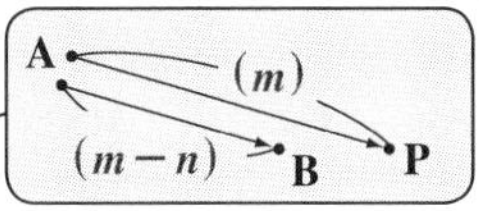

図 8　線分 AB の外分点 P

図 9　まわり道の原理

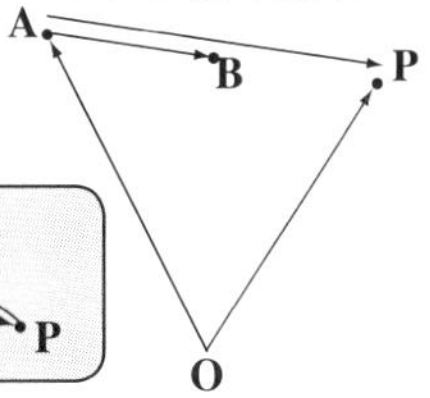

④'を⑦'に代入して，すべて **O** を始点とするベクトルに書き換えると，

$$\overrightarrow{OP} = \overrightarrow{OA} + \frac{m}{m-n}\underbrace{\overrightarrow{AB}}_{\boxed{\overrightarrow{OB} - \overrightarrow{OA}}} \leftarrow \text{"引き算形式のまわり道の原理"}$$

$$= \overrightarrow{OA} + \frac{m}{m-n}(\overrightarrow{OB} - \overrightarrow{OA}) = \overrightarrow{OA} + \frac{m}{m-n}\overrightarrow{OB} - \frac{m}{m-n}\overrightarrow{OA}$$

$$= \left(1 - \frac{m}{m-n}\right)\overrightarrow{OA} + \frac{m}{m-n}\overrightarrow{OB} = \frac{-n}{m-n}\overrightarrow{OA} + \frac{m}{m-n}\overrightarrow{OB}$$

$$\boxed{\frac{m-n-m}{m-n} = \frac{-n}{m-n}}$$

45

∴外分点の公式 $\overrightarrow{\mathrm{OP}} = \dfrac{-n\overrightarrow{\mathrm{OA}} + m\overrightarrow{\mathrm{OB}}}{m-n}$ が成り立つ。

　これは，(ⅱ) $m < n$ のときも同じ公式になる。自分で確かめてみてごらん。また，形式的には内分点の公式の n の代わりに $-n$ が入っただけだから，覚えやすい形だね。それでは，以上をまとめておこう。

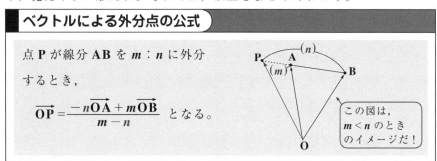

ベクトルによる外分点の公式

点 P が線分 AB を $m:n$ に外分
するとき，

$\overrightarrow{\mathrm{OP}} = \dfrac{-n\overrightarrow{\mathrm{OA}} + m\overrightarrow{\mathrm{OB}}}{m-n}$ となる。

> この図は，
> $m < n$ のとき
> のイメージだ！

　それでは，先程の例題で，点 P が線分 AB を $\underset{m}{2}:\underset{n}{1}$ に外分するとき，公式に $m = 2$，$n = 1$ を代入すればいいので，

$\overrightarrow{\mathrm{OP}} = \dfrac{-1 \cdot \overrightarrow{\mathrm{OA}} + 2 \cdot \overrightarrow{\mathrm{OB}}}{2-1} = -\overrightarrow{\mathrm{OA}} + 2\overrightarrow{\mathrm{OB}}$ と，答えがアッという間に導けるんだね。

　また，点 R が線分 PQ を 1:4 に外分するとき，公式に $m = 1$，$n = 4$ を代入して，

$\overrightarrow{\mathrm{OR}} = \dfrac{-4 \cdot \overrightarrow{\mathrm{OP}} + 1 \cdot \overrightarrow{\mathrm{OQ}}}{1-4} = \dfrac{-4\overrightarrow{\mathrm{OP}} + \overrightarrow{\mathrm{OQ}}}{-3} = \dfrac{4}{3}\overrightarrow{\mathrm{OP}} - \dfrac{1}{3}\overrightarrow{\mathrm{OQ}}$ も求まる。

大丈夫？

　それでは，次の練習問題をやってみてごらん。

練習問題 8　　外分点の公式　　CHECK 1　CHECK 2　CHECK 3

$\overrightarrow{\mathrm{OA}} = (-1, 2)$，$\overrightarrow{\mathrm{OB}} = (2, 4)$ とする。線分 AB を 3:1 に外分する点を
P とおくとき，$\overrightarrow{\mathrm{OP}}$ の成分表示を求めよ。

外分点の公式とベクトルの成分表示が組み合わされた問題だね。

$\begin{cases} \overrightarrow{\mathrm{OA}} = (-1, 2) \\ \overrightarrow{\mathrm{OB}} = (2, 4) \end{cases}$ 　　これは，点 A$(-1, 2)$ と，点 B$(2, 4)$
と言っているのと同じなんだね。

46

点 P は線分 AB を 3：1 に外分するので，

$$\overrightarrow{OP} = \frac{-1 \cdot \overrightarrow{OA} + 3 \cdot \overrightarrow{OB}}{3 - 1}$$

外分点の公式
$$\overrightarrow{OP} = \frac{-n\overrightarrow{OA} + m\overrightarrow{OB}}{m - n}$$

$$= \frac{-\overrightarrow{OA} + 3\overrightarrow{OB}}{2} = -\frac{1}{2}\overrightarrow{OA} + \frac{3}{2}\overrightarrow{OB}$$

$\overrightarrow{OA} = (-1, 2)$
$\overrightarrow{OB} = (2, 4)$

$$= -\frac{1}{2}(-1, 2) + \frac{3}{2}(2, 4)$$

係数は，x 成分，y 成分のそれぞれにかける。

$$= \left(\frac{1}{2}, -1\right) + (3, 6) = \left(\frac{1}{2} + 3, -1 + 6\right)$$

x 成分同士，y 成分同士をたす。

$$= \left(\frac{7}{2}, 5\right) \text{ となる。}$$

$$\therefore \overrightarrow{OP} = \left(\frac{7}{2}, 5\right) \text{ となって答えだ！}$$

これは，点 P の座標が $P\left(\frac{7}{2}, 5\right)$ と言ってるのと同じなんだね。

● **3点が同一直線上にある条件も押さえよう！**

それでは最後に，異なる 3 点
A，B，C が同一直線上にある
ための条件式も押さえておこ
う。図 10 に示すように，異な
る 3 点 A，B，C が同一直線上
に存在するとき，

図10　3点 A，B，C が同一直線上にあるための条件

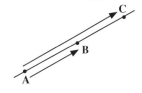

$\overrightarrow{AB} /\!/ \overrightarrow{AC}$ となるので，

P13 のベクトルの平行条件から，異なる 3 点 A，B，C が同一直線上に存在するための必要十分条件は

$\overrightarrow{AC} = k\overrightarrow{AB}$ （k：実数）となる。何故って？ $\overrightarrow{AB}$ と $\overrightarrow{AC}$ は平行でかつ点 A を共有しているので，3 点 A，B，C は必ず同一直線上にあることになるからだ。そして，この実数 k の値から AB：BC，すなわち点 B による線分 AC の内分比や外分比を求めることもできる。次の練習問題で練習しよう。

右図のような平行四辺形
ABCD について，線分 **BD**
を **5：3** に内分する点を **P**，
線分 **CD** を **2：3** に内分す
る点を **Q** とおく。また，
$\overrightarrow{AB} = \vec{b}$，$\overrightarrow{AD} = \vec{d}$ とおく。

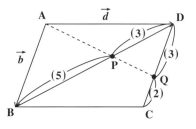

このとき，$\overrightarrow{AP}$ と $\overrightarrow{AQ}$ を，それぞれ $\vec{b}$ と $\vec{d}$ で表し，3 点 **A**，**P**，**Q** が
同一直線上にあることを示せ。また，**AP：PQ** の比を求めよ。

$\overrightarrow{AP}$ は内分点の公式で，また $\overrightarrow{AQ}$ はまわり道の原理から，それぞれ $\vec{b}$ と $\vec{d}$ で表
し，$\overrightarrow{AQ} = k\overrightarrow{AP}$ の形で表せることを示せばいいんだね。

(i) $\overrightarrow{AP}$ を，$\vec{b}$ と $\vec{d}$ の **1** 次結合で表す。

　　点 **P** は，線分 **BD** を **5：3** に内分する

　　ので，**A** を始点とする位置ベクトルで

　　考えると，内分点の公式より

$$\overrightarrow{AP} = \frac{3\vec{b} + 5\vec{d}}{5 + 3} \quad \text{より，}$$

　　$\therefore \overrightarrow{AP} = \dfrac{1}{8}(3\vec{b} + 5\vec{d})$ …① となる。次に，

(ii) $\overrightarrow{AQ}$ を，$\vec{b}$ と $\vec{d}$ の **1** 次結合で表す。

　　$\overrightarrow{DC} = \overrightarrow{AB} = \vec{b}$ より，

　　$\overrightarrow{DQ} = \dfrac{3}{5}\vec{b}$ となる。

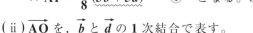

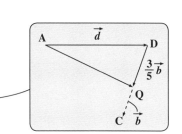

　　よって，たし算形式のまわり道の

　　原理より，

$$\overrightarrow{AQ} = \underset{\substack{\| \\ \boxed{\vec{d}}}}{\overrightarrow{AD}} + \underset{\substack{\| \\ \boxed{\frac{3}{5}\vec{b}}}}{\overrightarrow{DQ}} = \frac{3}{5}\vec{b} + \vec{d}$$

$\therefore \overrightarrow{\mathrm{AQ}} = \dfrac{1}{5}(3\vec{b}+5\vec{d})$ …②

②より $3\vec{b}+5\vec{d} = 5\overrightarrow{\mathrm{AQ}}$ …②′

となる。

②′を①に代入すると，

$\overrightarrow{\mathrm{AP}}$ のときと，係数が違うだけで，同じ $3\vec{b}+5\vec{d}$ が出てきた！これから $\overrightarrow{\mathrm{AP}} = k\overrightarrow{\mathrm{AQ}}$ の形が導けるんだね。

$\overrightarrow{\mathrm{AP}} = k\overrightarrow{\mathrm{AQ}}$ の形になった！

$\overrightarrow{\mathrm{AP}} = \dfrac{1}{8}\cdot 5\overrightarrow{\mathrm{AQ}}$　$\therefore \overrightarrow{\mathrm{AP}} = \dfrac{5}{8}\overrightarrow{\mathrm{AQ}}$ …③　となるので，

$\overrightarrow{\mathrm{AP}} \parallel \overrightarrow{\mathrm{AQ}}$，かつ点 A を共有するので，3 点 A，P，Q は同一直線上にあると言えるんだね。納得いった？

また，③より $\overrightarrow{\mathrm{AQ}}$ を $\dfrac{5}{8}$ 倍したものが $\overrightarrow{\mathrm{AP}}$ より，

$|\overrightarrow{\mathrm{AQ}}|:|\overrightarrow{\mathrm{AP}}| = \mathrm{AQ}:\mathrm{AP} = 8:5$
となるね。これから

$\mathrm{AP}:\mathrm{PQ} = 5:3$，つまり，
点 P が線分 AQ を $5:3$ に内分
することも分かるんだね。

面白かっただろう？

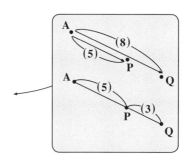

　以上で，今日の講義は終了だ！ベクトルの平面図形への応用って，結構面白くてハマるだろう？次回は，さらにこれを深めて，ベクトルを使って，直線や線分，それに円などを表してみることにしよう。次回で，平面ベクトルの講義も最終回になるけれどまた分かりやすく解説するから，楽しみに待っていてくれ。

それでは，次回の講義までみんな元気でな！さようなら…。

4th day　ベクトル方程式

　おはよう！ 今日で，"**平面ベクトル**"の講義も最終回になる。最後のテーマは"**ベクトル方程式**"だ。数学Ⅱの"**図形と方程式**"で円や直線の方程式について学習するけれど，そのベクトル・ヴァージョンがベクトル方程式ということなんだね。

　これで，ベクトルと円や直線との関係をさらに深めることができて，面白くなると思うよ。では，早速講義を始めようか！

● 動点と動ベクトルの関係から始めよう！

　図 1(i) に示すように，xy 座標平面上にただ**動点 P(x , y)** が与えられ

> 点 P(x , y) は，xy 座標平面上を動きまわる点なので "**動点**" と呼ぶ。

て，何の制約条件も付いていなければ，動点 P は文字通り，xy 平面上を自由に動きまわって，xy 座標平面を塗りつぶしてしまうと考えていいんだね。

　これに，たとえば，

・$y = 2x + 1$ という制約条件が付けば，動点 P は傾き 2，y 切片 1 の直線上しか動けなくなる。つまり，これが "**直線の方程式**" であり，また，

図 1　(i) 動点 P

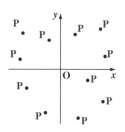

(ii) 動ベクトル $\overrightarrow{\mathrm{OP}}$

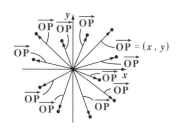

・$(x - 1)^2 + (y - 2)^2 = 4$ という制約条件が付けば，動点 P は，中心 C(1 , 2)，半径 2 の円周上しか動けなくなるので，これを "**円の方程式**" と呼ぶんだね。以上は，数学ⅠやⅡで学習する内容なんだけれど，ここでは，同様のことをベクトルを使って表現することにしよう。

ベクトルの場合,動点Pと同様の概念として,図1(ii)に示すような**動ベク
トル** $\overrightarrow{OP} = (x, y)$ を考える。そして,これも何の制約条件も付いていなけれ

始点の O は定点だけど,終点の P が自由に動くので,$\overrightarrow{OP}$ を "動ベクトル" と呼ぶ。

ば,終点Pが自由に動きまわれるので,図1(ii)に示すように,動ベクトル
$\overrightarrow{OP}$ は,xy 座標平面全体を自由に塗りつぶすように動くことができるんだ
ね。でも,$\overrightarrow{OP}$ についても何らかの制約条件の式を付けることによって,平
面図形の直線や円など…の図形を描かせることができる。このベクトルの
制約条件の式のことを,"**ベクトル方程式**" と呼ぶ。ここでは,"**円のベクトル
方程式**" や "**直線のベクトル方程式**" について,詳しく解説しよう。

● 円のベクトル方程式をマスターしよう!

ではまず,円のベクトル方程式について考えてみよう。図2に示すよう
に中心 A,半径 r の円を描く動
点を P とおく。すると,図2に
示すように P は,定点(中心)
A からの距離を一定の半径 r に
保って動くことになる。線分
AP の長さは,ベクトルを用い
て表すと $|\overrightarrow{AP}|$ となるので,求め
る円のベクトル方程式は,

図2　円のベクトル方程式

$|\overrightarrow{OP} - \overrightarrow{OA}| = r$

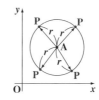

$|\overrightarrow{AP}| = r$ ……①　となって,オシマイなんだね。

エッ,簡単すぎるって!? そうだね。ただし,ベクトル方程式は,$\overrightarrow{OP}$ で
表現することが多い。よって,$\overrightarrow{AP}$ は原点 O を中継点とする引き算形式の
まわり道の原理を使うと,$\overrightarrow{AP} = \overrightarrow{OP} - \overrightarrow{OA}$ となるので,これを①に代入し
たものが,円のベクトル方程式になる。まとめて,下に示すね。

円のベクトル方程式

中心 A,半径 r の円のベクトル方程式は,次式で表される。
$|\overrightarrow{OP} - \overrightarrow{OA}| = r$ ……(*1)

では，この円のベクトル方程式：$|\overrightarrow{\mathrm{OP}}-\overrightarrow{\mathrm{OA}}|=r$　…(∗1) を成分で表してみよう。

$\overrightarrow{\mathrm{OP}}=(x,\ y)$，$\overrightarrow{\mathrm{OA}}=(a,\ b)$ とおくと

$\overrightarrow{\mathrm{OP}}-\overrightarrow{\mathrm{OA}}=(x,\ y)-(a,\ b)=(x-a,\ y-b)$

よって，この大きさ $|\overrightarrow{\mathrm{OP}}-\overrightarrow{\mathrm{OA}}|$ は，

$|\overrightarrow{\mathrm{OP}}-\overrightarrow{\mathrm{OA}}|=\sqrt{(x-a)^2+(y-b)^2}$　…② となるのは，大丈夫だね。

この②を(∗1)に代入すると，

$\sqrt{(x-a)^2+(y-b)^2}=r$　となるので，この両辺を2乗すると，

$(x-a)^2+(y-b)^2=r^2$　…(∗1)′　が導けるんだね。

$\boxed{\text{中心 A}(a,\ b)，\text{半径 } r \text{ の円の方程式}}$

数学って，様々な知識が関連していて，面白いだろう？

では，例題を1題解いておこう。

(ex) P を動点，A を定点とするとき，方程式：

$|\overrightarrow{\mathrm{OP}}|^2-2\overrightarrow{\mathrm{OA}}\cdot\overrightarrow{\mathrm{OP}}=0$　……(a)

が，円の方程式であることを示し，

その中心と半径を求めよう。

(ただし，A は原点 O とは異なる

点とする。)

(a)を変形すると，

$|\overrightarrow{\mathrm{OP}}|^2-2\overrightarrow{\mathrm{OA}}\cdot\overrightarrow{\mathrm{OP}}+\underline{|\overrightarrow{\mathrm{OA}}|^2}=\underline{|\overrightarrow{\mathrm{OA}}|^2}$

$\boxed{\text{左辺に } |\overrightarrow{\mathrm{OA}}|^2 \text{ をたした分，右辺にもたす。}}$

$\boxed{\begin{array}{l} p^2-2ap=0 \text{ の両} \\ \text{辺に } a^2 \text{ をたして,} \\ p^2-2ap+\underline{a^2}=\underline{a^2} \end{array}}$

$\boxed{2 \text{ で割って 2 乗}}$

$(p-a)^2=a^2$

$\boxed{\text{平方完成}}$

$|\overrightarrow{\mathrm{OP}}-\overrightarrow{\mathrm{OA}}|^2=|\overrightarrow{\mathrm{OA}}|^2$

ここで，$|\overrightarrow{\mathrm{OA}}|^2>0$ より，両辺は正だね。よって，この両辺の正の平方根をとると，　$\boxed{|\overrightarrow{\mathrm{OP}}-\overrightarrow{\mathrm{OA}}|=r \text{ の形が導けた！}}$

$|\overrightarrow{\mathrm{OP}}-\overrightarrow{\mathrm{OA}}|=|\overrightarrow{\mathrm{OA}}|$　となって，円の方程式が導ける。

$\boxed{\text{これから，中心は A}}$　$\boxed{\text{これが，半径 } r \text{ に相当する。}}$

これから，動点 P は，中心 A，半径 $|\overrightarrow{\mathrm{OA}}|$ の円を描くことが分かるんだね。納得いった？

● 線分 AB を直径とする円の方程式も導こう！

図 3 に示すように，線分 AB を直径にもつ円のベクトル方程式も簡単に

導くことができるので，紹介しておこう。

直径 AB に対する円周角はすべて 90°
(直角) となるのは大丈夫だね。これ
から図 3 に示すように，円周上を動く
動点 P をとったとき，常に ∠ APB =
90° が成り立つので，2 つのベクトル
$\overrightarrow{AP}$ と $\overrightarrow{BP}$ は直交する。よって，$\overrightarrow{AP}$ と
$\overrightarrow{BP}$ の内積は 0 となるんだね。つまり，

$\overrightarrow{AP} \cdot \overrightarrow{BP} = 0$ …③ となる。

図3 AB を直径にもつ円の
ベクトル方程式

$(\overrightarrow{OP} - \overrightarrow{OA}) \cdot (\overrightarrow{OP} - \overrightarrow{OB}) = 0$

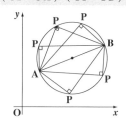

逆に言うと，③をみたす動点 P は，線分 AB を直径にもつ円を描くこと
になるので，③が求める円のベクトル方程式と言えるんだね。ここで，ま
た動ベクトル $\overrightarrow{OP}$ で表現したいので，原点 O を中継点とする引き算形式
のまわり道の原理を使って，$\overrightarrow{AP} = \overrightarrow{OP} - \overrightarrow{OA}$，$\overrightarrow{BP} = \overrightarrow{OP} - \overrightarrow{OB}$ とし，これ
らを③に代入すればいいんだね。以上を下にまとめておこう。

直径 AB をもつ円のベクトル方程式

線分 AB を直径にもつ円のベクトル方程式は次式で表される。
$(\overrightarrow{OP} - \overrightarrow{OA}) \cdot (\overrightarrow{OP} - \overrightarrow{OB}) = 0$ ……(∗ 2)

● 直線のベクトル方程式もマスターしよう！

では次，直線のベクトル方程式に
ついて解説しよう。

図 4 に示すように，通る点と方向を
指定すれば，直線を描くことができ
るんだね。この通る点を A とおき，
直線の方向を "**方向ベクトル**" $\overrightarrow{d}$ で

図4 直線のベクトル方程式

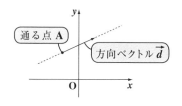

指定してやれば，"**直線のベクトル方程式**" は次のようになる。

直線のベクトル方程式

点 **A** を通り，方向ベクトル $\vec{d}$ の直線のベクトル方程式は，
"**媒介変数**"（ばいかいへんすう） t を用いて，次式で表される。

$$\overrightarrow{\text{OP}} = \overrightarrow{\text{OA}} + t\vec{d} \quad \cdots\cdots (*3)$$

　エッ，よく分からんって!? いいよ。これから解説しよう。

図 5(ⅰ) に示すように，基準点を原点 **O** にとって，たし算形式のまわり道の原理を使うと，直線上の動点 **P** に向かう動ベクトル $\overrightarrow{\text{OP}}$ は，次式で表されるのは大丈夫だね。

$$\overrightarrow{\text{OP}} = \overrightarrow{\text{OA}} + \overrightarrow{\text{AP}} \quad \cdots\cdots ①$$

ここで，①の $\overrightarrow{\text{AP}}$ は，与えられた方向ベクトル $\vec{d}$ と平行なので，変数 t を用いて，次のように表せる。

$$\overrightarrow{\text{AP}} = t\vec{d} \quad \cdots\cdots ②$$

よって，②を①に代入して，

図5　直線のベクトル方程式

$$\overrightarrow{\text{OP}} = \overrightarrow{\text{OA}} + t\vec{d}$$

(ⅰ)

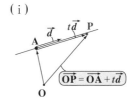

(ⅱ)

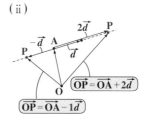

"**直線のベクトル方程式**"：

$$\overrightarrow{\text{OP}} = \overrightarrow{\text{OA}} + t\vec{d} \quad \cdots\cdots (*3) \quad$$ が導かれるんだね。

ここで，t は変数なので，様々な値を取り得る。図 5(ⅱ) では，$t = -1$，2 のときの動ベクトル $\overrightarrow{\text{OP}}$ を示してるけれど，この変数 t の値を連続的に変化させれば，動点 **P** が直線を描くことが分かると思う。面白かっただろう？

　では，この直線のベクトル方程式を成分で表すことにより，さらに変形していくことにしよう。ここで，

$$\overrightarrow{\text{OP}} = (x,\ y),\ \overrightarrow{\text{OA}} = (x_1,\ y_1),\ \vec{d} = (l,\ m)$$ とおいて，これらを，直線のベ

動ベクトル　　定ベクトル

54

クトル方程式 (*3) に代入して，変形すると，

$$\underset{\overrightarrow{OP}}{(x,\ y)} = \underset{\overrightarrow{OA}}{(x_1,\ y_1)} + \underset{\overrightarrow{d}}{t\,(l,\ m)}$$

$$= (x_1,\ y_1) + (tl,\ tm)$$

$\therefore (x,\ y) = (x_1 + tl,\ y_1 + tm)$　となるので，x 成分同士，y 成分同士それ
ぞれ等しいとおけるので，

$$\begin{cases} x = x_1 + tl \\ y = y_1 + tm \end{cases} \quad \cdots\cdots(*3)'$$　となるんだね。

> これを，"ベクトルの相等"というんだね。

ここで，x_1，y_1，l，m は定数であり，変数 x と y は，変数 t を仲介して変化することになる。よって，この変数 t のことを特に "**媒介変数**"，または "**パラメータ**" と呼ぶんだよ。

ここで，l，m が共に 0 でないものとすると，$(*3)'$ はさらに次のように変形できるのも大丈夫だね。

$$\begin{cases} \dfrac{x - x_1}{l} = t \quad \cdots\cdots③ \\ \dfrac{y - y_1}{m} = t \quad \cdots\cdots④ \end{cases}$$

③，④から t を消去すると，次のような直線の方程式が導ける。

$$\dfrac{x - x_1}{l} = \dfrac{y - y_1}{m} \quad \cdots\cdots(*3)''$$

以上をまとめて，下に示そう。

直線の方程式

点 A$(x_1,\ y_1)$ を通り，方向ベクトル $\overrightarrow{d} = (l,\ m)$ の直線の方程式は，

(ⅰ) 媒介変数 t を用いると，

$$\begin{cases} x = x_1 + tl \\ y = y_1 + tm \end{cases} \quad \cdots\cdots(*3)'$$　と表せるし，また，

(ⅱ) $l \neq 0$，$m \neq 0$ のとき，

$$\dfrac{x - x_1}{l} = \dfrac{y - y_1}{m} \quad \cdots\cdots(*3)''$$　と表せる。

公式ばっかりでウンザリしたって？　いいよ，これから練習問題でこれらの公式を使って練習してみよう。

次のような通る点と方向ベクトルをもつ直線を，媒介変数 t を使うものと，使わないものの **2** 通りで表せ。

(1) 点 A$(2，1)$ を通り，方向ベクトル $\vec{d} = (3，4)$ の直線

(2) 点 A$'(-2，4)$ を通り，方向ベクトル $\vec{d'} = (2，-1)$ の直線

点 A$(x_1，y_1)$ を通り，方向ベクトル $\vec{d} = (l，m)$ の直線の方程式は，

(i) $\begin{cases} x = x_1 + tl \\ y = y_1 + tm \end{cases}$ $(t：媒介変数)$ と (ii) $\dfrac{x - x_1}{l} = \dfrac{y - y_1}{m}$ の **2** 通り

で表せるんだね。早速解いてみてごらん。

(1) 点 A$(2，1)$ を通り，方向ベクトル $\vec{d} = (3，4)$ の直線は

(i) 媒介変数 t を用いて，

$\begin{cases} x = 2 + 3t \\ y = 1 + 4t \end{cases}$ と表せるし，また，

(ii) 媒介変数 t を消去した形で，

$\dfrac{x - 2}{3} = \dfrac{y - 1}{4}$ とも表せる。

> $x_1 = 2，y_1 = 1$
> $l = 3，m = 4$ より，
> これらを公式に
> 代入するだけだね。

(2) 点 A$'(-2，4)$ を通り，方向ベクトル $\vec{d'} = (2，-1)$ の直線は，

(i) 媒介変数 t を用いて，

$\begin{cases} x = -2 + 2t \\ y = 4 - 1 \cdot t = 4 - t \end{cases}$ と表せるし，また，

(ii) 媒介変数 t を消去した形で，

$\underset{\boxed{x + 2}}{\overset{\boxed{x - (-2)}}{\dfrac{x + 2}{2}}} = \dfrac{y - 4}{-1}$ とも表せる。

> $x_1 = -2，y_1 = 4$
> $l = 2，m = -1$ より，
> これらを公式に
> 代入するだけだね。

どう？直線の方程式の表し方にも慣れた？思ったより簡単だっただろう。

● 法線ベクトルと直線の関係も押さえよう！

点 $A(x_1, y_1)$ を通り，方向ベクトル $\vec{d} = (l, m)$ の直線の

方程式：$\dfrac{x - x_1}{l} = \dfrac{y - y_1}{m}$ ……(＊3)″ を少し変形して，

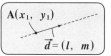

$\underbrace{\dfrac{1}{l}}_{a}(x - x_1) \underbrace{- \dfrac{1}{m}}_{+b}(y - y_1) = 0$ とし，さらに

$\dfrac{1}{l} = a$，$-\dfrac{1}{m} = b$ とおくと，この直線の方程式は，

$a(x - x_1) + b(y - y_1) = 0$ ……① となるのはいいね。

ここで，この係数 a，b を，それぞれ x 成分，y 成分にもつベクトルを新た

に $\vec{n} = (a, b)$ とおくと，これは，この直線と直交するベクトルになる。こ

の $\vec{n}$ を "**法線ベクトル**" と呼ぶので覚えておこう。

ン？ 何で，$\vec{n}$ が直線と直交するベク

トルになるのか，よく分からんって!?

いいよ，これから解説しよう。

図6に示すように，直線上の定点

$A(x_1, y_1)$ から動点 $P(x, y)$ に向か

うベクトルを $\overrightarrow{AP}$ とおくと，

図6 法線ベクトル $\vec{n}$ を使った直線の方程式

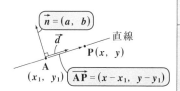

> ここで，P は A とは異なる点とする

$\overrightarrow{AP} = \overrightarrow{OP} - \overrightarrow{OA} = (x, y) - (x_1, y_1)$

$\quad = (x - x_1, y - y_1)$ ← これは，$\vec{d}$ と平行なベクトル

となるのはいいね。そして，法線ベクトル $\vec{n}$ を

$\vec{n} = (a, b)$ とおくと，①の直線の方程式の左辺を見て何か気付かないか？

…，そうだね。①の左辺は $\vec{n}$ と $\overrightarrow{AP}$ の内積の成分表示になってるんだね。

つまり，

$\vec{n} \cdot \overrightarrow{AP} = (a, b) \cdot (x - x_1, y - y_1) = a(x - x_1) + b(y - y_1)$ となっている。そ

して，①の右辺は **0** だから，$\vec{n} \cdot \overrightarrow{AP} = 0$ より $\vec{n} \perp \overrightarrow{AP}$ (直交) となるね。つ

まり $\vec{n}$ は，直線と直交する法線ベクトルであることが，これから分かるん

だね。大丈夫？

では，これも次の練習問題で練習しておこう。

次のような通る点と法線ベクトルをもつ直線の方程式を求めよ。

(1) 点 A(3, −2) を通り，法線ベクトル $\vec{n} = (2, 5)$ の直線

(2) 点 A$'\left(-\dfrac{1}{2}, \dfrac{1}{4}\right)$ を通り，法線ベクトル $\vec{n}' = \left(\dfrac{1}{3}, -\dfrac{1}{2}\right)$ の直線

点 A(x_1, y_1) を通り，法線ベクトル $\vec{n} = (a, b)$ の直線の方程式は，
$a(x - x_1) + b(y - y_1) = 0$　で表されるんだね。すぐ解けるね？

(1) 点 A(3, −2) を通り，法線ベクトル $\vec{n} = (2, 5)$ の直線の方程式は

$$2\overbrace{(x - 3)} + 5\overbrace{(y + 2)} = 0　　より，$$
$$\underline{(y - (-2))}$$

> $x_1 = 3, \ y_1 = -2, \ a = 2, \ b = 5$ を
> $a(x - x_1) + b(y - y_1) = 0$ に
> 代入したもの

$2x - 6 + 5y + 10 = 0$

よって，$2x + 5y + 4 = 0$ となるんだね。

(2) 点 A$'\left(-\dfrac{1}{2}, \dfrac{1}{4}\right)$ を通り，法線ベクトル $\vec{n}' = \left(\dfrac{1}{3}, -\dfrac{1}{2}\right)$ の直線の方程式は

$$\dfrac{1}{3}\overbrace{\left(x + \dfrac{1}{2}\right)} - \dfrac{1}{2}\overbrace{\left(y - \dfrac{1}{4}\right)} = 0$$
$$\boxed{x - \left(-\dfrac{1}{2}\right)}$$

> $x_1 = -\dfrac{1}{2}, \ y_1 = \dfrac{1}{4}, \ a = \dfrac{1}{3}, \ b = -\dfrac{1}{2}$ を
> $a(x - x_1) + b(y - y_1) = 0$ に
> 代入したもの

$\dfrac{1}{3}x + \dfrac{1}{6} - \dfrac{1}{2}y + \dfrac{1}{8} = 0$　両辺に 24 をかけて，

$8x + 4 - 12y + 3 = 0$

よって，$8x - 12y + 7 = 0$　となるんだね。納得いった？

ベクトルを使って考えると，直線の方程式も，方向ベクトル $\vec{d}$ を使うものと法線ベクトル $\vec{n}$ を利用するものとがあることが分かったと思う。

　エッ，もう十分すぎる程，直線について分かったって!? ちょっと待ってくれ！ まだ，2 定点を通る直線や線分について教えないといけないんだ。これで，超満腹状態になるだろうね (笑)

● 直線 AB，線分 AB のベクトル方程式も導こう！

では次，2 定点 A，B を通る "**直線 AB のベ
クトル方程式**" を考えよう。ン？ 通る点は A で，
方向ベクトル $\vec{d}$ の代わりに $\overrightarrow{AB}$ を使えばいいだ
けだから，簡単だって!? スバラシイね。その
通りだ！ よって，直線 AB のベクトル方程式は，

$$\overrightarrow{OP} = \overrightarrow{OA} + t\underbrace{\overrightarrow{AB}}_{\text{方向ベクトル }\vec{d}\text{ と同じ}} \quad \cdots\cdots① \quad (t：媒介変数)$$

となるね。ここで，引き算形式のまわり道の原
理を使うと，

$$\overrightarrow{AB} = \overrightarrow{OB} - \overrightarrow{OA} \quad \cdots\cdots②$$ となるので，

②を①に代入してまとめると，

図7 **直線 AB のベクトル
方程式**

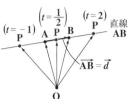

$$\overrightarrow{OP} = \alpha\overrightarrow{OA} + \beta\overrightarrow{OB}$$
$$(\alpha + \beta = 1)$$

図には，$t = -1$，$\dfrac{1}{2}$，2 のとき
$\underbrace{\qquad}_{\beta \text{ のこと}}$
の動点 P の位置を示した。

$$\overrightarrow{OP} = \overrightarrow{OA} + t(\overrightarrow{OB} - \overrightarrow{OA}) = \underbrace{(1-t)}_{\alpha}\overrightarrow{OA} + \underbrace{t}_{\beta \text{ とおく}}\overrightarrow{OB} \quad \cdots\cdots③ \quad となる。$$

ここでさらに，$\underline{1-t=\alpha}$，$\underline{t=\beta}$ とおくと，

$$\overrightarrow{OP} = \alpha\overrightarrow{OA} + \beta\overrightarrow{OB} \quad となるんだね。$$

そして，この係数 α と β の和を求めると，

$\underline{\alpha} + \underline{\beta} = \underline{1-t} + \underline{t} = 1$ となる。よって，α と β が $\alpha + \beta = 1$ をみたしながら
変化するとき，動点 P は直線 AB を描いていくことになるんだね。以上
をまとめておこう。

直線 AB のベクトル方程式

$$\overrightarrow{OP} = \alpha\overrightarrow{OA} + \beta\overrightarrow{OB} \quad \cdots\cdots(*4)$$
$$(\alpha + \beta = 1)$$

直線 AB だけでなく，この後
解説する 線分 AB，△OAB
のベクトル方程式は，すべて
同じ $\overrightarrow{OP} = \alpha\overrightarrow{OA} + \beta\overrightarrow{OB}$ の
形をしているんだ。
この係数 α，β に様々な条件
を付けることにより，いろん
な図形が描けるんだよ。

次に，線分 AB を表すベクトル方程式に
ついても考えてみよう。③の t が $0 \leq \underline{t} \leq 1$
$\underbrace{\qquad}_{\beta \text{ のこと}}$
に限定されるとき，動点 P は，次ページの図8に示すように，線分 AB

上しか移動できないんだね。また、$0 \leqq \underset{\beta}{\underline{t}} \leqq 1$ のとき、各辺に -1 をかけて、$-1 \leqq -t \leqq 0$ となり、さらに各辺に 1 をたすと、$0 \leqq \underset{\alpha のこと}{\underline{1-t}} \leqq 1$ になるので、$0 \leqq \alpha \leqq 1$、かつ $0 \leqq \beta \leqq 1$ のとき、動点 P は、線分 AB を描くことになるんだね。大丈夫?

しかし、$0 \leqq \alpha$ のとき、

$$\boxed{1-\beta \text{のこと}\left(\alpha + \beta = 1 \text{より}\right)}$$

$0 \leqq 1 - \beta$ より、$\beta \leqq 1$ となるし、

また、$0 \leqq \beta$ のとき $0 \leqq 1 - \alpha$ より $\alpha \leqq 1$ も導ける。

$$\boxed{1-\alpha \text{のこと}\left(\alpha + \beta = 1 \text{より}\right)}$$

つまり、$\alpha + \beta = 1$ の関係があるので、$\alpha \geqq 0$ かつ $\beta \geqq 0$ の条件さえあれば、$\alpha \leqq 1$ と $\beta \leqq 1$ は自動的に言えるので、これは省略できる。

以上より "線分 AB のベクトル方程式" は次のようになるんだね。

図 8　線分 AB のベクトル方程式

$$\overrightarrow{OP} = \alpha\overrightarrow{OA} + \beta\overrightarrow{OB}$$
$$(\alpha + \beta = 1, \ \alpha \geqq 0, \ \beta \geqq 0)$$

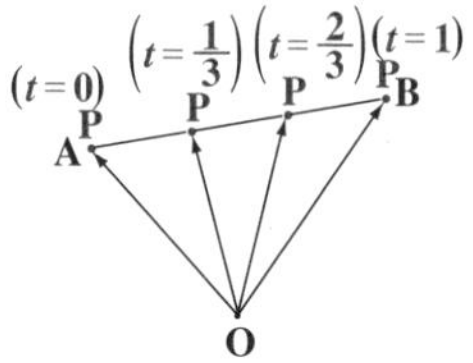

$$\boxed{\text{図には、} t = 0, \ \frac{1}{3}, \ \frac{2}{3}, \ 1 \atop \underset{\beta \text{のこと}}{}}$$
のときの動点 P の位置を示した。

線分 AB のベクトル方程式

$$\overrightarrow{OP} = \alpha\overrightarrow{OA} + \beta\overrightarrow{OB} \quad\cdots\cdots(*4)' \qquad (\alpha + \beta = 1, \ \underline{\alpha \geqq 0, \ \beta \geqq 0})$$

$$\boxed{(*4) \text{に、これが新たに加わると線分 AB になる。}}$$

どう? 面白いだろう?

● △OAB のベクトル方程式も押さえておこう!

では最後に、動点 P が、△OAB の周およびその内部を動くとき、つまり、動点 P が △OAB を塗りつぶすように動くときの "△OAB のベクトル方程式" についても考えてみよう。

この "△OAB のベクトル方程式" の結果を先に示しておこう。

△OAB のベクトル方程式

$$\overrightarrow{OP} = \alpha\overrightarrow{OA} + \beta\overrightarrow{OB} \quad \cdots\cdots(*4)'' \qquad (\alpha + \beta \leqq 1, \ \alpha \geqq 0, \ \beta \geqq 0)$$

($*4$)$'$ に，不等号が加わることにより，△OAB を表すことになる。

（$*4$）$''$において，$\alpha \geqq 0$ かつ $\beta \geqq 0$ より，当然 $\alpha + \beta \geqq 0$ となるので，$\alpha + \beta$ の値は条件と併せて，$0 \leqq \alpha + \beta \leqq 1$ の範囲を動くことになるんだね。よって，ここではまず，具体的に，（ⅰ）$\alpha + \beta = 1$ のとき，（ⅱ）$\alpha + \beta = \dfrac{2}{3}$ のとき，（ⅲ）$\alpha + \beta = \dfrac{1}{3}$ のときの 3 通りについて，動点 P の描く図形を考えてみることにしよう。

（ⅰ）$\alpha + \beta = 1$ のとき，（$*4$）$''$ は，

$$\overrightarrow{OP} = \alpha\overrightarrow{OA} + \beta\overrightarrow{OB}$$

$(\alpha + \beta = 1, \ \alpha \geqq 0, \ \beta \geqq 0)$

となるので，これは図9に示すように動点 P は線分 AB を描くことになるんだね。

図9　△OAB のベクトル方程式

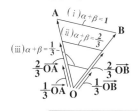

（ⅱ）$\alpha + \beta = \dfrac{2}{3}$ のとき，この両辺に $\dfrac{3}{2}$ をかけて，

$$\underset{\alpha'}{\underline{\dfrac{3}{2}\alpha}} + \underset{\beta' \text{とおく}}{\underline{\dfrac{3}{2}\beta}} = 1 \quad \xleftarrow{} \boxed{\begin{array}{l}2 \text{つの係数をたして } 1 \\ \text{とするのがポイントだ。}\end{array}} \quad \text{となる。}$$

$\boxed{\begin{array}{l}\alpha \geqq 0, \ \beta \geqq 0 \text{ より，} \\ \begin{cases} \alpha' = \dfrac{3}{2}\alpha \geqq 0 \\ \beta' = \dfrac{3}{2}\beta \geqq 0 \end{cases} \\ \text{となる。}\end{array}}$

ここで，新たに係数 $\alpha' = \dfrac{3}{2}\alpha$，$\beta' = \dfrac{3}{2}\beta$ とおくと（$*4$）$''$ の方程式は，

$$\overrightarrow{OP} = \underset{\alpha'}{\underline{\dfrac{3}{2}\alpha}} \cdot \dfrac{2}{3}\overrightarrow{OA} + \underset{\beta'}{\underline{\dfrac{3}{2}\beta}} \cdot \dfrac{2}{3}\overrightarrow{OB} \quad \text{より，}$$

$$\overrightarrow{OP} = \alpha' \cdot \dfrac{2}{3}\overrightarrow{OA} + \beta' \cdot \dfrac{2}{3}\overrightarrow{OB} \quad (\alpha' + \beta' = 1, \ \alpha' \geqq 0, \ \beta' \geqq 0)$$

と変形できるので，　　　　　$\boxed{\text{これが線分を表す条件だからね。}}$

図 9 に示すように，動点 P は，$\dfrac{2}{3}\overrightarrow{OA}$ と $\dfrac{2}{3}\overrightarrow{OB}$ の終点を結ぶ線分を描くことになるんだね。では次，

(ⅲ) $\alpha + \beta = \dfrac{1}{3}$ のとき，この両辺に 3 をかけて

$$\underbrace{3\alpha}_{\alpha''} + \underbrace{3\beta}_{\beta'' \text{とおく}} = 1 \quad \boxed{\begin{array}{l}\text{2 つの係数をたして 1}\\\text{とするのがポイントだ。}\end{array}} \quad \text{となる。}$$

$$\boxed{\begin{array}{l}\alpha \geqq 0,\ \beta \geqq 0\ \text{より，}\\ \left\{\begin{array}{l}\alpha' = 3\alpha \geqq 0\\ \beta' = 3\beta \geqq 0\end{array}\right.\\ \text{となる。}\end{array}}$$

ここで，新たに，$\alpha'' = 3\alpha$，$\beta'' = 3\beta$ とおくと $(*4)''$ の方程式は，

$$\overrightarrow{OP} = \underbrace{3\alpha}_{\alpha''} \cdot \dfrac{1}{3}\overrightarrow{OA} + \underbrace{3\beta}_{\beta''} \cdot \dfrac{1}{3}\overrightarrow{OB} \quad \text{より}$$

$$\overrightarrow{OP} = \alpha'' \cdot \dfrac{1}{3}\overrightarrow{OA} + \beta'' \cdot \dfrac{1}{3}\overrightarrow{OB} \quad \underline{(\alpha'' + \beta'' = 1,\ \alpha'' \geqq 0,\ \beta'' \geqq 0)}$$

と変形できるので，前ページの　$\boxed{\text{これも，線分を表す条件だね。}}$

図 9 に示すように，動点 P は $\dfrac{1}{3}\overrightarrow{OA}$ と $\dfrac{1}{3}\overrightarrow{OB}$ の終点を結ぶ線分を描くことになるんだね。納得いった？

これまで，(ⅰ) $\alpha + \beta = 1$，(ⅱ) $\alpha + \beta = \dfrac{2}{3}$，(ⅲ) $\alpha + \beta = \dfrac{1}{3}$ のときのみを調べて動点 P が 3 本の線分を描くことを導いたんだけれど，これをより細密に

$$\alpha + \beta = 1,\ 0.9,\ 0.8,\ \cdots\cdots,$$
$$0.2,\ 0.1$$

と変化させたとき，動点 P の描く図形は図 10 のように 10 本の線分になることは，容易に推測できると思う。

図 10　△OAB のベクトル方程式

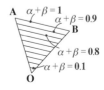

そしてさらに，$\alpha + \beta$ の値を 0 から 1 まで変化させると，動点 P は次ページの図 11 に示すように△OAB の周およびその内部をくまなく塗りつぶすことになるんだね。

以上より，△OAB を表すベクトル方程式が，

$$\overrightarrow{OP} = \alpha \overrightarrow{OA} + \beta \overrightarrow{OB} \quad \cdots\cdots(*4)''$$

$(\alpha + \beta \leqq 1, \ \alpha \geqq 0, \ \beta \geqq 0)$

となることが，理解できたと思う。

では，最後にもう 1 度，（Ⅰ）直線 AB，
（Ⅱ）線分 AB，そして，（Ⅲ）△OAB を
表すベクトル方程式を下にまとめて示す
から，シッカリ頭に入れておいてくれ。

図11　△OAB のベクトル方程式

$$\overrightarrow{OP} = \alpha \overrightarrow{OA} + \beta \overrightarrow{OB}$$
$(\alpha + \beta \leqq 1, \ \alpha \geqq 0, \ \beta \geqq 0)$

（Ⅰ）直線 **AB** のベクトル方程式
$$\overrightarrow{OP} = \alpha \overrightarrow{OA} + \beta \overrightarrow{OB} \quad (\alpha + \beta = 1)$$

（Ⅱ）線分 **AB** のベクトル方程式
$$\overrightarrow{OP} = \alpha \overrightarrow{OA} + \beta \overrightarrow{OB} \quad (\alpha + \beta = 1, \ \alpha \geqq 0, \ \beta \geqq 0)$$

（Ⅲ）△**OAB** のベクトル方程式
$$\overrightarrow{OP} = \alpha \overrightarrow{OA} + \beta \overrightarrow{OB} \quad (\alpha + \beta \leqq 1, \ \alpha \geqq 0, \ \beta \geqq 0)$$

これで，"**平面ベクトル**" の講義はすべて終了です！ 最後のベクトル方程
式まで理解するのは結構大変だったと思うけれど，みんな，よく頑張った
ね (^o^)！ でも，まだ理解があやふやな所もあると思うから，何度でも自
分で納得がいくまで，復習しておいてくれ。この反復練習こそ，本物の実
力を身に付けるサクセス・ロードそのものなんだからね。

そして，次回からは，"**空間ベクトル**" の講義に入ろう。これもまた，図
を沢山使って分かりやすく解説していくから，みんな楽しみに待っていて
くれ！

それでは，次回の講義でまた会おう！ みんな元気でな！復習忘れるなよ
〜！じゃあ，バイバイ…。

1. ベクトルの成分表示と大きさ

$\vec{a} = (x_1,\ y_1)$ について，$|\vec{a}| = \sqrt{x_1{}^2 + y_1{}^2}$

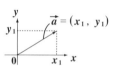

2. $\vec{a}$ と $\vec{b}$ の内積の定義（平面・空間共通）

$\vec{a} \cdot \vec{b} = |\vec{a}||\vec{b}|\cos\theta$　（$\theta : \vec{a}$ と $\vec{b}$ のなす角）

3. ベクトルの平行・直交条件　（$\vec{a} \neq \vec{0},\ \vec{b} \neq \vec{0},\ k \neq 0$）（平面・空間共通）

（ⅰ）平行条件：$\vec{a} /\!/ \vec{b} \Longleftrightarrow \vec{a} = k\vec{b}$　　（ⅱ）垂直条件：$\vec{a} \perp \vec{b} \Longleftrightarrow \vec{a} \cdot \vec{b} = 0$

4. 内積の成分表示

$\vec{a} = (x_1,\ y_1),\quad \vec{b} = (x_2,\ y_2)$ のとき，

> **注意** 空間ベクトルでは，z **成分**の項が新たに加わる。

（ⅰ）$\vec{a} \cdot \vec{b} = x_1 x_2 + y_1 y_2$

（ⅱ）$\cos\theta = \dfrac{\vec{a} \cdot \vec{b}}{|\vec{a}||\vec{b}|} = \dfrac{x_1 x_2 + y_1 y_2}{\sqrt{x_1{}^2 + y_1{}^2}\sqrt{x_2{}^2 + y_2{}^2}}$　（$\because \vec{a} \cdot \vec{b} = |\vec{a}||\vec{b}|\cos\theta$）

5. 内分点の公式（平面・空間共通）

点 P が線分 AB を $m:n$ に内分するとき，

$$\overrightarrow{OP} = \frac{n\overrightarrow{OA} + m\overrightarrow{OB}}{m + n}$$

特に，点 P が線分 AB の中点となるとき，

$$\overrightarrow{OP} = \frac{\overrightarrow{OA} + \overrightarrow{OB}}{2}$$

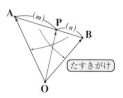

6. 外分点の公式（平面・空間共通）

点 Q が線分 AB を $m:n$ に外分するとき，

$$\overrightarrow{OQ} = \frac{-n\overrightarrow{OA} + m\overrightarrow{OB}}{m - n}$$

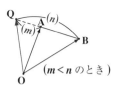

7. ベクトル方程式

（ⅰ）円のベクトル方程式：$|\overrightarrow{OP} - \overrightarrow{OA}| = r$

（ⅱ）直線のベクトル方程式：$\overrightarrow{OP} = \overrightarrow{OA} + t\vec{d}$

$$\overrightarrow{OP} = \alpha\overrightarrow{OA} + \beta\overrightarrow{OB} \quad (\alpha + \beta = 1)$$

第 2 章
CHAPTER

2 空間ベクトル

▶ 空間図形と空間座標の基本

▶ 空間ベクトルの演算，成分表示，内積

▶ 空間ベクトルの空間図形への応用

わからない事は
まっ，かせなさーい！

　みんな，おはよう！　サァ，今日から気分も新たに，"**空間ベクトル**"の講義を始めよう。前章で学習した"**平面ベクトル**"は，文字通り 2 次元平面上のベクトルだったわけだけれど，今日から学習する"**空間ベクトル**"は 3 次元空間におけるベクトルだから，次元が 1 つ上がるんだね。

　エッ，難しそうだって!? 確かに，レベルアップはするけれど，平面ベクトルで学んだ知識もかなり活かせるので，それ程違和感なく入っていけると思うよ。それに，また分かりやすく教えるしね…。

　で，今日の講義では，本格的な空間ベクトルの話に入る前の準備として，空間図形の基本的性質と，空間座標の基本について解説しようと思う。まず，ウォーミング・アップということだ。

　では，早速講義を始めるよ。

● 空間における 2 直線の位置関係を押さえよう！

　平面上における 2 直線の位置関係は，(i) 1 点で交わるか，(ii) 平行であるか，のいずれかしかなかったんだけれど，空間においては，これ以外に，並行でもなく，かつ交わることもない，(iii) **ねじれの位置**にある場合もあるんだね。以上，空間における 2 直線 l と m の位置関係を図 1(i)(ii)(iii) に示しておこう。

図 1　空間における 2 直線の位置関係

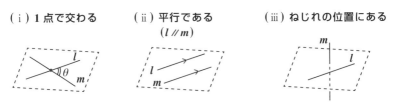

(i) 1 点で交わる　　　(ii) 平行である　　　(iii) ねじれの位置にある
　　　　　　　　　　　　　　$(l /\!/ m)$

図 1(i)(ii) の場合，2 直線 l, m は同一平面上にあるんだけれど，(iii) ねじれの位置の場合は l, m は同一平面上にないことに気を付けよう。また，2 直線のなす角 θ についても解説しよう。

(ⅰ) **1** 点で交わる場合のなす角 θ は，一般に **0°**
以上 **90°** 以下の角で表す。たとえば，右図
のような場合，**2** 直線 l, m のなす角 θ は，
120° ではなく，$\theta = 60°$ となるんだね。

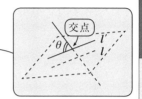

(ⅱ) **2** 直線 l, m が並行 (**$l /\!/ m$** と表す) な場合，l または m を平行移動さ
せれば一致するので，このときのなす角 θ は $\theta = 0°$ となるんだね。

(ⅲ) ねじれの位置にある場合は，右図のように，
l または m を平行移動して，**1** 点で交わるよ
うにすれば，後は，(ⅰ) と同じ要領で，な
す角 θ を定義できるんだね。納得いった？

そして，**2** 直線 l, m が (ⅰ) **1** 点で交わるか，
または (ⅲ) ねじれの位置にある場合，なす角 $\theta = 90°$ であれば，l と m は
垂直であるといい，$l \perp m$ で表す。

● 空間における直線と平面の位置関係は **3** つある！

直線 l と平面 α の関係は，図 **2** に示すように，(ⅰ) 含まれるか，(ⅱ)
交わるか，または (ⅲ) 平行であるか，のいずれかなんだね。

図 2　空間における直線と平面の位置関係

(ⅰ) **含まれる**　　　　　(ⅱ) **交わる**　　　　　(ⅲ) **平行である**
$\qquad\qquad\qquad\qquad\qquad\qquad\qquad\qquad\qquad$ $(l /\!/ \alpha)$

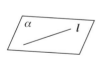 

そして，右図に示すように，直線 l が平面
α 上のすべての直線と垂直であるとき，l は
α と "**直交する**"，または "**垂直**" であると
いい，$l \perp \alpha$ と表す。また，このとき l を
"**垂線**" と呼ぶので覚えておこう。

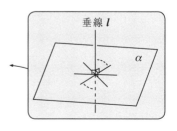

逆に，直線 l が平面 α の垂線であること
を示すには，右図に示すように，l が，
α 上の任意の平行でない 2 直線と垂直で
あることを示せばいいんだね。これも重
要ポイントだよ。

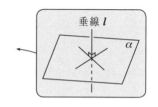

垂線 l

● 空間における 2 平面の位置関係は 2 つだけだ！

空間における異なる 2 平面 α と β の位置関係は，図 3 に示すように (ⅰ)
交わるか，(ⅱ) 平行である
かの 2 通りのみなんだね。

そして，図 3(ⅰ) に示す
ように，2 平面が交わると
き，共有する直線が存在し，
これを "**交線**" と呼ぶんだ
ね。また，図 3(ⅱ) に示す

図 3　空間における 2 平面の位置関係

(ⅰ) 交わる

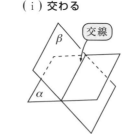

交線

(ⅱ) 平行である
$(\alpha /\!/ \beta)$

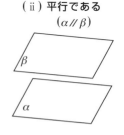

ように，α と β が共有点をもたないとき，α と β は "**平行である**" といい，
$\alpha /\!/ \beta$ で表すことも覚えておこう。

次に，2 平面 α と β が交わるときのなす
角 θ についても教えておこう。右図のよう
に，α と β の交線を l とおき，l 上に 1 点
O をとる。そして，O から l と垂直な直線
OA を α 上に引き，同様に l と垂直な直線

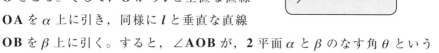

OB を β 上に引く。すると，$\angle$AOB が，2 平面 α と β のなす角 θ という
ことになるんだね。納得いった？

以上の内容は，実は数学 A の "**図形の性質**" で解説しているので，ほ
とんどの人にとっては，復習になったと思う。では，これから，空間座標
の話に入るけれど，これからが数学 B の範囲になるんだね。

● 空間座標とは 3 次元の座標

2 次元平面上の点の座標を指定するのに，これまで xy 座標系を用いてきたんだね。でも，これだと，3 次元の空間における点の座標を指定することはムリだね。x 座標と y 座標だけでは情報量がたりないからだ。したがって，空間上の点の座標を決めるには，図 4 に示すように，x 軸，y 軸でできる xy 座標平面と直交する新たな z 軸を設けて，xyz 座標系を作る必要があるんだね。

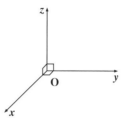

図 4 xyz 座標系

したがって，xy 座標平面上の点 P は，$P(x_1, y_1)$ のように表したけれど，xyz 座標空間上の点 P の座標は，図 5 に示すように，$P(x_1, y_1, z_1)$ で表

```
これが新たに加わった！
```

すことになるんだね。図 5 に点線で示した直方体は，お父さんがお中元

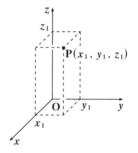

図 5 空間上の点 P の座標
$P(x_1, y_1, z_1)$

などでもらうウィスキーの箱だと考えてくれたらいいんだよ。すると，点 $P(x_1, y_1, z_1)$ の各座標の値 x_1，y_1，z_1 それぞれと x 軸，y 軸，z 軸における各位置の対応関係がつかめると思うよ。

ン？ 意味は分かったけれど，xyz 座標に慣れるために練習してみたいって!? 当然だね。次の練習問題を解いて，空間座標における点の座標表示がシッカリできるようになってくれ。そして，これが，この後に学習する**"空間ベクトル"**の成分表示と密接に関係してくるんだよ。では，次の練習問題を解いてみてごらん。

xyz 座標上に右図のような直方体がある。

(1) 4 点 A，B，C，D の座標を求めよ。

(2) 点 A と，*xy* 平面に関して対称な点を A′，
また *yz* 平面に関して対称な点を A″，また
zx 平面に関して対称な点を A‴とおく。3
点 A′，A″，A‴の座標を求めよ。

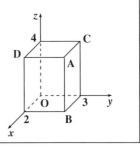

(1) 点 A の座標はスグに求まるね。また，点 B，C，D はそれぞれ *xy* 平面，*yz* 平面，
zx 平面上の点であることに気を付けよう。(2) は，グラフのイメージをつかむ
ことがポイントなんだね。

(1) 右図から，

（ⅰ）点 A の *x* 座標は 2，
y 座標は 3，*z* 座標は
4 より，点 A の座標
は A(2，3，4)となる。

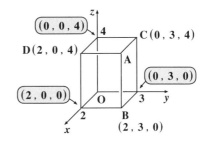

（ⅱ）点 B は *xy* 平面上の点

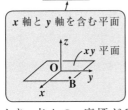

より，点 A の *z* 座標が 0 となったものが点 B の座標になる。よって，
B(2，3，0)だね。

（ⅲ）点 C は，*yz* 平面上の点より，点 A の *x* 座標が 0 となる。

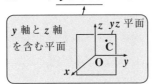

よって，点 C の座標は，C(0，3，4)となるんだね。

(iv) 点 D は，<u>zx 平面上</u>の点より，点 A の y 座標が 0 となる。よって，

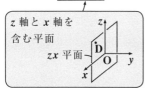

点 D の座標は D(2, 0, 4) となるんだね。納得いった？

(2)(i) 点 A と，xy 平面に関して対称
な点 A′ の座標は，右図から明
らかに，点 A の z 座標のみの
符号が変わるんだね。よって，
点 A′ の座標は，A′(2, 3, −4)
となる。

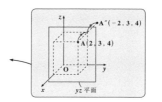

(ii) 点 A と yz 平面に関して対称な
点 A″ の座標は，右図から明ら
かに，点 A の x 座標のみの符
号が変わる。よって，点 A″ の
座標は，A″(−2, 3, 4) だね。

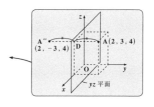

(iii) 点 A と zx 平面に関して対称な
点 A‴ の座標は，右図から明
らかに，点 A の y 座標のみの
符号が変わる。よって，点 A‴
の座標は，A‴(2, −3, 4) とな
るんだね。大丈夫だった？

ちなみに，問題文の図の x 軸上の x 座標が 2 の点の座標は，(2, 0, 0)
であり，y 軸上の y 座標が 3 の点の座標は，(0, 3, 0) であり，また，z
軸上の z 座標が 4 の点の座標は，(0, 0, 4) となることも，前のページ
の図で確認しておいてくれ。

● 簡単な平面の方程式を導いてみよう！

xyz 座標空間上の動点 $P(x, y, z)$ について，もし何の制約条件も付かなければ，点 P は自由に全空間を塗りつぶしてしまうことになる。したがって，点 P に何らかの制約条件，つまり方程式が与えられれば，点 P はある図形を描くことになるんだね。この考え方は，前に平面ベクトルの章のベクトル方程式 **(P50)** のところで解説したものと同様だから，理解できると思う。

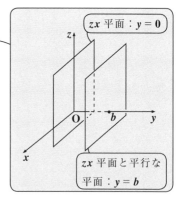

図6　x 軸に垂直な平面の
　　　方程式：$x = a$

したがって，図 6 に示す yz 平面上を動く動点 P の x 座標は常に 0 だけど，y と z 座標は自由に変化できるので，この場合の動点 P の制約条件の式は $x = 0$ となる。つまり，これが yz 平面を表す方程式になるんだね。

であるならば，この <u>yz 平面 ($x = 0$) と平行な平面</u> の方程式も同様に考えて，

これは，x 軸と垂直な平面のこと

この平面が x 軸と交わる x 座標 (x 切片) を a とすると，この方程式は，$x = a$ となるんだね。何故なら，この平面上の動点 P の座標は $P(a, y, z)$ となり，x 座標のみは一定の a だけれど，y と z 座標は自由に変化できるので，図 6 の yz 平面と平行な平面全体を P が塗りつぶすことになるからなんだね。

同様に考えれば，今度は右図から，zx 平面の方程式は，$y = 0$ であり，この zx 平面と平行 (y 軸と垂直) な平面で，その y 切片が b であるものの方程式は，$y = b$ となるのもいいね。

72

同様に，右図から，xy 平面の方程式は，$z = 0$ であり，この xy 平面と平行 (z 軸と垂直) な平面で，その z 切片が c であるものの方程式は，$z = c$ となる。これも大丈夫だね。
以上をまとめると次のようになるので，覚えておこう。

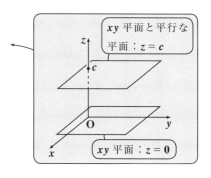

(i) yz 平面と平行 (x 軸と垂直) で，x 切片 a の平面の方程式は，
$\quad$ $x = a$ である。 ← $a = 0$ のとき，yz 平面：$x = 0$ になる

(ii) zx 平面と平行 (y 軸と垂直) で，y 切片 b の平面の方程式は，
$\quad$ $y = b$ である。 ← $b = 0$ のとき，zx 平面：$y = 0$ になる

(iii) xy 平面と平行 (z 軸と垂直) で，z 切片 c の平面の方程式は，
$\quad$ $z = c$ である。 ← $c = 0$ のとき，xy 平面：$z = 0$ になる

● 2点間の距離もマスターしよう！

平面ベクトルの章で，$\overrightarrow{OA} = (x_1, y_1)$ の大きさ $|\overrightarrow{OA}| = \sqrt{x_1{}^2 + y_1{}^2}$ (P23) であり，$\overrightarrow{AB} = (x_2 - x_1, y_2 - y_1)$ の大きさ $|\overrightarrow{AB}| = \sqrt{(x_2 - x_1)^2 + (y_2 - y_1)^2}$ (P27) であることは既に教えたね。これは，2 点 $A(x_1, y_1)$，$B(x_2, y_2)$ であるとき，2 点 O，A 間の距離が $OA = \sqrt{x_1{}^2 + y_1{}^2}$ であり，2 点 A，B 間の距離が $AB = \sqrt{(x_2 - x_1)^2 + (y_2 - y_1)^2}$ と言っているのと同じなんだね。

では次，xyz 座標空間における 2 点間の距離について考えてみよう。右図のように点 A，B，C を $A(x_1, y_1, z_1)$，$B(x_1, y_1, 0)$，$C(x_1, 0, 0)$ となるようにとる。まず，直角三角形 OBC に三平方の定理を用いると，

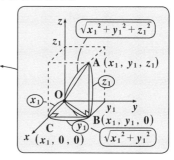

$OB = \sqrt{x_1{}^2 + y_1{}^2}$
となるのはいいね。

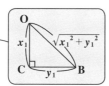

さらに，直角三角形 OAB に三平方の定理を用いると，

$$OA^2 = OB^2 + BA^2 = (\sqrt{x_1{}^2 + y_1{}^2})^2 + z_1{}^2$$
$$= x_1{}^2 + y_1{}^2 + z_1{}^2 \quad \text{となるので，}$$

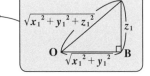

2 点 O，A 間の距離，つまり線分 OA の長さは

$$OA = \sqrt{x_1{}^2 + y_1{}^2 + \underline{z_1{}^2}} \quad \text{と表されるんだね。}$$

空間座標では，平面のときに比べて，この項が加わる。

同様に考えれば，2 点 $A(x_1, y_1, z_1)$，$B(x_2, y_2, z_2)$ の間の距離，すなわち，線分 AB の長さも

$$AB = \sqrt{(x_2 - x_1)^2 + (y_2 - y_1)^2 + \underline{(z_2 - z_1)^2}} \quad \text{となるんだね。}$$

平面座標に比べて，これが加わる。

それでは，次の練習問題で，実際に空間座標における 2 点間の距離を求めてみることにしよう。

| 練習問題 13 | 2 点間の距離 | CHECK *1* | CHECK *2* | CHECK *3* |

xyz 座標上に 3 点 $A(1, -4, \sqrt{2})$，$B(4, -4, \sqrt{2})$，$C(4, -2, 3\sqrt{2})$ がある。

(1) 線分 OA の長さを求めよ。

(2) 線分 AB，BC，CA の長さを求め，△ABC が直角三角形であることを示せ。

線分の長さ (2 点間の距離) は，公式：$OA = \sqrt{x_1{}^2 + y_1{}^2 + z_1{}^2}$ か，または，$AB = \sqrt{(x_2 - x_1)^2 + (y_2 - y_1)^2 + (z_2 - z_1)^2}$ を使えばいいんだね。

(1) $A(1, -4, \sqrt{2})$ より，線分 OA の長さは，

$$OA = \sqrt{1^2 + (-4)^2 + (\sqrt{2})^2}$$
$$= \sqrt{1 + 16 + 2} = \sqrt{19} \quad \text{となる。}$$

$A(x_1, y_1, z_1)$ のとき，$OA = \sqrt{x_1{}^2 + y_1{}^2 + z_1{}^2}$

(2)(i)$A(1, -4, \sqrt{2})$，$B(4, -4, \sqrt{2})$ より，線分 AB の長さは，

$$AB = \sqrt{(4 - 1)^2 + (-4 + 4)^2 + (\sqrt{2} - \sqrt{2})^2} = \sqrt{3^2} = 3$$

$A(x_1, y_1, z_1)$，$B(x_2, y_2, z_2)$ のとき，$AB = \sqrt{(x_2 - x_1)^2 + (y_2 - y_1)^2 + (z_2 - z_1)^2}$

(ⅱ) 同様に, $B(4, -4, \sqrt{2})$, $C(4, -2, 3\sqrt{2})$ より, 線分 BC の長さは,

$$BC = \sqrt{(4-4)^2 + (-2+4)^2 + (3\sqrt{2} - \sqrt{2})^2}$$
$$= \sqrt{2^2 + (2\sqrt{2})^2} = \sqrt{4+8} = \sqrt{12} = 2\sqrt{3} \quad \text{となる。}$$

(ⅲ) 同様に, $C(4, -2, 3\sqrt{2})$, $A(1, -4, \sqrt{2})$ より, 線分 CA の長さは,

$$CA = \sqrt{(1-4)^2 + (-4+2)^2 + (\sqrt{2} - 3\sqrt{2})^2}$$
$$= \sqrt{(-3)^2 + (-2)^2 + (-2\sqrt{2})^2} = \sqrt{9+4+8} = \sqrt{21} \quad \text{となる。}$$

以上より, $AB^2 = 9$, $BC^2 = 12$, $CA^2 = 21$ となり,

△ABC において, 三平方の定理:

$CA^2 = AB^2 + BC^2$ が成り立つので,

$[\ 21 = \ 9 \ + 12\ ]$

△ABC は, $\angle ABC = 90°$ の直角三角形に

なることが分かったんだね。納得いった？

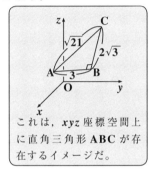

これは, xyz 座標空間上に直角三角形 ABC が存在するイメージだ。

　以上で, 今日の講義は終了です。空間座標は, みんなにとって初体験だったかも知れないけれど, 点の座標の取り方や, 2 点間の距離の計算法にも自信がついたと思う。

　次回からは, 今日学んだ内容を基にして, 本格的な "**空間ベクトル**" の講義に入ろう。ベクトルを使えば, 空間図形や空間座標の理解がさらに深まって面白くなると思うよ。

　では, 次回の講義も楽しみに待っててくれ！それまで, みんな体調を整えて, 元気でな…。また会おう！さようなら。

みんな，おはよう！今日から，**"空間ベクトル"** の本格的な講義に入ろう。平面ベクトルは，あくまでも平面上のベクトルであったのに対して，空間ベクトルは文字通り3次元空間内に存在するベクトルだから，ベクトルが平面から空間に飛び出したって，感じなんだね。

でも，ベクトルの実数倍や和・差の演算，まわり道の原理，内積の定義と演算，それに内分点・外分点の公式などなど…，平面ベクトルで学んだ知識がそのまま空間ベクトルでも使えるので，それ程違和感なく学べると思うよ。もちろん，空間ベクトル独特のものもあるので，これについては詳しく解説しよう。

さァ，早速講義を始めよう。みんな準備はいい？

● 空間ベクトルでも，平面ベクトルの公式が使える！

これまで勉強してきた **"平面ベクトル"** と，これから解説する **"空間ベクトル"** のイメージを図1にそれぞれ示しておくよ。平面ベクトルの場合，ある平面内に存在するベクトルのみを扱うわけだけれど，空間ベクトルになると文字通

図1　平面ベクトルと空間ベクトル

（ⅰ）平面ベクトル　（ⅱ）空間ベクトル

 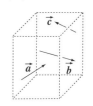

り，3次元空間上にベクトルが自由に存在できるようになるんだね。その分，確かにベクトルのヴァリエーションが広がったと言えるんだね。

だから，もちろん，空間ベクトル独特のものもあるんだけれど，ベクトルの基本的な考え方や公式については，**"空間ベクトル"** になっても **"平面ベクトル"** のときと同じものがほとんどなんだよ。したがって，空間ベクトルにおいても，平面ベクトルの知識がそのまま使えるものについては，解説は既に終わっているので，簡単に列挙することにしよう。また，平面ベクトルとは異なり，空間ベクトル独特の性質については，その後に詳しく解説しよう。

（I）まず, 空間ベクトルと平面ベクトルで, 公式や考え方の同じものを下に示すよ。

(1) ベクトルの実数倍

$k\vec{a}$ $\vec{a}$

(2) ベクトルの和と差

$\vec{b}$ $\vec{a}+\vec{b}$ $-\vec{b}$ $\vec{a}$ $\vec{a}-\vec{b}$

(3) まわり道の原理
・たし算形式
$\overrightarrow{AB} = \overrightarrow{AC} + \overrightarrow{CB}$ など
・引き算形式
$\overrightarrow{AB} = \overrightarrow{OB} - \overrightarrow{OA}$ など

(4) ベクトルの計算
$2(\vec{a}-\vec{b}) - 3\vec{c}$
$= 2\vec{a} - 2\vec{b} - 3\vec{c}$
などの計算

(5) 内積の定義
$\vec{a} \cdot \vec{b} = |\vec{a}||\vec{b}|\cos\theta$
$\vec{b}$ θ $\vec{a}$

(6) 内積の演算
$\cdot(\vec{a}-\vec{b})\cdot(2\vec{b}+\vec{c})$
などの計算
$\cdot|\vec{a}+\vec{b}|^2$ などの計算

(7) 三角形の面積 S
$S = \dfrac{1}{2}\sqrt{|\vec{a}|^2|\vec{b}|^2 - (\vec{a}\cdot\vec{b})^2}$
$\vec{b}$ S $\vec{a}$

(8) 内分点の公式
点 P が線分 AB を $m:n$ に内分するとき
$\overrightarrow{OP} = \dfrac{n\overrightarrow{OA} + m\overrightarrow{OB}}{m+n}$

(9) 外分点の公式
点 P が線分 AB を $m:n$ に外分するとき
$\overrightarrow{OP} = \dfrac{-n\overrightarrow{OA} + m\overrightarrow{OB}}{m-n}$

(10) ベクトルの平行・直交条件
・$\vec{a}/\!/\vec{b}$ のとき
$\vec{a} = k\vec{b}$
・$\vec{a} \perp \vec{b}$ のとき
$\vec{a} \cdot \vec{b} = 0$

(11) 3 点が同一直線上
3 点 A, B, C が同一直線上にあるとき,
$\overrightarrow{AC} = k\overrightarrow{AB}$

(12) 直線の方程式
$\overrightarrow{OP} = \overrightarrow{OA} + k\vec{d}$
$\left(\begin{array}{l} \text{A : 通る点} \\ \vec{d} : \text{方向ベクトル} \end{array}\right)$

これで見る限り, ほとんどのものが, 平面ベクトルと同様に使えることが分かると思う。エッ, 全部一緒だって？ 違うよ。そうでないものもあるんだよ。

（II）それでは, 空間ベクトルと平面ベクトルで異なるものについて詳しく解説しよう。

　（i）1 次結合

　　　・平面ベクトルの場合, 図 2 に示すように, $\vec{a} \neq \vec{0}, \vec{b} \neq \vec{0}, \vec{a} \not{/\!/} \vec{b}$ をみたす 2 つの 1 次独立なベクトル $\vec{a}$ と $\vec{b}$ の 1 次結合: $s\vec{a} + t\vec{b}$ (s, t：実数) によって, 平面上の

図 2　平面ベクトルの 1 次結合
$s\vec{a} + t\vec{b}$

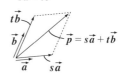
$t\vec{b}$ $\vec{b}$ $\vec{p} = s\vec{a} + t\vec{b}$ $\vec{a}$ $s\vec{a}$

どんなベクトルでも表すことができるんだったね。これが, **2**次元平面と呼ばれる理由でもあったんだね。これに対して, 空間ベクトルの場合はどうなるか? そうだね。**3**次元空間と言うから, 空間ベクトルでは**3**つのベクトル$\vec{a}$, $\vec{b}$, $\vec{c}$ の **1** 次結合で, 空間内のすべてのベクトルを表すことができるんだね。ここで, この **3** つのベクトルはすべて$\vec{0}$でなく, かつ**1つが他の2つの1次結合では表せない**という条件が付くんだよ。 これを "**1次独立**" という。

つまり, 空間ベクトルの場合, 図**3**に示すように, $\vec{a} \neq \vec{0}$, $\vec{b} \neq \vec{0}$, $\vec{c} \neq \vec{0}$, かつ互いに **1** 次独立な **3** つのベクトル$\vec{a}$, $\vec{b}$, $\vec{c}$ の **1** 次結合:$s\vec{a}+t\vec{b}+u\vec{c}$ (s, t, u:実数)

空間ベクトルでは, この項が **1** つ増える!

によって, 空間内のどんなベクトルも表すことができるんだよ。納得いった?

図3 空間ベクトルの1次結合
$$s\vec{a}+t\vec{b}+u\vec{c}$$
$$\vec{p}=s\vec{a}+t\vec{b}+u\vec{c}$$

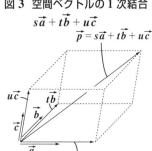

(ⅱ) 成分表示

・平面ベクトルの場合, 図**4**に示すように, ベクトル$\vec{a}$ の始点をxy座標系の原点**O**と一致させることにより, 終点の座標(x_1, y_1) が決まる。これを, $\vec{a}=(x_1, y_1)$ と表し, $\vec{a}$ の成分表示と言うんだったね。これに対して,

図4 平面ベクトルの成分表示

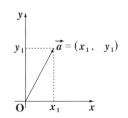

・空間ベクトルの場合, 図**5**に示すように, 空間ベクトル$\vec{a}$ の始点をxyz座標系の原点**O**と一致させると, この終点の座標(x_1, y_1, z_1) が決まるね。これを$\vec{a}=(x_1, y_1, z_1)$ と表し, 空間ベクトル$\vec{a}$ の**成分表示**

空間ベクトルでは, この**z成分**が新たに増える

と言うんだよ。

xyz座標系は, x軸, y軸にz軸が加わった **3** 次元の座標系で, **3** つの軸は互いに直交してるんだよ。

図5 空間ベクトルの成分表示

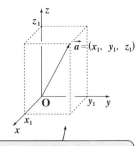

$\vec{a}$の**3**つの成分x_1, y_1, z_1を決定するために, 薬の入った箱のような形を作るといいんだね。

78

以上が，空間ベクトルと平面ベクトルの（Ⅰ）一致すると点と，（Ⅱ）相違点だったんだね。

エッ，そろそろ実際に問題を解いてみたいって？ そうだね。実際に問題を解くことにより，空間ベクトルにも慣れることができるからね。

● 空間ベクトルの問題にチャレンジだ！

それでは，次の練習問題にチャレンジしてごらん。

練習問題 14	空間ベクトル（Ⅰ）	CHECK 1	CHECK 2	CHECK 3

空間上に，右図に示すような，$\vec{0}$ ではなくかつ互いに 1 次独立な 3 つのベクトル $\overrightarrow{OA}$，$\overrightarrow{OB}$，$\overrightarrow{OC}$ がある。線分 AB を 1：2 に内分する点を P，線分 BC の中点を Q とおく。

(1) $\overrightarrow{OP}$ と $\overrightarrow{OQ}$ を，$\overrightarrow{OA}$，$\overrightarrow{OB}$，$\overrightarrow{OC}$ で表せ。
(2) $\overrightarrow{PQ}$ を $\overrightarrow{OA}$，$\overrightarrow{OB}$，$\overrightarrow{OC}$ で表せ。

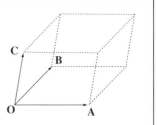

この問題で，空間ベクトルでの"内分点の公式"と"まわり道の原理"が，平面ベクトルのときと全く同様であることを確認してくれ。

(1) ・ 点 P は，線分 AB を 1：2 に内分するので，

> 内分点の公式も平面ベクトルのときと同じだね。

$$\overrightarrow{OP} = \frac{2 \cdot \overrightarrow{OA} + 1 \cdot \overrightarrow{OB}}{1 + 2} = \frac{2}{3}\overrightarrow{OA} + \frac{1}{3}\overrightarrow{OB} \quad \cdots ① となる。$$

・ 点 Q は，線分 BC の中点より，

$$\overrightarrow{OQ} = \frac{\overrightarrow{OB} + \overrightarrow{OC}}{2} = \frac{1}{2}\overrightarrow{OB} + \frac{1}{2}\overrightarrow{OC} \quad \cdots ② となる。$$

(2) $\overrightarrow{PQ} = \overrightarrow{OQ} - \overrightarrow{OP} \cdots ③$ より，

> "まわり道の原理"も平面ベクトルのときと同じ！

①，②を③に代入して，

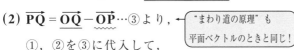

$$\overrightarrow{PQ} = \frac{1}{2}\overrightarrow{OB} + \frac{1}{2}\overrightarrow{OC} - \left(\frac{2}{3}\overrightarrow{OA} + \frac{1}{3}\overrightarrow{OB}\right) = \frac{1}{2}\overrightarrow{OB} + \frac{1}{2}\overrightarrow{OC} - \frac{2}{3}\overrightarrow{OA} - \frac{1}{3}\overrightarrow{OB}$$

$$\therefore \overrightarrow{PQ} = -\frac{2}{3}\overrightarrow{OA} + \left(\frac{1}{2} - \frac{1}{3}\right)\overrightarrow{OB} + \frac{1}{2}\overrightarrow{OC} = -\frac{2}{3}\overrightarrow{OA} + \frac{1}{6}\overrightarrow{OB} + \frac{1}{2}\overrightarrow{OC} \quad と$$

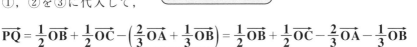

$\frac{3-2}{6}$

$\overrightarrow{OA}$ と $\overrightarrow{OB}$ と $\overrightarrow{OC}$ の 1 次結合

なって，答えだ。$\overrightarrow{PQ}$ が，$\overrightarrow{OA}$ と $\overrightarrow{OB}$ と $\overrightarrow{OC}$ の 1 次結合で表されることも分かっただろう。

それじゃ次，空間ベクトルの "**内積**" や "**内積の演算**" についても，練習問題でシッカリ練習しておこう。

練習問題 15	空間ベクトル(Ⅱ)	CHECK 1	CHECK 2	CHECK 3

図に示すように，1 辺の長さが 2 の正四面体 OABC

があり，辺 BC の中点を M とおく。

(1) $\overrightarrow{OM}$ を $\overrightarrow{OB}$ と $\overrightarrow{OC}$ で表せ。

(2) 内積 $\overrightarrow{OA} \cdot \overrightarrow{OB}, \overrightarrow{OA} \cdot \overrightarrow{OC}, \overrightarrow{OA} \cdot \overrightarrow{OM}$ の値を求めよ。

(3) $\overrightarrow{OA}$ と $\overrightarrow{OM}$ のなす角を θ とおくとき，$\cos\theta$ の値
を求めよ。

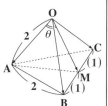

空間ベクトルでも，内積の定義は，$\vec{a} \cdot \vec{b} = |\vec{a}||\vec{b}|\cos\theta$ (θ：$\vec{a}$ と $\vec{b}$ のなす角) で，平面ベクトルと同じだよ。また，$|\vec{a}+\vec{b}|^2 = |\vec{a}|^2 + 2\vec{a}\cdot\vec{b} + |\vec{b}|^2$ など，内積の演算も，平面ベクトルのときとまったく同様だから，チャレンジしてみてごらん。

---

1 辺の長さが 2 の正四面体 OABC とは，1 辺の長さが 2 の 4 枚の正三角形 △OBC，　△OCA，　△OAB，　△ABC から出来た "<ruby>三角錐<rt>さんかくすい</rt></ruby>" のことなんだ。そして，これは立体図形の問題でもあるので，パーツ (部品) や断面で考えることも有効だよ。

(1) 点 M は，線分 (辺)BC の中点なので，

$$\overrightarrow{OM} = \frac{\overrightarrow{OB} + \overrightarrow{OC}}{2}$$

"**内分点の公式**" も平面
ベクトルのときと同じ!

$$\therefore \overrightarrow{OM} = \frac{1}{2}(\overrightarrow{OB} + \overrightarrow{OC}) \quad \cdots\cdots ① \quad となる。$$

(2) 次，3 つの内積を順に求めてみよう。

(i) △OAB は 1 辺の長さが 2 の正三角形より，

内積の定義も平面
ベクトルと同じ!

$$|\overrightarrow{OA}| = |\overrightarrow{OB}| = 2, \quad \angle AOB = 60° \quad よって，$$

$$内積 \ \overrightarrow{OA} \cdot \overrightarrow{OB} = \underset{②}{|\overrightarrow{OA}|} \ \underset{②}{|\overrightarrow{OB}|} \underset{\frac{1}{2}}{\cos 60°} = 2 \times 2 \times \frac{1}{2} = 2 \cdots②$$

（ⅱ）$\triangle$OCA も 1 辺の長さが 2 の正三角形より，

$|\overrightarrow{OC}| = |\overrightarrow{OA}| = 2$，$\angle COA = 60°$ よって，

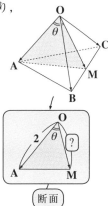

内積の定義も平面ベクトルと同じ！

内積 $\overrightarrow{OA} \cdot \overrightarrow{OC} = |\overrightarrow{OA}||\overrightarrow{OC}|\cos 60° = 2 \times 2 \times \dfrac{1}{2} = 2 \cdots ③$

（ⅲ）内積 $\overrightarrow{OA} \cdot \overrightarrow{OM}$ について，これに①を代入すると，

$$\overrightarrow{OA} \cdot \overrightarrow{OM} = \overrightarrow{OA} \cdot \dfrac{1}{2}(\overrightarrow{OB} + \overrightarrow{OC}) = \dfrac{1}{2}\overrightarrow{OA} \cdot (\overrightarrow{OB} + \overrightarrow{OC})$$

k を正の実数とし，θ を $\vec{a}$ と $\vec{b}$ のなす角とすると，
$\vec{a} \cdot k\vec{b} = |\vec{a}||k\vec{b}|\cos\theta = k|\vec{a}||\vec{b}|\cos\theta = k\vec{a} \cdot \vec{b}$ となるので，

正の実数 k は，内積の前にもってきてもいいよ。

$$= \dfrac{1}{2}(\underline{\overrightarrow{OA} \cdot \overrightarrow{OB}} + \underline{\overrightarrow{OA} \cdot \overrightarrow{OC}})$$

内積の演算も平面ベクトルと同じ

2（②より） 2（③より）

これに②，③を代入して，

$$\overrightarrow{OA} \cdot \overrightarrow{OM} = \dfrac{1}{2}(2 + 2) = \dfrac{4}{2} = 2 \cdots ④ \quad \text{となる。}$$

(3) $\overrightarrow{OA}$ と $\overrightarrow{OM}$ のなす角を θ とおくと，内積の定義式より，

2（④より）

$$\cos\theta = \dfrac{\overrightarrow{OA} \cdot \overrightarrow{OM}}{|\overrightarrow{OA}||\overrightarrow{OM}|} \cdots ⑤ \quad \text{となる。ここで，}$$

2

1 辺の長さは 2

$\overrightarrow{OA} \cdot \overrightarrow{OM} = 2 \cdots ④$ と，$|\overrightarrow{OA}| = 2$ は分かって

いるので，$|\overrightarrow{OM}| = \left|\dfrac{1}{2}(\overrightarrow{OB} + \overrightarrow{OC})\right|$（①より）

の値が分かればいいんだね。

$$|\overrightarrow{OM}| = \dfrac{1}{2}|\overrightarrow{OB} + \overrightarrow{OC}| \quad \text{より，この両辺を} \underline{2 \text{ 乗して，}}$$

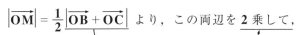

絶対値記号の中にベクトルの式が入っているので，"2 乗して展開する！"

$$\left|\overrightarrow{\mathrm{OM}}\right|^2 = \left(\frac{1}{2}\right)^2 \cdot \left|\overrightarrow{\mathrm{OB}} + \overrightarrow{\mathrm{OC}}\right|^2 = \frac{1}{4}\left(\underbrace{\left|\overrightarrow{\mathrm{OB}}\right|^2}_{2^2} + 2\overrightarrow{\mathrm{OB}} \cdot \overrightarrow{\mathrm{OC}} + \underbrace{\left|\overrightarrow{\mathrm{OC}}\right|^2}_{2^2}\right)$$

$$\boxed{\left|\overrightarrow{\mathrm{OB}}\right| \cdot \left|\overrightarrow{\mathrm{OC}}\right|\cos 60° = 2 \cdot 2 \cdot \frac{1}{2} = 2}$$

$$= \frac{1}{4}(4 + 4 + 4) = \frac{12}{4} = 3$$

$$\therefore \left|\overrightarrow{\mathrm{OM}}\right| = \sqrt{3}$$

からも $\left|\overrightarrow{\mathrm{OM}}\right| = \sqrt{3}$ が分かるね。

以上より，$\overrightarrow{\mathrm{OA}} \cdot \overrightarrow{\mathrm{OM}} = 2$，$\left|\overrightarrow{\mathrm{OA}}\right| = 2$，$\left|\overrightarrow{\mathrm{OM}}\right| = \sqrt{3}$ を⑤に代入して，

$$\cos\theta = \frac{\overset{2}{\boxed{\overrightarrow{\mathrm{OA}} \cdot \overrightarrow{\mathrm{OM}}}}}{\underset{2 \quad \sqrt{3}}{\boxed{\left|\overrightarrow{\mathrm{OA}}\right|}\,\boxed{\left|\overrightarrow{\mathrm{OM}}\right|}}} = \frac{2}{2 \cdot \sqrt{3}} = \frac{1}{\sqrt{3}}$$ となって，答えだね。

どう？これで，空間ベクトルにもなじみがもてるようになってきただろう？

● 空間ベクトルの成分表示にも慣れよう！

空間ベクトル $\vec{a} = \overrightarrow{\mathrm{OA}}$ とおく。そして，始点 O を xyz 座標系の原点に一致させると，終点 A の座標が (x_1, y_1, z_1) と決まるね。

このとき，$\vec{a} = \overrightarrow{\mathrm{OA}}$ は，成分表示で，

z 成分が新たに加わる

$$\vec{a} = \overrightarrow{\mathrm{OA}} = (x_1, y_1, \underline{z_1})$$ と表せる。

この様子をもう 1 度，図 6 (ⅰ) に示しておいた。

ここで，点 A から xy 平面に下した垂線の足を H とおくと，△OAH は，∠H = 90° の直角三角形となる。図 6(ⅱ) に示すように，

OH $= \sqrt{x_1{}^2 + y_1{}^2}$，AH $= |z_1|$ となるので，直角三角形 OAH に三平方の定理を用いると，

図 6　空間ベクトルの成分表示

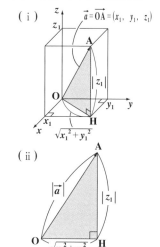

$|\vec{a}|^2 = \underbrace{OH^2}_{x_1{}^2 + y_1{}^2} + \underbrace{AH^2}_{|z_1|^2} = x_1{}^2 + y_1{}^2 + z_1{}^2$ となる。よって，

空間ベクトル $\vec{a}$ の大きさ $|\vec{a}|$ は，$|\vec{a}| = \sqrt{x_1{}^2 + y_1{}^2 + \underset{\uparrow}{z_1{}^2}}$ となるんだね。大丈夫？

> 空間ベクトルでは，この項が新たに加わる。

また，$\overrightarrow{OA} = (x_1,\ y_1,\ z_1)$，$\overrightarrow{OB} = (x_2,\ y_2,\ z_2)$ のとき，

$\overrightarrow{AB} = \overrightarrow{OB} - \overrightarrow{OA}$

$= (x_2,\ y_2,\ z_2) - (x_1,\ y_1,\ z_1)$

$= (x_2 - x_1,\ y_2 - y_1,\ z_2 - z_1)$

> 成分表示されたベクトル同士の引き算は，x，y，z 成分同士それぞれ引けばいい。これも平面ベクトルと同じだね。

となるので，$\overrightarrow{AB}$ の大きさ $|\overrightarrow{AB}|$ も同様に，

$|\overrightarrow{AB}| = \sqrt{(x_2 - x_1)^2 + (y_2 - y_1)^2 + \underline{(z_2 - z_1)^2}}$ となる。

以上をまとめて示すよ。

> 空間ベクトルでは，この項が新たに加わる。

空間ベクトルの大きさ

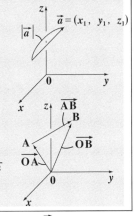

(i) 空間ベクトル $\vec{a}$ が，$\vec{a} = (x_1,\ y_1,\ z_1)$ のとき，

　$\vec{a}$ の大きさ $|\vec{a}|$ は

　　$|\vec{a}| = \sqrt{x_1{}^2 + y_1{}^2 + z_1{}^2}$ となる。

(ii) $\overrightarrow{OA} = (x_1,\ y_1,\ z_1)$，$\overrightarrow{OB} = (x_2,\ y_2,\ z_2)$ のとき，

　$\overrightarrow{AB} = (x_2 - x_1,\ y_2 - y_1,\ z_2 - z_1)$ の大きさ

　$|\overrightarrow{AB}|$ は

　　$|\overrightarrow{AB}| = \sqrt{(x_2 - x_1)^2 + (y_2 - y_1)^2 + (z_2 - z_1)^2}$

　となる。

また，成分表示された **2** つのベクトル $\vec{a} = (x_1,\ y_1,\ z_1)$，$\vec{b} = (x_2,\ y_2,\ z_2)$ について，**和，差，実数倍**の演算は次のようになる。

(i) $\vec{a} + \vec{b} = (x_1,\ y_1,\ z_1) + (x_2,\ y_2,\ z_2) = (x_1 + x_2,\ y_1 + y_2,\ z_1 + z_2)$

(ii) $\vec{a} - \vec{b} = (x_1,\ y_1,\ z_1) - (x_2,\ y_2,\ z_2) = (x_1 - x_2,\ y_1 - y_2,\ z_1 - z_2)$

(iii) $k\vec{a} = k(x_1,\ y_1,\ z_1) = (kx_1,\ ky_1,\ kz_1)$ 　（k：実数）

空間ベクトルの成分表示では，新たに，z 成分が加わっているけれど，計算のやり方は平面ベクトルのときと同じだから，特に問題はないと思う。

また，空間ベクトルについても，"ベクトルの相等"，すなわち

$$\vec{a} = \vec{b} \iff x_1 = x_2 \text{ かつ } y_1 = y_2 \text{ かつ } z_1 = z_2$$

が成り立つのも大丈夫だね。

また，右図に示すような3つの
x軸，y軸，z軸の正の向きの
<u>単位ベクトル</u> $\vec{e_1} = (1, 0, 0)$
大きさ1のベクトルのこと

$\vec{e_2} = (0, 1, 0)$, $\vec{e_3} = (0, 0, 1)$ の

ことを "**基本ベクトル**" という。これらを使うと，一般の空間ベクトル $\vec{a}$
$= (x_1, y_1, z_1)$ は，$\vec{a} = x_1\vec{e_1} + x_2\vec{e_2} + x_3\vec{e_3}$ で表せるね。

これは，1次独立な3つのベクトル $\vec{e_1}$, $\vec{e_2}$, $\vec{e_3}$ の1次結合の形だね。

何故なら，
$$\vec{a} = x_1\vec{e_1} + x_2\vec{e_2} + x_3\vec{e_3}$$

$$= x_1(1, 0, 0) + x_2(0, 1, 0) + x_3(0, 0, 1)$$

$$= (x_1, 0, 0) + (0, x_2, 0) + (0, 0, x_3)$$

$$= (x_1, x_2, x_3) \quad \text{と変形できるからなんだね。大丈夫？}$$

解説が長くなったね。では，練習問題でまた練習してみよう！

練習問題 16　空間ベクトルの成分表示　CHECK *1*　CHECK*2*　CHECK*3*

$\overrightarrow{OA} = (2, 1, 0)$, $\overrightarrow{OB} = (-1, 0, 3)$, $\overrightarrow{OC} = (0, 1, -1)$ とする。
このとき，$\overrightarrow{OP} = (3, 3, -5)$ を，$\overrightarrow{OA}$, $\overrightarrow{OB}$, $\overrightarrow{OC}$ の1次結合，すなわち
$\overrightarrow{OP} = k\overrightarrow{OA} + l\overrightarrow{OB} + m\overrightarrow{OC}$ …① の形で表すものとする。実数 k, l, m の
値を求めよ。

①式を，$\overrightarrow{OP}$, $\overrightarrow{OA}$, $\overrightarrow{OB}$, $\overrightarrow{OC}$ の成分表示で表して，ベクトルの相等にもち込めばいいんだよ。

$\overrightarrow{OP} = (3, 3, -5)$, $\overrightarrow{OA} = (2, 1, 0)$, $\overrightarrow{OB} = (-1, 0, 3)$, $\overrightarrow{OC} = (0, 1, -1)$
を①に代入して，右辺を変形すると，

$$(3, 3, -5) = k(2, 1, 0) + l(-1, 0, 3) + m(0, 1, -1)$$
$\quad\quad \overrightarrow{OP} \quad\quad\quad\quad \overrightarrow{OA} \quad\quad\quad\quad \overrightarrow{OB} \quad\quad\quad\quad \overrightarrow{OC}$

$$(3, \underline{3}, -5) = (2k, k, 0) + (-l, 0, 3l) + (0, m, -m)$$
$$= (2k-l, \underline{k+m}, 3l-m)$$

よって，ベクトルの相等より，x, y, z 成分はそれぞれ等しくなるので，

$$\begin{cases} 2k-l = 3 & \cdots\cdots① \\ k+m = 3 & \cdots\cdots② \\ 3l-m = -5 & \cdots③ \end{cases}$$ となるんだね。

これと①を連立させればいいんだね。

②＋③より m を消去して，$k + 3l = -2$ …④

④より，$k = -3l - 2$ …④´   ④´を①に代入して，

$$2(-3l-2) - l = 3 \qquad -6l - 4 - l = 3 \qquad -7l = 7$$

両辺を -7 で割って，$l = -1$ ……⑤

⑤を④´に代入して，$k = -3 \cdot (-1) - 2 = 3 - 2 = 1$ ……⑥

⑥を②に代入して，$1 + m = 3$ ∴ $m = 2$

以上より，$k = 1$，$l = -1$，$m = 2$ となって，答えだ。

では，次の問題も解いてみよう！

| 練習問題 **17** | 空間ベクトルの成分表示 | CHECK 1 | CHECK 2 | CHECK 3 |

空間ベクトル $\vec{a} = (2, -1, 2)$ について，

(1) $\vec{a}$ の大きさ $|\vec{a}|$ を求めよ。

(2) $\vec{a}$ と同じ向きで，大きさ 5 のベクトル $\vec{b}$ の成分表示を求めよ。

---

(1) $\vec{a} = (2, -1, 2)$ で与えられているので，大きさ $|\vec{a}|$ は公式通り計算すればいいね。
(2) $\vec{a}$ を自分自身の大きさ $|\vec{a}|$ で割ると，$\vec{a}$ と同じ向きの単位ベクトル $\vec{e}$ になるのはいいね。さらに，これを 5 倍したものが，求める $\vec{b}$ になる。

(1) $a = (2, -1, 2)$ より，この大きさ $|\vec{a}|$ は，

$$|\vec{a}| = \sqrt{2^2 + (-1)^2 + 2^2} = \sqrt{4 + 1 + 4}$$
$$= \sqrt{9} = 3 \text{ となる。}$$

$\vec{a} = (x_1, y_1, z_1)$ のとき，$|\vec{a}| = \sqrt{x_1{}^2 + y_1{}^2 + z_1{}^2}$ となるんだね。

(2) $\vec{a}$ を，自分自身の大きさ $|\vec{a}| = 3$ で割ると，$\vec{a}$ と同じ向きの単位ベクトル（大きさ 1 のベクトル）$\vec{e}$ になるんだね。

単位ベクトル
$$\vec{e} = \frac{1}{|\vec{a}|}\vec{a}$$

よって，$\vec{e} = \dfrac{1}{|\vec{a}|}\vec{a} = \dfrac{1}{3}\vec{a}$ となる。

ここで，大きさ **1** というのは，色で言うなら白だろうね。白い画用紙の上に自分の好きな色を自由に塗ることができるだろう。これと同様に，ベクトルも自分自身の長さ $|\vec{a}|$ で割って，大きさ **1** の単位ベクトルにしてしまえば，後は好みの長さをかけることにより，$\vec{a}$ と同じ向きのさまざまな大きさのベクトルを自由に求めることができるんだ。

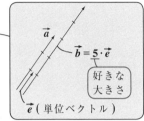

好きな大きさ

$\vec{e}$ (単位ベクトル)

　よって，$\vec{a}$ と同じ向きの大きさ **5** のベクトル $\vec{b}$ は，

$$\vec{b} = 5 \cdot \vec{e} = 5 \cdot \frac{1}{3}\vec{a} = \frac{5}{3}(2,\ -1,\ 2) = \left(\frac{5}{3}\times 2,\ \frac{5}{3}\times(-1),\ \frac{5}{3}\times 2\right)$$

$\therefore \vec{b} = \left(\dfrac{10}{3},\ -\dfrac{5}{3},\ \dfrac{10}{3}\right)$ となるんだね。納得いった？

● 内積の成分表示もマスターしよう！

　成分表示された **2** つの平面ベクトル $\vec{a} = (x_1,\ y_1)$ と $\vec{b} = (x_2,\ y_2)$ の内積が

$$\vec{a}\cdot\vec{b} = |\vec{a}||\vec{b}|\cos\theta = x_1 x_2 + y_1 y_2 \qquad (\theta : \vec{a} \ \text{と} \ \vec{b} \ \text{のなす角})$$

となるのは覚えているね。

　右図のように空間ベクトルにおいても，**2** つのベクトル $\vec{a}$ と $\vec{b}$ の内積の定義式は，次の通りだ。

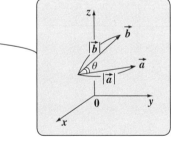

$$\vec{a}\cdot\vec{b} = |\vec{a}||\vec{b}|\cos\theta \cdots(*1)$$

$(\theta : \vec{a} \ \text{と} \ \vec{b} \ \text{のなす角})$

平面ベクトルの内積とまったく同じだね。

ただし，$\vec{a} = (x_1,\ y_1,\ z_1)$，$\vec{b} = (x_2,\ y_2,\ z_2)$ のように成分表示された場合，内積 $\vec{a}\cdot\vec{b}$ はどうなるか？…，もう，分かっただろう。そう，

$$\vec{a}\cdot\vec{b} = x_1 x_2 + y_1 y_2 + \underline{z_1 z_2} \cdots(*2) \qquad \text{となるんだね。}$$

空間ベクトルの内積では，この項が新たに加わる。

ここで，$|\vec{a}| = \sqrt{x_1{}^2 + y_1{}^2 + z_1{}^2}$，$|\vec{b}| = \sqrt{x_2{}^2 + y_2{}^2 + z_2{}^2}$ は大丈夫だね。よって，$\vec{a} \neq \vec{0}$，$\vec{b} \neq \vec{0}$ すなわち $|\vec{a}| \neq 0$，$|\vec{b}| \neq 0$ のとき，$(*1)$ の両辺を $|\vec{a}||\vec{b}|$ で割って，

$\cos\theta = \dfrac{\vec{a}\cdot\vec{b}}{|\vec{a}||\vec{b}|}$ と変形できるので, 右辺を成分で表すと, 公式:

$\cos\theta = \dfrac{x_1x_2 + y_1y_2 + z_1z_2}{\sqrt{x_1{}^2 + y_1{}^2 + z_1{}^2}\sqrt{x_2{}^2 + y_2{}^2 + z_2{}^2}}$　　も導けるんだね。

それでは, 以上のこともまとめて下に示しておこう。

■ 空間ベクトルの内積の成分表示

$\vec{a} = (x_1,\ y_1,\ z_1),\quad \vec{b} = (x_2,\ y_2,\ z_2)$ のとき,

(1) $\vec{a}$ と $\vec{b}$ の内積 $\vec{a}\cdot\vec{b}$ は,

新たに加わった項!

$\vec{a}\cdot\vec{b} = x_1x_2 + y_1y_2 + z_1z_2$

(2) $\vec{a} \neq \vec{0},\ \vec{b} \neq \vec{0}$ のとき, $\vec{a}$ と $\vec{b}$ のなす角を $\theta\ (0 \leqq \theta \leqq \pi)$ とおくと,

$\cos\theta = \dfrac{\vec{a}\cdot\vec{b}}{|\vec{a}||\vec{b}|}$ より,

新たに加わった項!

$\cos\theta = \dfrac{x_1x_2 + y_1y_2 + z_1z_2}{\sqrt{x_1{}^2 + y_1{}^2 + z_1{}^2}\sqrt{x_2{}^2 + y_2{}^2 + z_2{}^2}}$

それでは, これも練習問題で実際にこの公式を使ってみよう。

練習問題 18　　空間ベクトルの内積　　CHECK 1　　CHECK 2　　CHECK 3

2 つのベクトル $\overrightarrow{OA} = (2,\ 0,\ 2)$, $\overrightarrow{OB} = (1,\ -1,\ 2)$ がある。

(1) $\overrightarrow{OA}$ と $\overrightarrow{OB}$ のなす角 θ を求めよ。

(2) $\triangle OAB$ の面積を求めよ。

(1) 成分表示された 2 つのベクトルのなす角を θ とおくと, 内積の定義式から $\cos\theta$ が求まるんだね。(2) $\triangle OAB$ の面積を S とおくと,

$S = \dfrac{1}{2}\cdot|\overrightarrow{OA}|\cdot|\overrightarrow{OB}|\sin\theta$ だね。

(1) $\overrightarrow{OA} = (2,\ 0,\ 2)$, $\overrightarrow{OB} = (1,\ -1,\ 2)$ より,

$|\overrightarrow{OA}| = \sqrt{2^2 + 0^2 + 2^2} = \sqrt{8} = 2\sqrt{2}$

$|\overrightarrow{OB}| = \sqrt{1^2 + (-1)^2 + 2^2} = \sqrt{6}$

$\overrightarrow{OA}\cdot\overrightarrow{OB} = 2\cdot1 + 0\cdot(-1) + 2\cdot2 = 6$

> $\overrightarrow{OA} = (x_1,\ y_1,\ z_1),\quad \overrightarrow{OB} = (x_2,\ y_2,\ z_2)$ のとき,
> $|\overrightarrow{OA}| = \sqrt{x_1{}^2 + y_1{}^2 + z_1{}^2}$
> $|\overrightarrow{OB}| = \sqrt{x_2{}^2 + y_2{}^2 + z_2{}^2}$
> $\overrightarrow{OA}\cdot\overrightarrow{OB} = x_1x_2 + y_1y_2 + z_1z_2$ だね。

$\therefore \overrightarrow{OA}$ と $\overrightarrow{OB}$ のなす角を θ とおくと, 内積の定義式より,

87

$$\cos\theta = \frac{\overrightarrow{OA}\cdot\overrightarrow{OB}}{|\overrightarrow{OA}||\overrightarrow{OB}|} = \frac{6}{2\sqrt{2}\cdot\sqrt{6}} = \frac{\sqrt{6}}{2\sqrt{2}} = \frac{\sqrt{3}}{2}$$

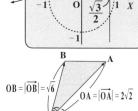

$\therefore \theta = 30°$ になる。

(2) △OAB の面積は，2 つの辺の長さ

$$\begin{cases} OA = |\overrightarrow{OA}| = 2\sqrt{2} \\ OB = |\overrightarrow{OB}| = \sqrt{6} \end{cases}$$ が分かり，

かつそのなす角が $\theta = 30°$ と分かっているので，

△OAB の面積を S とおくと，

三角形の面積 S を
求める公式：
$S = \dfrac{1}{2}bc\sin A$
を使った！

$$S = \frac{1}{2}OA\cdot OB\cdot\sin 30° = \frac{1}{2}\cdot 2\sqrt{2}\cdot\sqrt{6}\cdot\frac{1}{2}$$

$$= \frac{\sqrt{2}\times\sqrt{6}}{2} = \frac{2\cdot\sqrt{3}}{2} = \sqrt{3}$$ となって，答えだ！

納得いった？

エッ？ベクトルを使った三角形の面積の公式 $S = \dfrac{1}{2}\sqrt{|\vec{a}|^2|\vec{b}|^2 - (\vec{a}\cdot\vec{b})^2}$
は使えないのかって！？よく復習してるね。この公式は，平面ベクトルのところで解説した (**P35**, **36**) けれど，この公式はもちろん空間ベクトル（空間内の三角形）においても利用できる。**(2)** の別解として，実際に計算してみよう。

$\overrightarrow{OA} = (2, 0, 2)$, $\overrightarrow{OB} = (1, -1, 2)$
より，まず，$|\overrightarrow{OA}|^2$, $|\overrightarrow{OB}|^2$，そして
内積 $\overrightarrow{OA}\cdot\overrightarrow{OB}$ を求めて，△OAB の
面積を S を求める公式：

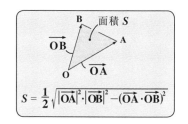

$$S = \frac{1}{2}\sqrt{|\overrightarrow{OA}|^2\cdot|\overrightarrow{OB}|^2 - (\overrightarrow{OA}\cdot\overrightarrow{OB})^2}\ \cdots(*)$$

に代入すればいいんだね。

$$\begin{cases} \cdot|\overrightarrow{OA}|^2 = 2^2 + 0^2 + 2^2 = 4 + 4 = 8 \quad\cdots\cdots\cdots\cdots① \\ \cdot|\overrightarrow{OB}|^2 = 1^2 + (-1)^2 + 2^2 = 1 + 1 + 4 = 6 \quad\cdots\cdots② \\ \cdot\overrightarrow{OA}\cdot\overrightarrow{OB} = 2\times 1 + 0\times(-1) + 2\times 2 = 2 + 4 = 6 \quad\cdots\cdots③ \end{cases}$$

$$\overrightarrow{OA} = (x_1,\ y_1,\ z_1),\ \overrightarrow{OB} = (x_2,\ y_2,\ z_2) \text{ のとき,}$$
$$|\overrightarrow{OA}|^2 = x_1{}^2 + y_1{}^2 + z_1{}^2,\ |\overrightarrow{OB}|^2 = x_2{}^2 + y_2{}^2 + z_2{}^2,\ \overrightarrow{OA} \cdot \overrightarrow{OB} = x_1 x_2 + y_1 y_2 + z_1 z_2$$
となるからね。

さァ，①，②，③を（＊）に代入して，△OAB の面積 S を求めると

$$S = \frac{1}{2}\sqrt{\underbrace{8}_{|\overrightarrow{OA}|^2} \times \underbrace{6}_{|\overrightarrow{OB}|^2} - \underbrace{6^2}_{(\overrightarrow{OA}\cdot\overrightarrow{OB})^2}} = \frac{1}{2}\sqrt{48 - 36} = \frac{1}{2}\underbrace{\sqrt{12}}_{2\sqrt{3}} = \frac{1}{2} \times 2\sqrt{3} = \sqrt{3}$$

となって，同じ結果が導けるんだね。

　数学って，知識が増えると様々な解き方ができて，本当に面白くなるだろう？楽しみながら強くなるのがコツなんだね。

　以上で，今日の講義は終了です！　本格的な空間ベクトルの解説だったので，相当盛り沢山な内容だったと思う。でも，平面ベクトルの知識もかなり利用できたので，いい復習にもなったはずだ。ただ，空間ベクトルでは，z 成分が新たに加わる点に気を付けないといけないんだね。まだ，知識があやふやな人も，何度も反復練習して，シッカリマスターするといいよ。

　では，次回は，さらに空間ベクトルを深めて，空間座標における直線や平面などについて，詳しく解説しよう。また，分かりやすく解説するから，すべて理解できるはずだ。楽しみに待っていてくれ！

　それでは次回まで，みんな元気でな，さようなら…。

7th day　ベクトルの空間図形への応用

　みんな，元気そうだね。おはよう！　今日で，"**空間ベクトル**"も最終講義になる。最終回のテーマは，"**ベクトルの空間図形への応用**"なんだね。具体的には，空間における線分の内分点・外分点の公式，それに，球面や直線や平面についても詳しく解説するつもりだ。内容は盛り沢山で大変だけれど，空間図形にベクトルを応用することにより，空間ベクトルについての理解がさらに深まって，面白くなるはずだ。

　それじゃ，早速講義を始めよう！　みんな，準備はいい？

● まず，内分点・外分点の公式から始めよう！

　図1に示すように，xyz座標空間上の線分 AB を，点 P が $m:n$ に内分するとき，次の公式が成り立つことは，平面ベクトルのときと変わらない。

$$\overrightarrow{OP} = \frac{n\overrightarrow{OA} + m\overrightarrow{OB}}{m+n} \quad \cdots\cdots①$$

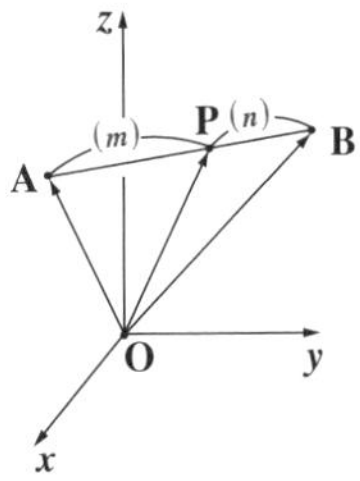

でも，$\overrightarrow{OP}$, $\overrightarrow{OA}$, $\overrightarrow{OB}$ はすべて空間ベクトルなので，$\overrightarrow{OA}$ と $\overrightarrow{OB}$ を成分表示して，$\overrightarrow{OA} = (x_1, y_1, z_1)$, $\overrightarrow{OB} = (x_2, y_2, z_2)$ とおくと，$\overrightarrow{OP}$ は，

図1　内分点の公式

$$\overrightarrow{OP} = \frac{n\overrightarrow{OA} + m\overrightarrow{OB}}{m+n}$$

$$\overrightarrow{OP} = \left(\frac{nx_1 + mx_2}{m+n}, \frac{ny_1 + my_2}{m+n}, \frac{nz_1 + mz_2}{m+n} \right) \quad \cdots\cdots①'　となる。$$

同様に，空間上において，線分 AB を，点 P が $m:n$ に外分するとき，次の外分点の公式が成り立つ。

$$\overrightarrow{OP} = \frac{-n\overrightarrow{OA} + m\overrightarrow{OB}}{m-n} \quad \cdots\cdots②$$

$$\overrightarrow{OP} = \left(\frac{-nx_1 + mx_2}{m-n}, \frac{-ny_1 + my_2}{m-n}, \frac{-nz_1 + mz_2}{m-n} \right) \cdots\cdots②'$$

以上を公式として，まとめておこう。

空間ベクトルによる内分点・外分点の公式

xyz 座標空間上に 2 点 $A(x_1, y_1, z_1)$, $B(x_2, y_2, z_2)$ がある。

これから，$\overrightarrow{OA} = (x_1, y_1, z_1)$ $\overrightarrow{OB} = (x_2, y_2, z_2)$ とおける。

（Ⅰ）点 P が線分 AB を $m:n$ に内分するとき，

$$\overrightarrow{OP} = \frac{n\overrightarrow{OA} + m\overrightarrow{OB}}{m+n} \quad \cdots\cdots\cdots ①$$

①′は①を成分表示したもの

$$\overrightarrow{OP} = \left(\frac{nx_1 + mx_2}{m+n}, \frac{ny_1 + my_2}{m+n}, \frac{nz_1 + mz_2}{m+n} \right) \quad \cdots\cdots ①′$$

（Ⅱ）点 P が線分 AB を $m:n$ に外分するとき，

$$\overrightarrow{OP} = \frac{-n\overrightarrow{OA} + m\overrightarrow{OB}}{m-n} \quad \cdots\cdots\cdots ②$$

②′は②を成分表示したもの

$$\overrightarrow{OP} = \left(\frac{-nx_1 + mx_2}{m-n}, \frac{-ny_1 + my_2}{m-n}, \frac{-nz_1 + mz_2}{m-n} \right) \quad \cdots ②′$$

ン？①を変形して，①′になることを確認したいって!? いいよ，やっておこう。

①に，$\overrightarrow{OA} = (x_1, y_1, z_1)$, $\overrightarrow{OB} = (x_2, y_2, z_2)$ を代入すればいいんだね。

$$\overrightarrow{OP} = \frac{n\overrightarrow{OA} + m\overrightarrow{OB}}{m+n} = \frac{n}{m+n}\overrightarrow{OA} + \frac{m}{m+n}\overrightarrow{OB}$$

(x_1, y_1, z_1)　(x_2, y_2, z_2)

$$= \frac{n}{m+n}(x_1, y_1, z_1) + \frac{m}{m+n}(x_2, y_2, z_2)$$

各成分に係数をかける

$$= \left(\frac{nx_1}{m+n}, \frac{ny_1}{m+n}, \frac{nz_1}{m+n} \right) + \left(\frac{mx_2}{m+n}, \frac{my_2}{m+n}, \frac{mz_2}{m+n} \right)$$

$$= \left(\frac{nx_1}{m+n} + \frac{mx_2}{m+n}, \frac{ny_1}{m+n} + \frac{my_2}{m+n}, \frac{nz_1}{m+n} + \frac{mz_2}{m+n} \right)$$

各成分同士の和をとる

$$= \left(\frac{nx_1 + mx_2}{m+n}, \frac{ny_1 + my_2}{m+n}, \frac{nz_1 + mz_2}{m+n} \right) \quad \cdots\cdots ①′ \quad となって$$

①から①′が導かれるんだね。納得いった？

外分点の公式の成分表示も同様だから，興味のある人は，②から②′を導いてみるといい。では，ここで 1 題練習問題をやっておこう。

xyz 座標空間内に 2 点 A$(5 , -1 , 0)$, B$(-1 , 2 , 3)$ がある。

(1) 線分 AB を 2 : 1 に内分する点 C の座標を求めよ。

(2) 線分 AB を 2 : 1 に外分する点 D の座標を求めよ。

---

2 点 A, B の座標が与えられているので, 位置ベクトル $\overrightarrow{OA}$, $\overrightarrow{OB}$ の成分が表示されているのと同じだね。よって, (1) では内分点の公式, (2) では外分点の公式を利用して $\overrightarrow{OC}$, $\overrightarrow{OD}$ の成分を求め, 2 点 C, D の座標が分かるんだね。

$\overrightarrow{OA} = (5 , -1 , 0)$, $\overrightarrow{OB} = (-1 , 2 , 3)$ より,

(1) 線分 AB を 2 : 1 に内分する点を

　　C とおくと, 内分点の公式より,

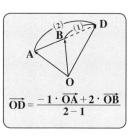

$$\overrightarrow{OC} = \frac{1 \cdot \overrightarrow{OA} + 2 \cdot \overrightarrow{OB}}{2 + 1}$$

$$= \left(\frac{1 \cdot 5 + 2 \cdot (-1)}{2 + 1} , \frac{1 \cdot (-1) + 2 \cdot 2}{2 + 1} , \frac{1 \cdot 0 + 2 \cdot 3}{2 + 1} \right)$$

> x , y , z 成分毎に内分点の公式を利用する。

$$= \left(\frac{3}{3} , \frac{3}{3} , \frac{6}{3} \right) = (1 , 1 , 2) \quad となる。$$

　　よって, 内分点 C の座標は, C$(1 , 1 , 2)$ となる。

(2) 線分 AB を 2 : 1 に外分する点を

　　D とおくと, 外分点の公式より,

$$\overrightarrow{OD} = \frac{-1 \cdot \overrightarrow{OA} + 2 \cdot \overrightarrow{OB}}{2 - 1}$$

$$= \left(\frac{-1 \cdot 5 + 2 \cdot (-1)}{2 - 1} , \frac{-1 \cdot (-1) + 2 \cdot 2}{2 - 1} , \frac{-1 \cdot 0 + 2 \cdot 3}{2 - 1} \right)$$

$$= (-7 , 5 , 6) \quad となる。$$

　　よって, 外分点 D の座標は, D$(-7 , 5 , 6)$ となる。大丈夫?

また，右図に示すように，座標空間上にある△ABCの重心Gについても，平面ベクトルのときと同じ公式：

$$\overrightarrow{OG} = \frac{1}{3}(\overrightarrow{OA} + \overrightarrow{OB} + \overrightarrow{OC})$$

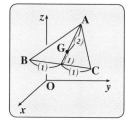

が成り立つことも覚えておこう。

平面ベクトルのときと同様に内分点の公式を利用すれば，空間ベクトルにおいても同じ式が導けるからだ。

● 空間ベクトルの平行条件と直交条件も押さえよう！

さらに，2つの空間ベクトル$\vec{a}(\neq\vec{0})$と$\vec{b}(\neq\vec{0})$について，次のような**平行条件**と**直交条件**の公式がある。

(i) $\vec{a}/\!/\vec{b} \iff \vec{a}=k\vec{b}$　　(k：実数)　←─ 平行条件
(ii) $\vec{a}\perp\vec{b} \iff \vec{a}\cdot\vec{b}=0$　　　　　　　←─ 直交条件

これも，平面ベクトルのときの公式と同じだから，特に問題ないと思う。ただし，$\vec{a}=(x_1,y_1,z_1)$，$\vec{b}=(x_2,y_2,z_2)$と成分表示されている場合について，解説しておこう。

(i) $\vec{a}/\!/\vec{b}$ (平行) のとき，$\vec{a}=k\vec{b}$となるので，

　　$(x_1,y_1,z_1)=k(x_2,y_2,z_2)=(kx_2,ky_2,kz_2)$ より，

　　$x_1=kx_2$ …①，　かつ $y_1=ky_2$ …②，　かつ $z_1=kz_2$ …③ となる。

　　①，②，③より，x_2，y_2，z_2がすべて0でないとすると，

　　$\dfrac{x_1}{x_2}=\dfrac{y_1}{y_2}=\dfrac{z_1}{z_2}(=k)$　となるんだね。つまり，$\vec{a}/\!/\vec{b}$のとき，

　　各成分の比が等しくなることを頭に入れておこう。

(ii) $\vec{a}\perp\vec{b}$ (垂直) のとき，$\vec{a}\cdot\vec{b}=0$より，

　　$\vec{a}\cdot\vec{b}=x_1x_2+y_1y_2+z_1z_2=0$ となるので，

　　$x_1x_2+y_1y_2+z_1z_2=0$が，$\vec{a}$と$\vec{b}$の成分表示による直交条件ということになるんだね。納得いった？

では，$\vec{a}$と$\vec{b}$の平行条件と直交条件についても，次の練習問題で練習しておこう。

2つの空間ベクトル $\vec{a}=(s, 3, t)$ と $\vec{b}=(2, -1, 3)$ がある。

(1) $\vec{a}$ と $\vec{b}$ が平行であるとき，s と t の値を求めよ。

(2) $\vec{a}$ と $\vec{b}$ が垂直で，かつ $|\vec{a}|=\sqrt{10}$ であるとき，s と t の値を求めよ。

　　ただし，t は整数とする。

$\vec{a}=(x_1, y_1, z_1)$, $\vec{b}=(x_2, y_2, z_2)$ のとき，(1) $\vec{a} /\!/ \vec{b}$ となる条件は，$\dfrac{x_1}{x_2}=\dfrac{y_1}{y_2}=\dfrac{z_1}{z_2}$ であり，(2) $\vec{a} \perp \vec{b}$ となる条件は $x_1 x_2 + y_1 y_2 + z_1 z_2 = 0$ なんだね。シッカリ計算しよう。

$\vec{a}=(s, 3, t)$ と $\vec{b}=(2, -1, 3)$ について

(1) $\vec{a} /\!/ \vec{b}$ となるとき，

$$\underset{(\,i\,)}{\underline{\dfrac{s}{2}}}=\underset{(\,ii\,)}{\underline{\dfrac{3}{-1}=\dfrac{t}{3}}} \quad \cdots\cdots ① \quad \text{が成り立つ。}$$

> これは，(i) と (ii) の2つの方程式に分解できる。

(i) $\dfrac{s}{2}=\boxed{\dfrac{3}{-1}}^{\,-3}$ より，$s=-3 \times 2 = -6$

(ii) $\dfrac{3}{-1}=\dfrac{t}{3}$ より，$t=-3 \times 3 = -9$

$\therefore \vec{a} /\!/ \vec{b}$ となるとき，$s=-6$, $t=-9$ となる。

(2) $\vec{a} \perp \vec{b}$ となるとき，$\vec{a} \cdot \vec{b}=0$ より，

$s \cdot 2 + 3 \cdot (-1) + t \cdot 3 = 0 \qquad 2s - 3 + 3t = 0$

$s=\dfrac{3-3t}{2}=\dfrac{3}{2}(1-t) \quad \cdots\cdots ② \quad$ となる。

また，$|\vec{a}|=\sqrt{10}$ より，$|\vec{a}|^2=10$

> $\vec{a}=(x_1, y_1, z_1)$ のとき，$|\vec{a}|^2 = x_1^2 + y_1^2 + z_1^2$ だからね。

よって，$s^2 + 9 + t^2 = 10$

$s^2 + t^2 = 1 \quad \cdots\cdots ③$

③に②を代入して，t の2次方程式をもち込もう。

$\left\{\dfrac{3}{2}(1-t)\right\}^2 + t^2 = 1 \qquad \dfrac{9}{4}(1-t)^2 + t^2 = 1$

> 両辺に4をかける。

$$\overbrace{9(1-2t+t^2)}+4t^2=4 \qquad 9-18t+9t^2+4t^2=4$$

$$13t^2-18t+5=0 \qquad (t-1)(13t-5)=0$$

$$\begin{array}{cc} 1 & \diagdown \quad -1 \\ 13 & \diagup \quad -5 \end{array} \quad \boxed{\text{たすきがけ}}$$

ここで，t は整数より，$t=1$ …④ $\leftarrow$ $\boxed{t \text{ は整数より，} \dfrac{5}{13} \text{ は} \\ \text{解ではない！}}$

④を②に代入して，$s=\dfrac{3}{2}(1-1)=0$

以上より，$\vec{a}\perp\vec{b}$ かつ $|\vec{a}|=\sqrt{10}$ となるとき，$s=0$，$t=1$ である。

これで，ベクトルの平行条件・直交条件にも慣れただろう？

また，3 点 A，B，C が同一直線上にあるための条件も，平面ベクトルのときと同様で，

$$\overrightarrow{AC}=k\overrightarrow{AB} \quad (k:\text{実数}) \quad \text{となる。}$$

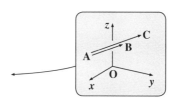

この式は平行条件の式だから $\overrightarrow{AC} \,/\!/\, \overrightarrow{AB}$（平行）であり，かつ点 A を共有しているので，3 点 A，B，C は右図にように同一直線上に存在することになるんだね。大丈夫？

● **球面のベクトル方程式って，円のものと同じ !?**

では次，**球面のベクトル方程式**について解説しよう。図 2 に示すように xyz 座標空間上の点 A を中心とし，半径 $r(>0)$ の球面のベクトル方程式は，球面上を動く動点を P とおくと，P は A からの距離を一定の半径 r に保って動くので，

$$|\overrightarrow{AP}|=r \quad \cdots\cdots① \quad \text{となる。}$$

$\boxed{\overrightarrow{OP}-\overrightarrow{OA}}$ $\leftarrow$ $\boxed{\text{まわり道の原理}}$

図 2　球面のベクトル方程式

$$|\overrightarrow{OP}-\overrightarrow{OA}|=r$$

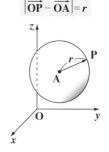

さらに，引き算形式のまわり道の原理より，$\overrightarrow{AP}=\overrightarrow{OP}-\overrightarrow{OA}$ ……②だね。

よって，②を①に代入して，空間内で点 A を中心とする半径 r の球面の方程式は次のようになるんだね。

$|\overrightarrow{OP} - \overrightarrow{OA}| = r$ ……③ （中心 A，半径 r の球面）

これって，平面ベクトルで学習した円のベクトル方程式 (P51) とまったく同じ形をしてるって!? …，そうだね。形式的にはまったく同じだけれど，空間上では，③は球面の方程式になることは，③を成分表示で表すと明らかになる。

動点 P と中心 (定点) A の位置ベクトルをそれぞれ，

$\overrightarrow{OP} = (x, y, z)$，$\overrightarrow{OA} = (a, b, c)$ とおくと，

$\overrightarrow{OP} - \overrightarrow{OA} = (x, y, z) - (a, b, c)$

$\qquad\qquad = (x - a, y - b, z - c)$ となるね。

よって，これを③に代入すると，

$|(x - a, y - b, z - c)| = r$

$\sqrt{(x-a)^2 + (y-b)^2 + (z-c)^2} = r$

$\boxed{\vec{a} = (x_1, y_1, z_1) \text{ のとき,} \\ |\vec{a}| = \sqrt{x_1{}^2 + y_1{}^2 + z_1{}^2} \\ \text{だからね。}}$

この両辺を 2 乗すると，次のような球面の方程式が得られるんだね。

$(x - a)^2 + (y - b)^2 + \underline{(z - c)^2} = r^2$ （中心 A，半径 r の球面）

$\boxed{\text{球面の場合，円と比べて，この項が新たに加わる。}}$

だから，中心が原点 $O(0, 0, 0)$ のとき，半径 r の球面の方程式は

$(x - 0)^2 + (y - 0)^2 + (z - 0)^2 = r^2$ となるので，

$x^2 + y^2 + z^2 = r^2$ （中心 O，半径 r の球面）となるのもいいね。

それでは，例題で少し練習しておこう。

(1) 中心 $A(2, 1, -3)$，半径 $r = \sqrt{5}$ の球面の方程式を求めよう。

球面の方程式は，$(x - 2)^2 + (y - 1)^2 + \{z - (-3)\}^2 = (\sqrt{5})^2$ より，

$(x - 2)^2 + (y - 1)^2 + (z + 3)^2 = 5$ となるんだね。

(2) 方程式 $(x + 2)^2 + y^2 + (z - 4)^2 = 16$ が，どのような球面を表すのか調べてみよう。

$\{x - (-2)\}^2 + (y - 0)^2 + (z - 4)^2 = 4^2$ より，

$[\ (x - a)^2\ + (y - b)^2 + (z - c)^2 = r^2\ ]$

この方程式は，中心 $A(-2, 0, 4)$，半径 $r = 4$ の球面の方程式であることが分かるんだね。大丈夫だった？

● 直線は，通る点と方向ベクトルで決まる！

　ではいよいよ，空間における直線のベクトル方程式について解説しよう。

　図 3 に示すように，xyz 座標空間上に，点 A を通り，方向ベクトル $\vec{d}$ の直線があるものとする。この直線上を自由に動く動点 P をとると，図より，$\overrightarrow{AP} /\!/ \vec{d}$ から，実数変数 t を用いて，

$$\overrightarrow{AP} = t\vec{d} \quad \cdots\cdots (ア) \quad (t：実数変数)$$

と表せる。また，$\overrightarrow{OP}$ は，中継点 A を

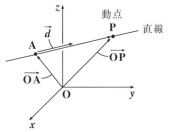

図 3　直線のベクトル方程式

$$\overrightarrow{OP} = \overrightarrow{OA} + t\vec{d}$$

経由するたし算形式のまわり道の原理を用いると，

$$\overrightarrow{OP} = \overrightarrow{OA} + \underset{\boxed{t\vec{d}}}{\overrightarrow{AP}} \quad \cdots\cdots (イ) \quad となるね。$$

ここで，(イ) に (ア) を代入すれば，点 A を通り，方向ベクトル $\vec{d}$ の直線のベクトル方程式が

> これも，平面ベクトルの直線の式と形式的に同じだ。

$$\overrightarrow{OP} = \overrightarrow{OA} + t\vec{d} \quad \cdots\cdots (ウ) \quad と導けるんだね。$$

　次に，図 4 に示すように，空間上の異なる 2 点 A, B を通る直線，すなわち直線 AB のベクトル方程式についても考えておこう。

　これは，(ウ) の方向ベクトル $\vec{d}$ を $\overrightarrow{AB}$ に置き換えればいいだけで，これから，これは，点 A を通り方向ベクトル $\overrightarrow{AB}$ の直線なので，このベクトル方程式は，

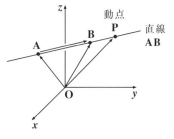

図 4　2 点 A, B を通る直線のベクトル方程式

$$\overrightarrow{OP} = \alpha\overrightarrow{OA} + \beta\overrightarrow{OB}$$
$$(\alpha + \beta = 1)$$

$$\overrightarrow{OP} = \overrightarrow{OA} + t\underset{\boxed{(\overrightarrow{OB} - \overrightarrow{OA})}}{\overrightarrow{AB}} \quad \cdots\cdots (エ)$$

となるんだね。ここで，$\overrightarrow{AB}$ に，O を中継点とする引き算形式のまわり道の原理を用いると，$\overrightarrow{AB} = \overrightarrow{OB} - \overrightarrow{OA}$ $\cdots\cdots (オ)$ より，(オ) を (エ) に代入してまとめると，

$$\overrightarrow{OP} = \overrightarrow{OA} + t(\overrightarrow{OB} - \overrightarrow{OA}) = (1-t)\overrightarrow{OA} + t\overrightarrow{OB} \quad \cdots\cdots (カ) \quad となる。$$

ここで，(カ) の右辺の 2 つの係

数を，$1-t=\alpha$, $t=\beta$ とおくと

$$\overrightarrow{\text{OP}} = (1-t)\overrightarrow{\text{OA}} + t\overrightarrow{\text{OB}} \quad \cdots\cdots(カ)$$
$$\underset{\alpha}{\underline{\qquad}} \qquad \underset{\beta}{\underline{\qquad}}$$

$\alpha + \beta = 1 - \cancel{t} + \cancel{t} = 1$ となるので，直線 AB のベクトル方程式は，

$$\overrightarrow{\text{OP}} = \alpha\overrightarrow{\text{OA}} + \beta\overrightarrow{\text{OB}} \quad (\alpha + \beta = 1) \quad となるんだね。$$

以上を下にまとめて示しておこう。

■ 空間における直線のベクトル方程式

(I) 点 A を通り，方向ベクトル $\vec{d}$ の直線のベクトル方程式：

$$\overrightarrow{\text{OP}} = \overrightarrow{\text{OA}} + t\vec{d} \quad \cdots\cdots\cdots\cdots\cdots\cdots(*) \quad (t: 媒介変数)$$

(II) 直線 AB のベクトル方程式：

$$\overrightarrow{\text{OP}} = \alpha\overrightarrow{\text{OA}} + \beta\overrightarrow{\text{OB}} \quad (\alpha + \beta = 1) \quad \cdots\cdots(*)'$$

エッ，この結果は，平面ベクトルの章で学んだ直線のベクトル方程式と同

じだって!?　その通りだね。特に，異なる 2 点 A，B について，

(i) 線分 AB のベクトル方程式は，

$\overrightarrow{\text{OP}} = \alpha\overrightarrow{\text{OA}} + \beta\overrightarrow{\text{OB}}$ $(\alpha + \beta = 1,\ \alpha \geqq 0,\ \beta \geqq 0)$ であり，

(ii) △OAB のベクトル方程式は，

$\overrightarrow{\text{OP}} = \alpha\overrightarrow{\text{OA}} + \beta\overrightarrow{\text{OB}}$ $(\alpha + \beta \leqq 1,\ \alpha \geqq 0,\ \beta \geqq 0)$ であることも，

平面ベクトルの章で学んだものと同じなんだ。空間ベクトルにおいても同

様に導けるからなんだね。

でも，(I) について，動ベクトル $\overrightarrow{\text{OP}} = (x, y, z)$，定ベクトル $\overrightarrow{\text{OA}} = (x_1,$

$y_1, z_1)$，方向ベクトル $\vec{d} = (l, m, n)$ と，成分表示で (*) のベクトル方程

式を書き換えてみると，平面ベクトルのときとは，少し違った形の直線の

式が導ける。早速変形してみよう。(*) を成分表示で表すと，

$$(x, y, z) = (x_1, y_1, z_1) + t(l, m, n) \quad \longleftarrow \boxed{各成分に係数 t がかかる}$$

$$= (x_1, y_1, z_1) + (tl, tm, tn)$$

$$= (x_1 + tl, y_1 + tm, z_1 + tn) \quad となる。よって，$$

$\begin{cases} x = x_1 + tl & \cdots\cdots① \\ y = y_1 + tm & \cdots\cdots② \\ z = z_1 + tn & \cdots\cdots③ \end{cases}$ が導かれるんだね。

①, ②, ③において, x_1, y_1, z_1 と l, m, n は当然定数なので, 3 つの変数 x, y, z は, 1 つの変数 t を仲立ちとして決まる。よって, この仲立ち (媒介) する変数のことを, 特に "**媒介変数**" と呼ぶ。そして, この①, ②, ③の 3 つを 1 組として, 点 $A(x_1, y_1, z_1)$ を通り, 方向ベクトル $\vec{d} = (l, m, n)$ の直線の媒介変数表示された方程式と呼ぶんだね。覚えておこう。

次に, $l \neq 0$, $m \neq 0$, $n \neq 0$ として, ①, ②, ③の方程式を t でまとめると,

$$\frac{x - x_1}{l} = t \quad \cdots ① ', \quad \frac{y - y_1}{m} = t \quad \cdots ② ', \quad \frac{z - z_1}{n} = t \quad \cdots ③ '$$

となるので, ①´, ②´, ③´から, この直線の方程式は

$$\frac{x - x_1}{l} = \frac{y - y_1}{m} = \frac{z - z_1}{n} \ (= t) \quad \cdots\cdots ④ \quad と表すこともできる。$$

平面における直線に比べて, 空間における直線では, この式が新たに加わるんだね。違いが分かった？

では, これもまとめて下に示しておこう。

■ 空間における直線の方程式

点 $A(x_1, y_1, z_1)$ を通り方向ベクトル $\vec{d} = (l, m, n)$ の直線について,

(Ⅰ) 媒介変数表示された方程式 :

$$\begin{cases} x = x_1 + tl & \cdots\cdots ① \\ y = y_1 + tm & \cdots\cdots ② \quad \cdots (**) \quad (t : 媒介変数) \\ z = z_1 + tn & \cdots\cdots ③ \end{cases}$$

(Ⅱ) 媒介変数を消去した形の方程式 :

$$\frac{x - x_1}{l} = \frac{y - y_1}{m} = \frac{z - z_1}{n} \quad \cdots (**)' \ (ただし, \ l \neq 0, \ m \neq 0, \ n \neq 0)$$

解説では, (**) から (**)' を導いたけれど, (**)' の式, すなわち $\frac{x - x_1}{l} = \frac{y - y_1}{m} = \frac{z - z_1}{n} = t$ とおいて, $\frac{x - x_1}{l} = t$ より, $x = x_1 + tl$ が, $\frac{y - y_1}{m} = t$ から $y = y_1 + tm$ が, そして, $\frac{z - z_1}{n} = t$ より $z = z_1 + tn$ が導けるんだね。(**) と (**)' のいずれにも, 慣れておくことが必要だ。

では，直線の方程式についても，次の練習問題で練習しておこう。

点 A$(2, 4, -3)$ を通り，方向ベクトル $\vec{d} = (1, 3, -3)$ の直線 L について，次の問いに答えよ。

(1) 直線 L の方程式を求めよ。

(2) 直線 L と xy 平面との交点 P の座標と，直線 L と yz 平面との交点 Q の座標を求めよ。

(1) 点 A(x_1, y_1, z_1) を通り，方向ベクトル $\vec{d} = (l, m, n)$ の直線の方程式は $\dfrac{x-x_1}{l} = \dfrac{y-y_1}{m} = \dfrac{z-z_1}{n}$ となる。(2) xy 平面との交点 P の z 座標は 0 となるし，また yz 平面との交点 Q の x 座標は 0 となることが鍵だね。

(1) 点 A$(2, 4, -3)$ を通り，方向ベクトル $\vec{d} = (1, 3, -3)$ の直線の方程式は，

$$\frac{x-2}{1} = \frac{y-4}{3} = \frac{\boxed{z-(-3)}}{-3} \quad \text{より,}$$

（直線の方程式：$\dfrac{x-x_1}{l} = \dfrac{y-y_1}{m} = \dfrac{z-z_1}{n}$）

直線 $L : \dfrac{x-2}{1} = \dfrac{y-4}{3} = \dfrac{z+3}{-3}$ ……① となるんだね。

(2) ① $= t$ とおいて，直線 L の方程式を媒介変数 t を用いて表すと，

$$\frac{x-2}{1} = \frac{y-4}{3} = \frac{z+3}{-3} = t \quad \text{より,}$$

$$\begin{cases} x = t + 2 & \cdots\cdots② \\ y = 3t + 4 & \cdots\cdots③ \\ z = -3t - 3 & \cdots\cdots④ \end{cases} \quad \text{となる。}$$

（媒介変数表示された直線の方程式：$\begin{cases} x = x_1 + t \cdot l \\ y = y_1 + t \cdot m \\ z = z_1 + t \cdot n \end{cases}$）

（ⅰ）ここで，xy 平面は，$z = 0$ と表されるので，④に $z = 0$ を代入すると，

$0 = -3t - 3$ より，

$3t = -3$ ∴ $t = -1$

となって，媒介変数 t の値が決まる。

よって，この $t = -1$ を②，③に代入して，

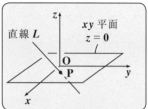

直線 L　xy 平面 $z = 0$

100

$x = -1 + 2 = 1$, $y = 3 \times (-1) + 4 = 1$ となって，x と y の値も決まるんだね。以上より，直線 L と xy 平面との交点 P の座標は，$P(1, 1, 0)$ となる。

(ⅱ) 次に，yz 平面は，$x = 0$ と表されるので，今度は②に $x = 0$ を代入して，t の値をまず決定すると，

$0 = t + 2$ より，

$t = -2$ となる。よって，この $t = -2$ を③，④に代入して，y と z の値を決めることができる。

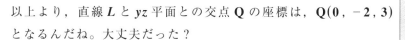

$y = 3 \times (-2) + 4 = -6 + 4 = -2$,

$z = -3 \times (-2) - 3 = 6 - 3 = 3$

以上より，直線 L と yz 平面との交点 Q の座標は，$Q(0, -2, 3)$ となるんだね。大丈夫だった？

このように，直線上のある点の座標を求めたかったら，媒介変数 t で表示された直線の方程式を作って，t の値を決定すればウマクいくことが分かってもらえたと思う。

● **空間上の平面の方程式にもチャレンジしよう！**

それでは次，空間上にある平面の方程式について解説しよう。図5に示すように，空間上に同一直線上にない異なる3つの点 A，B，C が与えられたならば，この3点を通る平面が決まるので，これを平面 ABC と呼ぶことにしよう。そしてこの平面 ABC 上に点 P が存在するものとする。すると，4つの点 A，B，C，P は同一平面上の点なので，平面ベクトルの問題になるんだね。つまり，$\overrightarrow{AB}$ と $\overrightarrow{AC}$ は1次独立なベクトルなのでこの平面上の

図5 平面 ABC とその平面上の点 P

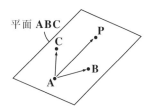

$\overrightarrow{AB} \not\parallel \overrightarrow{AC}$ (平行でない) かつ $\overrightarrow{AB} \neq \vec{0}$ かつ $\overrightarrow{AC} \neq \vec{0}$

101

ベクトルである $\overrightarrow{AP}$ は，次のように実数 s と t を用いて，$\overrightarrow{AB}$ と $\overrightarrow{AC}$ の 1 次結合の式で表せるのはいいね。

$$\overrightarrow{AP} = s\overrightarrow{AB} + t\overrightarrow{AC} \quad \cdots\cdots① \quad (s,\ t：実数変数)$$

この様子を図 6 に示す。ここで，発想を変えて，実数 s と t が変数として

自由に値を変えることができるものとしよう。すると，$\overrightarrow{AP}$ は平面 ABC 上のあらゆる向きと大きさをもつベクトルになるね。ここで，A は定点だから，動点である点 P が，平面 ABC 上を自由に動きまわって，平面 ABC をすべて塗りつぶしてしまうことになる。つまり，s と t を実数変数と考えると，

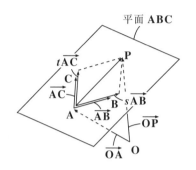

図 6　平面 ABC のベクトル方程式

①は既に平面 ABC を表すベクトル方程式であることが分かると思う。もちろん，これは動ベクトル $\overrightarrow{OP}$ で表したいので，①の左辺 $\overrightarrow{AP}$ に，O を中継点とする引き算形式のまわり道の原理を用いて，

$$\overrightarrow{AP} = \overrightarrow{OP} - \overrightarrow{OA} \quad \cdots\cdots② \quad と変形して，②を①に代入しよう。$$

すると，

$$\overrightarrow{OP} - \overrightarrow{OA} = s\overrightarrow{AB} + t\overrightarrow{AC}$$

よって，平面のベクトル方程式が次のように導けるんだね。

$$\overrightarrow{OP} = \overrightarrow{OA} + s\overrightarrow{AB} + t\overrightarrow{AC} \quad \cdots\cdots\cdots\cdots(**)$$

(ただし，$s,\ t$：実数変数，$\overrightarrow{AB}$ と $\overrightarrow{AC}$ は 1 次独立)

ここで，$\overrightarrow{AB} = \vec{d_1}$，$\overrightarrow{AC} = \vec{d_2}$ とおくと，$\underline{\vec{d_1} と \vec{d_2} は 1 次独立な平面上の異な}$

$$\boxed{\vec{d_1} \not\parallel \vec{d_2} かつ \vec{d_1} \ne \vec{0} かつ \vec{d_2} \ne \vec{0}}$$

る 2 方向を表すベクトルになるので，これを平面上の 1 次独立な 2 つの方向ベクトルと呼ぶことにしよう。すると，$(**)$ は，次のように表される。

$$\overrightarrow{OP} = \overrightarrow{OA} + s\vec{d_1} + t\vec{d_2} \quad \cdots\cdots\cdots\cdots\cdots(**)'$$

(ただし，$s,\ t$：実数変数，$\vec{d_1},\ \vec{d_2}$：1 次独立な平面の方向ベクトル)

以上をまとめて示しておこう。

平面のベクトル方程式

（Ⅰ）同一直線上にない **3** 点 **A**，**B**，**C** を通る平面のベクトル方程式：

$$\overrightarrow{OP} = \overrightarrow{OA} + s\overrightarrow{AB} + t\overrightarrow{AC} \quad \cdots\cdots\cdots (**) \quad (s, \ t：実数変数)$$

（Ⅱ）点 **A** を通り，**1** 次独立な **2** つの方向ベクトル $\overrightarrow{d_1}$, $\overrightarrow{d_2}$ をもつ平面のベクトル方程式：

$$\overrightarrow{OP} = \overrightarrow{OA} + s\overrightarrow{d_1} + t\overrightarrow{d_2} \quad \cdots\cdots\cdots\cdots (**)' \quad (s, \ t：実数変数)$$

（Ⅰ）の平面 **ABC** の方程式（＊＊）について，$\overrightarrow{AB}$ と $\overrightarrow{AC}$ も，**O** を中継点とする引き算形式のまわり道の原理を用いて変形すると，

$$\overrightarrow{AB} = \overrightarrow{OB} - \overrightarrow{OA} \ \cdots\cdots ③ \quad \overrightarrow{AC} = \overrightarrow{OC} - \overrightarrow{OA} \ \cdots\cdots ④ \quad となるね。$$

この③，④を（＊＊）に代入して変形すると，

$$\overrightarrow{OP} = \overrightarrow{OA} + s(\overrightarrow{OB} - \overrightarrow{OA}) + t(\overrightarrow{OC} - \overrightarrow{OA})$$
$$= \overrightarrow{OA} + s\overrightarrow{OB} - s\overrightarrow{OA} + t\overrightarrow{OC} - t\overrightarrow{OA}$$
$$= \underline{(1 - s - t)}\overrightarrow{OA} + \underline{s}\overrightarrow{OB} + \underline{t}\overrightarrow{OC} \quad となる。$$
$$\quad\quad\quad (α) \quad\quad\quad (β) \quad (γ)$$

ここで，$\overrightarrow{OA}$, $\overrightarrow{OB}$, $\overrightarrow{OC}$ の各係数を $1 - s - t = α$, $s = β$, $t = γ$ とおくと，$α + β + γ = 1 - s - t + s + t = 1$ となるんだね。よって，平面 **ABC** のベクトル方程式は，次のように表すこともできる。

$$\overrightarrow{OP} = α\overrightarrow{OA} + β\overrightarrow{OB} + γ\overrightarrow{OC} \quad \cdots\cdots (**)''$$
$$(α + β + γ = 1)$$

> これは，直線 **AB** の方程式：
> $\overrightarrow{OP} = α\overrightarrow{OA} + β\overrightarrow{OB}$ $(α + β = 1)$
> と一緒に覚えておくといい。

（＊＊）″は，**3** つの係数 $α$，$β$，$γ$ が，$α + β + γ = 1$ の条件をみたしながら，変数として変化するとき，動点 **P** が動いて平面 **ABC** を表すという意味なんだね。でも，右図のように，定点 **P** が，平面 **ABC** 上にあるための条件として，$α + β + γ = 1$ をみたすと考えることもできる。この場合，当然 $α$，$β$，$γ$ は，$α + β + γ = 1$ をみたす定数であることに気をつけよう。

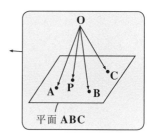

平面 **ABC**

（Ⅱ）の点 A を通り，2 つの方向ベクトル $\vec{d_1}$ と $\vec{d_2}$ をもつ平面のベクトル方程式：

$$\overrightarrow{OP} = \overrightarrow{OA} + s\vec{d_1} + t\vec{d_2} \cdots\cdots(**)' \quad (s, \ t: 媒介変数)$$

は，点 A を通り，方向ベクトル $\vec{d}$ をもつ直線のベクトル方程式：

$\overrightarrow{OP} = \overrightarrow{OA} + t\vec{d}$ （t：媒介変数）と対比して覚えると忘れないはずだ。1 次元の直線では 1 つの媒介変数 t のみで表されるが，平面の方程式 $(**)'$ では，s と t の 2 つの媒介変数が必要となる。これは，平面が 2 次元であることに対応しているんだね。納得いった？

では，1 題練習問題で平面の方程式の問題を解いてみよう。

練習問題 22	平面の方程式	CHECK 1	CHECK 2	CHECK 3

xyz 座標空間上に 4 点 $A(2, 1, 0)$, $B(-1, 2, 3)$, $C(3, -1, 4)$, $D(1, -2, z_1)$ がある。点 D が平面 ABC 上にあるとき，z_1 の値を求めよ。

平面のベクトル方程式 $\overrightarrow{OP} = \overrightarrow{OA} + s\overrightarrow{AB} + t\overrightarrow{AC}$ を使って，D は平面上の点より P に D を代入すればいいんだね。

平面 ABC を表す動ベクトル $\overrightarrow{OP} = (x, y, z)$ を用いると，平面 ABC の方程式は，

$$\overrightarrow{OP} = \overrightarrow{OA} + s\overrightarrow{AB} + t\overrightarrow{AC} \quad \cdots\cdots① \quad となる。$$

点 A を通り，2 つの方向ベクトル $\overrightarrow{AB}$ と $\overrightarrow{AC}$ をもつ平面の方程式だ。

ここで，$A(2, 1, 0)$, $B(-1, 2, 3)$, $C(3, -1, 4)$ より，

$$\begin{cases} \overrightarrow{OA} = (2, 1, 0) \\ \overrightarrow{AB} = \overrightarrow{OB} - \overrightarrow{OA} = (-1, 2, 3) - (2, 1, 0) = (-3, 1, 3) \\ \overrightarrow{AC} = \overrightarrow{OC} - \overrightarrow{OA} = (3, -1, 4) - (2, 1, 0) = (1, -2, 4) \quad となるね。 \end{cases}$$

以上を①に代入すると，

$$\underbrace{(x, y, z)}_{\overrightarrow{OP}} = \underbrace{(2, 1, 0)}_{\overrightarrow{OA}} + s\underbrace{(-3, 1, 3)}_{\overrightarrow{AB}} + t\underbrace{(1, -2, 4)}_{\overrightarrow{AC}}$$

$$= (2, 1, 0) + (-3s, s, 3s) + (t, -2t, 4t)$$

$$\therefore (x, y, z) = (2 - 3s + t, 1 + s - 2t, 3s + 4t) \quad \cdots\cdots①'$$

ここで，点 D は平面 ABC 上の点より，P に D を代入できる。すなわち，$\overrightarrow{OP}$ に $\overrightarrow{OD} = (1, -2, z_1)$ を代入できる。

よって，$(1, -2, z_1) = (2 - 3s + t, 1 + s - 2t, 3s + 4t)$　より，

$$\begin{cases} 1 = 2 - 3s + t & \cdots ② \\ -2 = 1 + s - 2t & \cdots ③ \\ z_1 = 3s + 4t & \cdots\cdots ④ \end{cases}$$　となる。

②より，$t = 3s - 1$ $\cdots②'$ ②′を③に代入

して，$-2 = 1 + s - 2(3s - 1)$

$-2 = 1 + s - 6s + 2$ より，$5s = 5$

$\therefore s = 1$　これを②′に代入して，$t = 2$

②，③より，$s = 1$，$t = 2$ となるので，

これを④に代入して，

$z_1 = 3 \times 1 + 4 \times 2 = 11$　となるんだね。大丈夫だった？

でも，平面 $\mathbf{ABC}$ のベクトル方程式①を成分表示して具体的に求めてみる

と，①′となり，x，y，z は，2 つの媒介変数 s，t により，

$x = 2 - 3s + t$，$y = 1 + s - 2t$，$z = 3s + 4t$ と表されるので，かなり使いづ

らい形の方程式になるんだね。エッ，もっと平面の方程式をシンプルに表

現できないのかって!? 了解！平面の方程式を x，y，z の 1 つの方程式で

表す方法についても教えよう。

● **法線ベクトルを使った平面の方程式も使いこなそう！**

xyz 座標空間上で，点 $\mathbf{A}(x_1, y_1, z_1)$ を通る平面を平面 α とおくと，平面 α

の方程式は，

$a(x - x_1) + b(y - y_1) + c(z - z_1) = 0$　$\cdots\cdots(*3)$　と表せる。

ここで，$(*3)$ の各係数 a，b，c を成分にもつベクトルを $\vec{n}$ とおくと，

$\vec{n} = (a, b, c)$ $\cdots\cdots(ア)$

は，平面 α と垂直なベクトル，

すなわち**法線ベクトル**になるん

だね。何故って!? 図 7 に示す

ように，平面 α 上の定点 $\mathbf{A}$ を

始点とし，α 上を自由に動く動

点 $\mathbf{P}$ を終点とするベクトル $\overrightarrow{\mathbf{AP}}$

は，まわり道の原理より，

図7　法線ベクトルを使った平面
の方程式

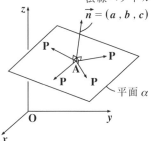

$a(x - x_1) + b(y - y_1) + c(z - z_1) = 0$

法線ベクトル

$\vec{n} = (a, b, c)$

平面 α

$\overrightarrow{\mathbf{AP}} = \overrightarrow{\mathbf{OP}} - \overrightarrow{\mathbf{OA}}$

$\therefore \overrightarrow{\mathbf{AP}} = (x, y, z) - (x_1, y_1, z_1) = (x - x_1, y - y_1, z - z_1)$ $\cdots(イ)$

となるのは大丈夫だね。(ただし，$\overrightarrow{\mathbf{OP}} = (x, y, z)$ とした。)

$\vec{n} = (a, b, c) \cdots (\mathcal{P})$ と $\overrightarrow{AP} = (x - x_1, y - y_1, z - z_1) \cdots (\mathcal{A})$

の内積 $\vec{n} \cdot \overrightarrow{AP} = 0$，すなわち，これを成分表示したものが，

$a(x - x_1) + b(y - y_1) + c(z - z_1) = 0$ ……($*3$) となって

平面の方程式そのものになるからなんだね。

図 7 をもう 1 度見てくれ。$\overrightarrow{AP}$ がどんなに変化しても，$\vec{n}$ は $\overrightarrow{AP}$ に対して垂直なベクトルになっていることが分かるはずだ。

では，前に解説した平面上の 2 つの方向ベクトル $\vec{d_1}$, $\vec{d_2}$ と，法線ベクトル $\vec{n}$ との関係はどうなるのか，分かるね。右図に示すように，$\vec{n}$ は平面 α と直交するわけだから，当然 $\vec{d_1}$ と $\vec{d_2}$ とも垂直になる。つまり，$\vec{n} \perp \vec{d_1}$, $\vec{n} \perp \vec{d_2}$ となるんだね。

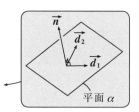

平面 α

納得いった？

では，これも公式として下にまとめておこう。

平面の方程式

xyz 座標空間上で，点 $A(x_1, y_1, z_1)$ を通り，法線ベクトル $\vec{n} = (a, b, c)$ をもつ平面 α の方程式は，次のように表せる。

$a(x - x_1) + b(y - y_1) + c(z - z_1) = 0$ ……($*3$)

では，例題で少し練習しておこう。

($ex1$) 点 $A(\underset{x_1}{4}, \underset{y_1}{-1}, \underset{z_1}{-2})$ を通り，法線ベクトル $\vec{n} = (\underset{a}{2}, \underset{b}{1}, \underset{c}{2})$ をもつ

平面 α の方程式は，公式より，

$2(x - 4) + 1(y + 1) + 2(z + 2) = 0$ となる。

これをまとめて

$2x - 8 + y + 1 + 2z + 4 = 0$ より，

$2x + y + 2z - 3 = 0$ となるんだね。

最終的には，平面の方程式は，$ax + by + cz + d = 0$ の形にまとめればいいんだよ。

(ex2) 点 $B(\underset{x_1}{-1}, \underset{y_1}{1}, \underset{z_1}{3})$ を通り, 法線ベクトル $\vec{n} = (\underset{a}{3}, \underset{b}{-2}, \underset{c}{-1})$ をもつ平面 β の方程式は, 公式 $a(x-x_1)+b(y-y_1)+c(z-z_1)=0$ を用いると,

$$3\widehat{(x+1)} - 2\widehat{(y-1)} - 1\cdot\widehat{(z-3)} = 0 \quad より, これを変形して$$
$$[a(x-x_1)+b(y-y_1)+c(z-z_1)=0]$$
$$3x+3-2y+2-z+3=0$$
$$\therefore 3x-2y-z+8=0 \quad となるんだね。納得いった？$$

それでは, このようにして求める平面と直線との交点の問題について, 次の練習問題を解いてみよう。

練習問題 23　　平面と直線の交点　　CHECK 1　CHECK 2　CHECK 3

xyz 座標空間上に, 点 $A(6, -3, 2)$ を通り, 方向ベクトル $\vec{d} = (2, -1, 2)$ の直線 L と点 $B(2, 1, -1)$ を通り, 法線ベクトル $\vec{n} = (3, -1, 2)$ の平面 α がある。

(1) 直線 L の方程式を求めよ。

(2) 平面 α の方程式を求めよ。

(3) 直線 L と平面 α の交点 P の座標を求めよ。

---

(1) 点 $A(x_1, y_1, z_1)$ を通り, 方向ベクトル $\vec{d} = (l, m, n)$ の直線の方程式は, $\dfrac{x-x_1}{l} = \dfrac{y-y_1}{m} = \dfrac{z-z_1}{n}$ ……① となるんだね。(2) 点 $B(x_2, y_2, z_2)$ を通り, 法線ベクトル $\vec{n} = (a, b, c)$ の平面の方程式は $a(x-x_2)+b(y-y_2)+c(z-z_2)=0$ ……② となるのも大丈夫だね。(3) では, ①$=t$(媒介変数) とおいて x, y, z を t で表す。そして, これらを②に代入して, t の値を求めれば, ①の直線と②の平面の交点 P の座標が求められるんだね。頑張ろう！

(1) 点 $A(6, -3, 2)$ を通り, 方向ベクトル $\vec{d} = (2, -1, 2)$ の直線 L の方程式は,

$$\frac{x-6}{2} = \frac{y-(-3)}{-1} = \frac{z-2}{2} \quad \text{より,}$$

直線の方程式
$$\frac{x-x_1}{l} = \frac{y-y_1}{m} = \frac{z-z_1}{n}$$

直線 $L : \dfrac{x-6}{2} = \dfrac{y+3}{-1} = \dfrac{z-2}{2}$ ……① となる。

(2) 点 $B(2, 1, -1)$ を通り, 法線ベクトル $\vec{n} = (3, -1, 2)$ の平面 α の方程式は,

$$3(x-2) - 1 \cdot (y-1) + 2\{z-(-1)\} = 0$$

平面の方程式
$$a(x-x_2) + b(y-y_2) + c(z-z_2) = 0$$

$3x - 6 - y + 1 + 2z + 2 = 0$ より,

平面 $\alpha : 3x - y + 2z - 3 = 0$ ……② となるんだね。

(3) では次, ①の直線 L と平面 α との交点 P の座標を求めよう。

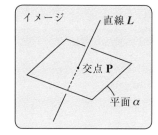

(i) まず, 交点 P は直線 L 上の点なので, ① $= t$ (媒介変数) とおくと,

$$\frac{x-6}{2} = \frac{y+3}{-1} = \frac{z-2}{2} = t \quad \text{より,}$$

$$\begin{cases} x = 2t + 6 \\ y = -t - 3 \\ z = 2t + 2 \end{cases}$$

媒介変数表示された直線の式：
$$\begin{cases} x = l \cdot t + x_1 \\ y = m \cdot t + y_1 \\ z = n \cdot t + z_1 \end{cases}$$

よって, 交点 P の座標は, 媒介変数 t を用いて,

$P(2t+6, \ -t-3, \ 2t+2)$ ……③ と表される。

(ii) 次に，交点 P は平面 α 上の点でもあるので，③の座標を②に代入しても成り立つんだね。よって，

$3\overbrace{(2t+6)} - 1 \cdot \overbrace{(-t-3)} + 2\overbrace{(2t+2)} - 3 = 0$ となる。よって，

$6t + 18 + t + \cancel{3} + 4t + 4 - \cancel{3} = 0$ より，

$11t + 22 = 0 \qquad 11t = -22$

$\therefore t = -\dfrac{22}{11} = -2$ となって，t の値が求められる。

これを③に代入すると，

$P\big(\underbrace{2 \cdot (-2) + 6},\ \underbrace{-(-2) - 3},\ \underbrace{2 \cdot (-2) + 2}\big)$ より，

$\quad\boxed{-4+6=2}\qquad\boxed{2-3=-1}\qquad\boxed{-4+2=-2}$

直線 L と平面 α の交点 P の座標は，

$P(2,\ -1,\ -2)$ となって，答えだ！どう？大丈夫だった？

以上で，"**空間ベクトル**"の講義はすべて終了です。特に今日の講義は内容満載だったからね。フ〜，疲れたって？…そうだね。疲れたら，まずゆっくり休むことだ。そして，元気を回復したら，またもう1度ヨ〜ク復習してみるといいよ。さらに理解が深まって，空間ベクトルについても本格的な実践力を身につけることができると思うよ。

数学力を磨くのに，平面図形，空間図形を含めて，図形的なセンスは欠かせない。そして，この図形問題を解く有力な切り札の1つがベクトルだからね。ベクトルに強くなれば，様々な形の図形問題にも切り込んでいくことができるんだね。だから，今は疲れている人も，またヤル気を出して，復習してチャレンジしてほしい。

キミ達の成長を心より祈っている…。

では，次回は新たなテーマに入るけれど，みんな元気に出ておいで。それじゃ，またな。さようなら…。

第2章● 空間ベクトル　公式エッセンス

1. 2点 $A(x_1, y_1, z_1)$, $B(x_2, y_2, z_2)$ 間の距離

$$AB = \sqrt{(x_1 - x_2)^2 + (y_1 - y_2)^2 + (z_1 - z_2)^2}$$

2. 空間ベクトルの1次結合

3つの1次独立なベクトル $\vec{a}, \vec{b}, \vec{c}$ により, 任意の空間ベクトル $\vec{p}$ は,

$\vec{p} = s\vec{a} + t\vec{b} + u\vec{c}$ （s, t, u：実数）　と表される。

3. 空間ベクトル $\vec{a}$ の大きさ $|\vec{a}|$

$\vec{a} = (x_1, y_1, z_1)$ のとき, $|\vec{a}| = \sqrt{x_1{}^2 + y_1{}^2 + z_1{}^2}$

4. 空間ベクトル $\vec{a}$ と $\vec{b}$ の内積 $\vec{a} \cdot \vec{b}$

$\vec{a} = (x_1, y_1, z_1)$, $\vec{b} = (x_2, y_2, z_2)$ のとき,

$\vec{a} \cdot \vec{b} = |\vec{a}||\vec{b}|\cos\theta = x_1x_2 + y_1y_2 + z_1z_2$ （θ：$\vec{a}$ と $\vec{b}$ のなす角）

5. 空間ベクトルの内分点の公式

$A(x_1, y_1, z_1)$, $B(x_2, y_2, z_2)$ のとき, 線分 AB を $m:n$ に内分する点を P とおくと,

$$\overrightarrow{OP} = \frac{n\overrightarrow{OA} + m\overrightarrow{OB}}{m + n} = \left(\frac{nx_1 + mx_2}{m + n}, \frac{ny_1 + my_2}{m + n}, \frac{nz_1 + mz_2}{m + n} \right)$$

6. 球面のベクトル方程式

$|\overrightarrow{OP} - \overrightarrow{OA}| = r$ 　（中心 A, 半径 r の球面）

7. 直線の方程式

（ⅰ）点 $A(x_1, y_1, z_1)$ を通り, 方向ベクトル $\vec{d} = (l, m, n)$ の直線のベクトル方程式：

$\overrightarrow{OP} = \overrightarrow{OA} + t\vec{d}$ （t：媒介変数）

（ⅱ）$\dfrac{x - x_1}{l} = \dfrac{y - y_1}{m} = \dfrac{z - z_1}{n}$ （$= t$）

8. 平面の方程式

（ⅰ）点 A を通り, 2つの方向ベクトル $\vec{d_1}$, $\vec{d_2}$ をもつ平面のベクトル方程式：$\overrightarrow{OP} = \overrightarrow{OA} + s\vec{d_1} + t\vec{d_2}$ 　（s, t：媒介変数）

（ⅱ）点 $A(x_1, y_1, z_1)$ を通り, 法線ベクトル $\vec{n} = (a, b, c)$ の平面の方程式：$a(x - x_1) + b(y - y_1) + c(z - z_1) = 0$

第 3 章
CHAPTER

③ 数 列

▶ 等差数列・等比数列

▶ Σ計算, S_n と a_n の関係

▶ 漸化式（等差型，等比型，
　　　　　階差型，等比関数列型）

▶ 数学的帰納法

8th day 等差数列, 等比数列

今日は, さわやかな天気で気持ちがいいね。サァ, 今日から気分も新たに新しいテーマ "**数列**" の解説に入ろう。これは, 試験でも頻出の分野で, また他の分野と融合して出題されることも多いのでシッカリマスターしておく必要があるんだよ。でも, だからといって, ビビる必要はまったくないよ。今回もまた分かりやすく教えるからね。

今日の講義では, まず, 数列の中で最も基本となる "**等差数列**" と "**等比数列**" について, 詳しく解説しようと思う。それじゃ, みんな準備はいい?

● 等差数列では, 初項と公差を押さえよう!

"**数列**" とは, 文字通り数の列のことなんだけれど, これからは "ある規則性をもって並んだ数の列" のことを "**数列**" と呼ぶことにしよう。

一般に数列は, 下に示すように, 横1列に並べて表示し, これをまとめて数列 $\{a_n\}$ と表したりもする。

$$a_1, \quad a_2, \quad a_3, \quad a_4, \quad \cdots\cdots$$

初項 (第1項)　第2項　第3項　第4項

下付きの添字の自然数 1, 2, 3, 4, …によって, 初めから何項目かが分かるだろう。そして, a_1 を "**初項**" または "**第1項**" と呼び, 順に a_2 を "**第2項**", a_3 を "**第3項**", … と呼ぶ。特に, 初項 (第1項) については, a_1 の添字を取って, 初項 a とシンプルに表すこともあるんだよ。

数列 $\{b_n\}$ や数列 $\{x_n\}$ も, 同様にそれぞれ次の数列を表すのもいいね。

$$b_1, \quad b_2, \quad b_3, \quad b_4, \quad \cdots \quad \longleftarrow \boxed{\text{数列 } \{b_n\} \text{ のこと}}$$

$$x_1, \quad x_2, \quad x_3, \quad x_4, \quad \cdots \quad \longleftarrow \boxed{\text{数列 } \{x_n\} \text{ のこと}}$$

それでは, 数列の中で最も基本となる "**等差数列**" の話に入ろう。まず等差数列の1例を下に示すよ。

$$1, \quad 3, \quad 5, \quad 7, \quad 9, \quad \cdots$$

この数列を $\{a_n\}$ とおくと, 初項 $a_1 = 1$, 第2項 $a_2 = 3$, 第3項 $a_3 = 5$, 第4項 $a_4 = 7$, 第5項 $a_5 = 9$, … ということになる。これは, 数列の各項が順に,

2 ずつ大きくなっていくという規則性をもっていることが分かるね。これを，もう 1 度ていねいに書くと，

$$a_1, \quad a_2, \quad a_3, \quad a_4, \quad a_5, \cdots$$

$$1, \quad 3, \quad 5, \quad 7, \quad 9, \cdots \qquad となる。$$

$+2$ $+2$ $+2$ $+2$ ← これが，この数列の規則性だ！

このように，初項から順に，次々と同じ値がたされることにより出来る

これは，$\ominus$ の値でもいい！

数列を "等差数列" という。そして，たされるこの値のことを "公差" と呼び，d で表す。ちなみに，上記の数列は公差 $d = 2$ の等差数列だったんだ。

一般に，等差数列 $\{a_n\}$ は，初項 a と公差 d の 2 つの値が与えられれば決まってしまうのは大丈夫だね。初項 a を初めに書いて，後は d ずつたしていった数を順に並べていけば，等差数列が出来上がるからだ。

それでは他にもいくつか，等差数列の例を並べておこう。

(ex1)　$\underline{5}, 8, 11, 14, 17, \cdots$ ← 3 ずつ順に，各項の値が大きくなる。
∴公差 $d = 3$

初項 b

この数列を $\{b_n\}$ とおくと，初項が 5 で，後は 3 ずつ，各項の値が大きくなっていくのが分かるね。よって，この数列 $\{b_n\}$ は，初項 $b = 5$ $(= b_1)$，公差 $d = 3$ の等差数列と言える。

(ex2)　$\underline{13}, 8, 3, -2, -7, \cdots$ ← 5 ずつ順に，各項の値が小さくなる。
∴公差 $d = -5$ だね。

初項 c

この数列を $\{c_n\}$ とおくと，初項が 13 で，後は 5 ずつ各項の値が小さくなっていっているのが分かるね。これは初項を基に，順に -5 の値をたして出来る数列と考えればいい。よって，この数列 $\{c_n\}$ は，

要するに "5 を引いた" ってこと

初項 $c = 13$ $(= c_1)$，公差 $d = -5$ の等差数列と言える。大丈夫？

(ex3) 次，初項 $x = 2$，公差 $d = 4$ の等差数列 $\{x_n\}$ を具体的に示せと言われても大丈夫だね。初項 $x_1 = x = 2$ に，順に公差 4 ずつたして出来る数列が $\{x_n\}$ のことだから，

$$x_1, \ x_2, \ x_3, \ x_4, \ x_5, \cdots$$

$$2, \ 6, \ 10, \ 14, \ 18, \cdots \quad となるんだね。$$

113

● 等差数列の一般項を求めよう！

それでは，この等差数列をもっと深めてみようか。初項 a，公差 d の等差数列 $\{a_n\}$ が与えられたとき，具体的に a_1, a_2, a_3, a_4, $\cdots$ の値はどうなる？ $\cdots$，そうだね。

$$a_1 = a, \ a_2 = \boxed{a_1} + d = a + d, \ a_3 = \boxed{a_2} + d = a + 2d, \ a_4 = \boxed{a_3} + d = a + 3d,$$

$\boxed{a}$ $\boxed{a+d}$ $\boxed{a+2d}$

$\boxed{a_1 に d をたしたもの}$ $\boxed{a_2 に d をたしたもの}$ $\boxed{a_3 に d をたしたもの}$

$\cdots$，となるはずだ。これをもっとていねいに書くと，次のようになる。

$$a_1 = a + 0 \cdot d, \ a_2 = a + 1 \cdot d, \ a_3 = a + 2 \cdot d, \ a_4 = a + 3 \cdot d, \ \cdots$$

$\boxed{1 つ小さい}$ $\boxed{1 つ小さい}$ $\boxed{1 つ小さい}$ $\boxed{1 つ小さい}$

ここで，第 n 項 a_n $(n = 1, 2, 3, \cdots)$ のことを "一般項" と言うんだけれど，

> n に $1, 2, 3, \cdots$ を代入することにより，a_1, a_2, a_3, $\cdots$ と，
> どんな項も表せるので "一般項" と呼ぶんだよ！

この一般項 a_n が，a と d を使って，どのように表せるか分かる？ $\cdots$，そうだね。上の例から分かるように，a_n の n より 1 つ小さい $(n-1)$ を公差 d にかけて，これに初項 a をたしたものが，一般項 a_n になるはずだね。これを，次にまとめて示す。

■ 等差数列 $\{a_n\}$ の一般項

初項 a，公差 d の等差数列 $\{a_n\}$ の一般項は，
$a_n = a + (n-1)d$ $(n = 1, 2, 3, \cdots)$ である。

$a_1 = a + 0 \cdot d$
$a_2 = a + 1 \cdot d$
$a_3 = a + 2 \cdot d$
$a_4 = a + 3 \cdot d$ から，
$\cdots\cdots\cdots\cdots$
$a_n = a + (n-1) \cdot d$ となる！

ン？ 何で，一般項なんて求める必要があるのかって？

いい質問だ。例えば，初項 $a = 1$，公差 $d = 2$ の等差数列 $\{a_n\}$ は，具体的に，

a_1, a_2, a_3, a_4, a_5, $\cdots$

1，3，5，7，9，$\cdots$ となるのは大丈夫だね。

ここで，a_7 はどうなる？って聞かれたら，みんな $a_6 = 11$，$a_7 = 13$ と続きを調べて，$a_7 = 13$ と答えるはずだ。じゃ，さらにボクが，第 500 項 a_{500} の値を尋ねたら，みんなどうする？ $a_8 = 15$，$a_9 = 17$，$\cdots$ と求めていったんじゃ，日が暮れてしまうだろう。この窮地を救ってくれるのが，一般項 $a_n = a + (n-1)d$ の公式なんだよ。この公式に，初項 $a = 1$，公差 $d = 2$ を代入すると，

$$a_n = \boxed{1} + (n-1) \cdot \boxed{2} = 1 + 2n - 2$$

（上部に a, d のラベル付き）

$\therefore\ a_n = 2n - 1 \quad (n = 1,\ 2,\ 3,\ \cdots)$ が導ける。

後は第 **7** 項を知りたかったら $n = 7$ を，第 **500** 項を知りたかったら $n = 500$ を代入すればいいだけなんだよ。よって，

$n = 7$ のとき，$a_7 = 2 \times 7 - 1 = 13$

$n = 500$ のとき，$a_{500} = 2 \times 500 - 1 = 999$

と，一発で結果が出せるんだね。

> $n = 1$ のとき，$a_1 = 2 \times 1 - 1 = 1$
> $n = 2$ のとき，$a_2 = 2 \times 2 - 1 = 3$
> $n = 3$ のとき，$a_3 = 2 \times 3 - 1 = 5$
> ⋯⋯⋯⋯⋯⋯⋯⋯⋯⋯
> と，すべての自然数 n に対して，a_n の値が分かるんだね。

どう？ これで一般項 $a_n = a + (n-1)d$ の公式の威力が分かっただろう？

それでは，この一般項の公式も含めて，等差数列のちょっと骨のある問題を解いてみることにしようか？ さらに理解が深まるはずだ！

練習問題 24　等差数列の一般項　CHECK 1　CHECK 2　CHECK 3

第 **7** 項が **2**，第 **15** 項が **4** である等差数列 $\{a_n\}$ がある。この初項 a と公差 d を求め，第 **999** 項 a_{999} の値を求めよ。

初項 a，公差 d の等差数列の一般項は，$a_n = a + (n-1)d$ だから，まず $a_7 = 2$ と $a_{15} = 4$ から，a と d の値を求めて，一般項 a_n を n の式で表し，さらにその n に **999** を代入して，a_{999} を求めればいいんだね。頑張れ !!

初項 a，公差 d の等差数列 $\{a_n\}$ の一般項 a_n は公式より，

$a_n = a + (n-1)d$ だね。ここで，$a_7 = 2$，$a_{15} = 4$ より

$a_7 = \boxed{a + 6d = 2} \quad \cdots\cdots ① \leftarrow \boxed{a_7 = a + (7-1)d}$

$a_{15} = \boxed{a + 14d = 4} \quad \cdots\cdots ② \leftarrow \boxed{a_{15} = a + (15-1)d}$

①，②は未知数 a と d の **2** 元連立 **1** 次方程式だ！

②－①より，$\cancel{a} - \cancel{a} + 14d - 6d = 4 - 2$

$(14 - 6)d = 2 \qquad 8d = 2 \qquad \therefore d = \dfrac{2}{8} = \dfrac{1}{4} \quad \cdots\cdots ③$

③を①に代入して，

$a + 6 \times \dfrac{1}{4} = 2 \qquad \therefore a = 2 - \dfrac{3}{2} = \dfrac{4-3}{2} = \dfrac{1}{2} \quad \cdots\cdots ④$

以上より，等差数列 $\{a_n\}$ の初項は，$a = \dfrac{1}{2}$，公差は，$d = \dfrac{1}{4}$ となる。

この③，④を一般項の公式 $a_n = \boxed{a} + (n-1)\boxed{d}$ に代入して，

（上部に $\frac{1}{2}$ と $\frac{1}{4}$ が記されている）

$$a_n = \frac{1}{2} + (n-1)\frac{1}{4} = \frac{1}{2} + \frac{1}{4}n - \frac{1}{4} = \frac{1}{4}n + \frac{1}{4}$$

よって，第 999 項 a_{999} は，この式の n に 999 を代入すればいいので，

$$a_{999} = \frac{1}{4}\cdot 999 + \frac{1}{4} = \frac{999+1}{4} = \frac{1000}{4} = 250 \quad \text{となって，答えだね！}$$

● 等差数列の和は，（初項＋末項）×（項数）÷2 だ！

それでは，"数列の和"についても解説しよう。一般に，初項 a_1 から第 n 項 a_n までの和を S_n $(n = 1, 2, 3, \cdots)$ で表す。つまり，

$S_n = a_1 + a_2 + \cdots + a_n$ なんだ。

そして，数列 $\{a_n\}$ が等差数列ならば，この数列の和 S_n も簡単な公式で求めることができる。これについては，次の等差数列 $\{a_n\}$ の例で説明しよう。

$a_1, \ a_2, \ a_3, \ a_4, \ a_5, \ \cdots$

$\quad 1, \ \ 3, \ \ 5, \ \ 7, \ \ 9, \ \cdots$

> 初項 $a = 1$，公差 $d = 2$ の
> 等差数列 $\{a_n\}$ の例で説明する。

ここで，この初項 a_1 から第 5 項 a_5 までの和 S_5 を求めてみよう。すると，

$S_5 = 1 + 3 + 5 + 7 + 9 \ \cdots\cdots\ ⑦$ となる。 ← $S_5 = a_1 + a_2 + \cdots + a_5$ のこと

これは，ちょっと頑張れば暗算でも $S_5 = 25$ となるのは分かると思う。でも，ここでは等差数列の和の公式を求めたいので，これは横に置いといて，話を続けるよ。ここで，⑦の右辺のたす順番をまったく逆にしたものを⑦とおいて，⑦と⑦を並べて書くと，次のようになるね。

$$\begin{cases} S_5 = 1 + 3 + 5 + 7 + 9 \ \cdots\cdots\ ⑦ & \leftarrow S_5 = a_1 + a_2 + a_3 + a_4 + a_5 \\ S_5 = 9 + 7 + 5 + 3 + 1 \ \cdots\cdots\ ⑦ & \leftarrow S_5 = a_5 + a_4 + a_3 + a_2 + a_1 \end{cases}$$

この⑦と⑦を辺々たし合わせてみてごらん。すると，

$$\underset{(S_5 + S_5)}{2S_5} = \underset{(a_1 + a_5)}{(1+9)} + \underset{(a_2 + a_4)}{(3+7)} + \underset{(a_3 + a_3)}{(5+5)} + \underset{(a_4 + a_2)}{(7+3)} + \underset{(a_5 + a_1)}{(9+1)} \ \cdots\cdots\ ⑦ \text{となる。}$$

⑦の右辺の 5 つの（　）内の和はすべて同じ 10 になってるのが分かるね。だから，これら 5 つの（　）の和は，同じ $(a_1 + a_5)$ の 5 項の和と考えてもいいだろう。

116

よって，$2S_5 = 5 \times \underset{\substack{\| \\ a_1 + a_5}}{(1+9)}$ $\quad \therefore S_5 = \dfrac{5 \times (1+9)}{2} = \dfrac{5 \times 10}{2} = 25$ と，さっ

きの暗算の結果と同じものが導けた！　これをもう1度まとめておくと，

$$S_5 = \underset{\text{5 項の和}}{\underbrace{\overset{\text{初項}}{\boxed{a_1}} + a_2 + a_3 + a_4 + \overset{\text{末項}}{\boxed{a_5}}}}$$ は，初項 a_1 と**末項** a_5，それに項数の 5 が分

1番最後の項だから "末項" と呼ぶ。

かれば，

$$S_5 = \dfrac{\overset{\text{項数}}{\boxed{5}} \times (\overset{\text{初項}}{\boxed{a_1}} + \overset{\text{末項}}{\boxed{a_5}})}{2} = \dfrac{5 \times (1+9)}{2} = 25$$ と計算できるということなんだね。

この考え方は，一般の等差数列 $\{a_n\}$ の初項から第 n 項までの数列の和 S_n
についても，同様に適用できる。つまり，

$$S_n = \underset{\text{n 項の和}}{\underbrace{\overset{\text{初項}}{\boxed{a_1}} + a_2 + a_3 + \cdots + \overset{\text{末項}}{\boxed{a_n}}}} = \dfrac{\overset{\text{項数}}{\boxed{n}}(\overset{\text{初項}}{\boxed{a_1}} + \overset{\text{末項}}{\boxed{a_n}})}{2}$$

と計算できる。だから，等差数列の和については，「初項＋末項，かける
項数，割る 2」と呪文 (?) のように唱えながら覚えていけばいいんだよ。

　ここで，この等差数列 $\{a_n\}$ の初項を a，公差を d とおくと，末項の a_n
は一般項の公式から，$a_n = a + (n-1)d$ と表せる。これを上の公式に代入
すると，もう1つの等差数列の和の公式が次のように導ける。

$$S_n = \dfrac{n(\overset{a}{\boxed{a_1}} + \overset{a+(n-1)d}{\boxed{a_n}})}{2} = \dfrac{n\{2a + (n-1)d\}}{2}$$

それでは，等差数列の和 S_n の公式を下にまとめておこう。

等差数列の和の公式

初項 a，公差 d の等差数列 $\{a_n\}$ の初項から第 n 項までの和 S_n は，

$$S_n = \dfrac{n(a_1 + a_n)}{2} = \dfrac{n\{2a + (n-1)d\}}{2} \quad (n = 1,\ 2,\ 3,\ \cdots) \text{ となる。}$$

これは，「(初項＋末項)×(項数)÷2」と覚えよう！

117

それでは，例題と練習問題で，S_n を具体的に求めてみよう。

(a) 初項 $a=1$，公差 $d=2$ の等差数列 $\{a_n\}$ の初めの n 項の和 S_n を求めてみよう。

初項 $a=1$，公差 $d=2$ の等差数列 $\{a_n\}$ の初めの n 項の和 S_n も，a と d の値が分かっているので，公式通り計算できて，

$$S_n = a_1 + a_2 + a_3 + \cdots + a_n$$

$$= \frac{n\{2\underset{\textcircled{1}}{\fbox{a}} + (n-1)\underset{\textcircled{2}}{\fbox{d}}\}}{2} = \frac{n\{2 + (n-1)\cdot 2\}}{2} = \frac{n \times 2n}{2} = n^2$$

$\therefore S_n = n^2 \quad (n = 1, 2, 3, \cdots)$ と計算できる。

$a_1, \ a_2, \ a_3, \ a_4, \ a_5, \ \cdots$
$1, \ \ 3, \ \ 5, \ \ 7, \ \ 9, \ \cdots$　より，たとえば，$S_n = n^2$ の n に 3 や 5 を代入すると，

$n=3$ のとき，$S_3 = 3^2 = 9$　← これは，$S_3 = 1+3+5 = 9$ と一致する！

$n=5$ のとき，$S_5 = 5^2 = 25$　← これは，$S_5 = 1+3+5+7+9 = 25$ と一致する！

と計算できる。また，

$n=100$ のとき，$S_{100} = a_1 + a_2 + \cdots + a_{100}$ も，$S_{100} = 100^2 = 10000$ と，スグ求められる。

それでは，さらに次の問題を解いてごらん。

練習問題 25	等差数列の和	CHECK *1*	CHECK *2*	CHECK *3*

第 11 項が 24，第 40 項が 82 の等差数列 $\{b_n\}$ がある。

(1) 初めの n 項の和 $S_n \ (n = 1, 2, 3, \cdots)$ を求めよ。

(2) b_{11} から b_{40} までの和 T を求めよ。

等差数列 $\{b_n\}$ の初項を b，公差を d とおき，$b_{11} = 24$，$b_{40} = 82$ から b と d を求めて，(1) の初めの n 項の和 S_n を求めればいい。(2) は初項が b_{11}，末項が b_{40} となるので，後は項数を正確に求められればいいんだね。

---

(1) 等差数列 $\{b_n\}$ の初項を b，公差を d とおくと，

一般項 $b_n = b + (n-1)d$ だね。ここで，$b_{11} = 24$，$b_{40} = 82$ より

$b_{11} = \fbox{$b + 10d = 24$}$ ……① ← $b_{11} = b + (11-1)d$

$b_{40} = \fbox{$b + 39d = 82$}$ ……② ← $b_{40} = b + (40-1)d$

b と d の連立 1 次方程式

118

②−①より， $29d = 58$ ∴ $d = \dfrac{58}{29} = 2$ ……③

③を①に代入して，

$b + 10 \times 2 = 24$ ∴ $b = 24 - 20 = 4$ ……④

よって，数列 $\{b_n\}$ の初めの n 項の和 $S_n = b_1 + b_2 + \cdots + b_n$ は，公式より

$$S_n = \frac{n\{2\overset{\boxed{4}}{b} + (n-1)\overset{\boxed{2}}{d}\}}{2}$$

これに $b = 4$ …④， $d = 2$ …③ を代入して

$$= \frac{n\{\overset{4}{8} + \overset{1}{2}(n-1)\}}{2}$$

$$= n(n+3) \quad となる！$$

$(n = 1, 2, 3, \cdots)$

$b_1 = 4,\ b_2 = 6,\ b_3 = 8$ より，たとえば $S_3 = b_1 + b_2 + b_3 = 4 + 6 + 8 = 18$ だけど，これは $S_n = n(n+3)$ の n に 3 を代入して $S_3 = 3(3+3) = 18$ として求められる！

(2) T は，b_{11} から b_{40} までの等差数列の和なので，

$$T = \underbrace{\overset{\boxed{24} \leftarrow 初項}{b_{11}} + b_{12} + b_{13} + \cdots + \overset{\boxed{82} \leftarrow 末項}{b_{40}}}_{項数？} = \frac{(項数) \times (\overset{初項}{b_{11}} + \overset{末項}{b_{40}})}{2}$$

(初項＋末項)×(項数)÷2 だ！

となって，項数さえ分かれば，オシマイだね。

ここで，b_{11} から b_{40} までだから，項数は $40 - 11 = 29$ とやっちゃった人いる？ ン～，結構いるね。これについては詳しく話そう。

たとえば，3 から 8 までの自然数の項数はいくつか分かるね。これは，指折り数えて，$\underset{最初の数}{3},\ 4,\ 5,\ 6,\ 7,\ \underset{最後の数}{8}$ だから 6 項だ。でも，これを (最後の数) − (最初の数) $= 8 - 3$ と計算しても 5 にしかならないね。だから，項数を求めたかったら，これに必ず 1 をたさなければならない。 つまり，1 刻みに増えていく自然数に対して， その項数を求めたかったら (最後の数) − (最初の数) $+ 1$ として，求めるんだよ。だから，3 から 8 までの自然数の項数は $\underset{最後の数}{8} - \underset{最初の数}{3} + 1 = 6$ として無事に求まる。

同様に，数列の中には必ず 1 刻みで増えていく整数が隠されているので，(最後の数) − (最初の数) $+ 1$ で，数列の項数も分かるんだ。

今回の

$$T = b_{11} + b_{12} + b_{13} + b_{14} + \cdots + b_{40}$$

← b の添字が，1 刻みで増える整数

（最初の数）（最後の数）

の右辺の数列の項数も，$\underset{\text{最初の数}}{40} - \underset{\text{最後の数}}{11} + 1 = 30$ 項と出てくるんだね。

納得いった？

> ちなみに $S_n = a_1 + a_2 + a_3 + \cdots + a_n$ について も，ていねいに書くと，
> （最初の数）（最後の数）
> $\underset{\text{最後の数}}{n} - \underset{\text{最初の数}}{1} + 1 = n$ から，n 項の和だと分かるんだよ。これも大丈夫？

以上より，b_{11} から b_{40} までの和 T は，

$$T = \frac{\overset{\text{項数}}{30} \cdot (\overset{\text{初項}}{b_{11}} + \overset{\text{末項}}{b_{40}})}{2} = \frac{\overset{15}{30} \times (24 + 82)}{\cancel{2}} = 15 \times 106 = 1590 \text{ と求められる！}$$

● 等比数列では，初項と公比を押さえよう！

では次，"等比数列（とうひすうれつ）"の解説に入ろう。まず，等比数列の 1 例を示すよ。

$$1, \quad 2, \quad 4, \quad 8, \quad 16, \cdots$$
（×2）（×2）（×2）（×2）

これも，$a_1, a_2, a_3, a_4, a_5, \cdots$ とおくと，初項 $a_1 = a = 1$ で，これに同じ一定の値の 2 が次々とかけられることによって，$a_2, a_3, a_4, \cdots$ の数列が作られていっている。このような数列を"等比数列（とうひすうれつ）"という。そして，次々にかけられていく一定の値のことを"公比（こうひ）"と呼び，r で表すんだよ。等比数列の例をいくつか下に示そう。

$(ex1)$ $\quad 1, \quad 3, \quad 9, \quad 27, \quad 81, \cdots$ ← 初項 $a = 1$，公比 $r = 3$ の
（×3）（×3）（×3）（×3） 　　　等比数列だね。

$(ex2)$ $\quad 4, \quad -8, \quad 16, \quad -32, \quad 64, \cdots$ ← 初項 $a = 4$，公比 $r = -2$ の
（×(−2)）（×(−2)）（×(−2)）（×(−2)） 　　等比数列だね。

$(ex3)$ $\quad 6, \quad 3, \quad \dfrac{3}{2}, \quad \dfrac{3}{4}, \quad \dfrac{3}{8}, \cdots$ ← 初項 $a = 6$，公比 $r = \dfrac{1}{2}$ の
（×$\frac{1}{2}$）（×$\frac{1}{2}$）（×$\frac{1}{2}$）（×$\frac{1}{2}$） 　　等比数列だね。

一般に初項 a，公比 r の等比数列 $\{a_n\}$ の場合，

$a_1 = a$，$a_2 = a \cdot r$，$a_3 = a \cdot r^2$，$a_4 = a \cdot r^3$，$\cdots\cdots$ となる。これをていねいに書くと，$a_1 = a \cdot r^0$，$a_2 = a \cdot r^1$，$a_3 = a \cdot r^2$，$a_4 = a \cdot r^3$，$\cdots\cdots$ より，この第 n 項，すなわち一般項は $a_n = a \cdot r^{n-1}$ $(n = 1, 2, 3, \cdots)$ となることが分かると思う。

さらに，等比数列 $\{a_n\}$ の初めの n 項の和 S_n についても考えてみよう。

$\quad S_n = a_1 + a_2 + a_3 + \cdots\cdots + a_n$ より，

$\quad S_n = a + ar + ar^2 + \cdots\cdots + ar^{n-1}$ $\cdots\cdots$ ⑦ のことだね。

⑦ の両辺に，公比 r をかけると，

$\quad r \cdot S_n = r \cdot (a + ar + ar^2 + \cdots\cdots + ar^{n-1})$

$\quad r \cdot S_n = \quad ar + ar^2 + ar^3 + \cdots\cdots + ar^{n-1} + ar^n$ $\cdots\cdots$ ⑦ となるね。

この ⑦ と ④ を並べて書くと，

$$\begin{cases} S_n = a + ar + ar^2 + \cdots\cdots + ar^{n-1} & \cdots\cdots\cdots ⑦ \\ rS_n = \quad ar + ar^2 + \cdots\cdots + ar^{n-1} + ar^n & \cdots\cdots ④ \end{cases}$$

> 1 項ずつずらして書くのがコツだ！

となる。

ここで，⑦ $-$ ④ を実行すると，$ar + ar^2 + \cdots\cdots + ar^{n-1}$ の部分はこの引き算により，打ち消し合ってなくなるので，

$\quad S_n - rS_n = a - ar^n$ となり，さらに，

> 右辺で残るのはこれだけ！ スッキリした！

$\quad (1 - r)S_n = a(1 - r^n)$ となる。

ここで，$r \neq 1$ のとき，$1 - r \neq 0$ より，両辺を $1 - r$ で割って，等比数列の和の公式：$S_n = \dfrac{a(1 - r^n)}{1 - r}$ $(n = 1, 2, 3, \cdots)$ $(r \neq 1)$ が導ける。

エッ，$r = 1$ のときはどうなるのかって？ $r = 1$ の特殊な場合は，⑦ より，

$\quad S_n = a + a \cdot 1 + a \cdot 1^2 + \cdots\cdots + a \cdot 1^{n-1}$

$\quad\quad = a + a + a + \cdots\cdots + a = n \cdot a$ となるんだね。

> n 項の a の和

等比数列について，以上のことをまとめておこう。

初項 a，公比 r の等比数列について，

（ ⅰ ）一般項は，$a_n = a \cdot r^{n-1}$（$n = 1,\ 2,\ 3,\ \cdots$）となる。

（ ⅱ ）初項から第 n 項までの数列の和 S_n は，

$$S_n = \begin{cases} \dfrac{a(1-r^n)}{1-r} & (r \neq 1 \text{ のとき}) \\[2mm] na & (r = 1 \text{ のとき}) \end{cases} \quad (n = 1,\ 2,\ 3,\ \cdots) \text{ となる。}$$

それじゃ，等比数列についても具体的に練習しておこう。

(a) **等比数列** $1,\ 2,\ 4,\ 8,\ \cdots$ **の一般項と，初めの** n **項の和を求めよう。**

この数列を $\{a_n\}$ とおくと，これは初項 $a = 1$，公比 $r = 2$ の等比数列だ

ね。よって，一般項 $a_n = \boxed{a}^{1} \cdot \boxed{r}^{\,2\ n-1} = 1 \cdot 2^{n-1} = 2^{n-1}$（$n = 1,\ 2,\ \cdots$）と

なり，初めの n 項の和 $S_n = \dfrac{\boxed{a}^{1}(1-\boxed{r}^{\,2\ n})}{1-\boxed{r}_{2}} = \dfrac{1 \cdot (1-2^n)}{1-2} = \dfrac{1-2^n}{-1} = 2^n - 1$

（$n = 1,\ 2,\ \cdots$）となる。公式通りに計算したんだよ。

(b) **等比数列** $6,\ 3,\ \dfrac{3}{2},\ \dfrac{3}{4},\ \cdots$ **の一般項と，初めの** n **項の和を求めよう。**

この数列を $\{b_n\}$ とおくと，これは初項 $b = 6$，公比 $r = \dfrac{1}{2}$ の等比数列だ。

よって，一般項 $b_n = \boxed{b}^{6} \cdot \boxed{r}^{\,\frac{1}{2}\ n-1} = 6 \cdot \left(\dfrac{1}{2}\right)^{n-1}$（$n = 1,\ 2,\ \cdots$）となり，

初めの n 項の和 $S_n = \dfrac{\boxed{b}^{6}(1-\boxed{r}^{\,\frac{1}{2}\ n})}{1-\boxed{r}_{\frac{1}{2}}} = \dfrac{6\left\{1-\left(\dfrac{1}{2}\right)^n\right\}}{1-\dfrac{1}{2}} = \dfrac{6\left\{1-\left(\dfrac{1}{2}\right)^n\right\}}{\boxed{\dfrac{1}{2}}}$

分母の分母
は上へ！

$= 12\left\{1-\left(\dfrac{1}{2}\right)^n\right\}$（$n = 1,\ 2,\ \cdots$）となる。

練習問題 26　等比数列の和　　CHECK *1*　CHECK*2*　CHECK*3*

等比数列の和 $\dfrac{1}{3}+1+3+3^2+\cdots\cdots+3^n$ を求めよ。

初項 $a=\dfrac{1}{3}$，公比 $r=3$ の等比数列の和だから，公式 $\dfrac{a(1-r^n)}{1-r}$ に代入すればいいだけだって？ ちょっと待ってくれ！ 一般に等比数列の和の公式は $\dfrac{a\{1-r^{(項数)}\}}{1-r}$ と覚えておいてくれ。だから，分子の r の指数部は n とは限らず，$n-1$ や $n-2$ などに変化し得る。この項数は，数列の中に 1 刻みで増えていく整数を見つけ，（最後の数）－（最初の数）$+1$ で求めるんだったね。

この和を U とおくと，

$U=\dfrac{1}{3}+1+3+3^2+\cdots\cdots+3^n$ ← 初項 $a=\dfrac{1}{3}$，公比 $r=3$ の等比数列の和であることは間違いない！

　$=3^{\boxed{-1}}+3^0+3^1+3^2+\cdots\cdots+3^{\boxed{n}}$

最初の数　　　　　　最後の数

これから，項数は（最後の数）－（最初の数）$+1$
$=n-(-1)+1=n+2$ だね。

よって，U は初項 $a=\dfrac{1}{3}$，公比 $r=3$，項数 $n+2$ の等比数列の和より，

$$U=\dfrac{a(1-r^{\overset{項数}{(n+2)}})}{1-r}=\dfrac{\frac{1}{3}(1-3^{n+2})}{1-3}=-\dfrac{1}{6}(1-3^{n+2})$$

$\therefore U=\dfrac{1}{6}(3^{n+2}-1)$　となって答えだ。納得いった？

　サァ，これで，等差数列と等比数列の解説もすべて終了です。後はよ～く復習しておくんだよ。それでは，次回また会おう！ バイバイ！

おはよう！　みんな，元気そうだね。さァ，これから数列の第2回目の講義に入ろう。今日のメインテーマは，"∑ 計算（シグマけいさん）" だ。これに慣れると，さまざまな数列の和の計算が自由自在にできるようになるんだよ。さらに，数列の和 S_n が (n の式) で与えられているとき，それを基に，一般項 a_n を求める手法についても解説するつもりだ。

今回も，盛り沢山の内容になるけれど，これをマスターすることにより，数列の面白さや楽しさが分かってくると思うよ。今日も頑張ろうな！

● まず，∑ 計算の記号の意味を押さえよう！

前回，数列 $\{a_n\}$ の初項 a_1 から第 n 項までの数列の和を S_n とおいて，

$S_n = a_1 + a_2 + a_3 + \cdots + a_n$ ……① 　($n = 1, 2, 3, \cdots$) とおいた。でも，数学的に見て，この "…" の部分が何ともカッコ悪いんだね。これを解決する方法として，次のような "∑ 計算（シグマけいさん）" がある。①式も，この ∑（シグマ）を使うと，

$S_n = \displaystyle\sum_{k=1}^{n} a_k$ ……①′ 　とすっきり表せる。①と①′ は同じ式なんだ。①′

の右辺 $\displaystyle\sum_{k=1}^{n} a_k$ の意味を言っておこう。∑ の下の $\underline{k=1}$ と上の $\underline{n}$ から，"a_k

> $k = n$ まで動かせ！
> $k = 1$ から！

の k を $\underline{1}$ から $\underline{n}$ まで，$\underline{1}, \underline{2}, \underline{3}, \cdots, \underline{n}$ と動かして，その和をとれ！" と言ってるんだ。つまり，a_k の添字の k を $1, 2, 3, \cdots, n$ と動かすと，$a_1, a_2, a_3, \cdots, a_n$ のことで，その和をとれと言ってるので，結局 $\displaystyle\sum_{k=1}^{n} a_k = a_1 + a_2 + a_3 + \cdots + a_n$ となって，①の右辺と一致するんだ。ン？　まだピンとこないって？　当然だね。いくつか例を出すので，これで，∑ 計算の表す意味をマスターしてくれたらいいんだよ。

$(ex1)\ \displaystyle\sum_{k=1}^{5} b_k = b_1 + b_2 + b_3 + b_4 + b_5$　◀ 　b_k の k を 1 から 5 まで動かして，その和をとる！

$(ex2)\ \displaystyle\sum_{k=1}^{n} k^4 = 1^4 + 2^4 + 3^4 + \cdots + n^4$　◀ 　k^4 の k を 1 から n まで動かして，その和をとる！

$(ex3)\ \displaystyle\sum_{k=0}^{n-1} 2^k = 2^0 + 2^1 + 2^2 + \cdots + 2^{n-1}$　◀ 　2^k の k を 0 から $n-1$ まで動かして，その和をとる！

$(ex4)\ \sum\limits_{j=1}^{n} 2j = 2 \cdot 1 + 2 \cdot 2 + 2 \cdot 3 + \cdots + 2 \cdot n$

$2 \cdot j$ の j を 1 から n まで動かしてその和をとる！

動かす文字は, k でなくても, j でも i でもなんでもいい！

大丈夫？　ではまず, $\sum$ 計算の 3 つの重要公式を覚えることにしよう。

$(1)\sum\limits_{k=1}^{n} k,\quad (2)\sum\limits_{k=1}^{n} k^2,\quad (3)\sum\limits_{k=1}^{n} k^3$ については, 次の公式があるんだよ。

∑ 計算の公式（Ⅰ）

$(1)\ \sum\limits_{k=1}^{n} k = 1 + 2 + 3 + \cdots + n = \dfrac{1}{2}n(n+1)$

$(2)\ \sum\limits_{k=1}^{n} k^2 = 1^2 + 2^2 + 3^2 + \cdots + n^2 = \dfrac{1}{6}n(n+1)(2n+1)$

$(3)\ \sum\limits_{k=1}^{n} k^3 = 1^3 + 2^3 + 3^3 + \cdots + n^3 = \dfrac{1}{4}n^2(n+1)^2$　（n：自然数）

$(1)\ \sum\limits_{k=1}^{n} k = \underbrace{\underset{\text{初項}}{\boxed{1}} + 2 + 3 + \cdots + \underset{\text{末項}}{\boxed{n}}}_{n\,\text{項の和}}$　は, 初項 1, 公差 1 の n 項の等差数列の和

なので, 公式から当然 $\dfrac{\overset{\text{項数}}{\boxed{n}} \cdot (\overset{\text{初項}}{\boxed{1}} + \overset{\text{末項}}{\boxed{n}})}{2}$ となるんだけど, これは $\sum$ 計算の

公式として, $\sum\limits_{k=1}^{n} k = \dfrac{1}{2}n(n+1)$ と覚えておくんだよ。

証明は後でするけれど, $(2)(3)$ についても, 公式として覚えておこう。

それじゃ, $\sum$ 計算も例題で練習しておこう。

$(a)\ 1^2 + 2^2 + 3^2 + \cdots + 10^2$ を求めてみよう。

これは, $\sum\limits_{k=1}^{10} k^2$ のことだから, 公式 $(2)\sum\limits_{k=1}^{n} k^2 = \dfrac{1}{6}n(n+1)(2n+1)$ の n

に 10 を代入すれば, 求まるね。よって,

$\sum\limits_{k=1}^{10} k^2 = \dfrac{1}{6} \cdot 10 \cdot (10+1) \cdot (2 \times 10 + 1) = \dfrac{\overset{5}{10} \times 11 \times \overset{7}{21}}{6} = 385$ となる。

(b) $1^3 + 2^3 + 3^3 + \cdots + (n-1)^3$ を求めてみよう。

これは, $\displaystyle\sum_{k=1}^{n-1} k^3$ のことだから, 公式 $(3)\displaystyle\sum_{k=1}^{n} k^3 = \frac{1}{4}n^2(n+1)^2$ の n に $n-1$ を代入したものだ。よって,

$$\sum_{k=1}^{n-1} k^3 = \frac{1}{4}(n-1)^2(n-\cancel{1}+\cancel{1})^2 = \frac{1}{4}n^2(n-1)^2 \text{ となる。大丈夫 ?}$$

さらに $\sum$ 計算の公式として, 次の 2 つも覚えよう !

■ $\sum$ 計算の公式 (II)

$(4)\displaystyle\sum_{k=1}^{n} c = c + c + c + \cdots + c = nc$　(c:定数)

$(5)\displaystyle\sum_{k=1}^{n} ar^{k-1} = a + ar + ar^2 + \cdots + ar^{n-1} = \frac{a(1-r^n)}{1-r}$　($r \neq 1$ のとき)

(4) の $\displaystyle\sum_{k=1}^{n} c$ は $\sum$ 計算の定義から言うと, 困った形をしているんだね。k を 1, $2, 3, \cdots, n$ と動かして, たせと言っているのに, c は定数なので, 動かすべき k がないんだね。この場合, c は k とは無関係な定数だから, 結局 c を, $k = 1$, 2, $\cdots$, n の n 回分たしてしまえばいいんだ。よって,

$$\sum_{k=1}^{n} c = \underbrace{c + c + c + \cdots + c}_{n \text{ 項の和}} = n \cdot c \quad (c:定数) \text{ の公式になるんだね。}$$

次, (5) については

$$\sum_{k=1}^{n} ar^{k-1} = a \cdot \overset{k=1}{\underset{r^0=1}{r^{1-1}}} + a \cdot \overset{k=2}{\underset{r}{r^{2-1}}} + a \cdot \overset{k=3}{\underset{r^2}{r^{3-1}}} + \cdots + a \cdot \overset{k=n}{r^{n-1}}$$

$= a + ar + ar^2 + \cdots + ar^{n-1}$　($r \neq 1$) となるので, これは初項 a, 公比 r ($\neq 1$), 項数 n の等比数列の和で, $r \neq 1$ の条件より, 前回勉強した公式通り, $\displaystyle\sum_{k=1}^{n} ar^{k-1} = \frac{a(1-r^n)}{1-r}$ が導けるんだね。

エッ, $r = 1$ のときはどうなるかって ? $r = 1$ のときは,

$$\sum_{k=1}^{n} a \cdot \overset{1}{\underset{}{1^{k-1}}} = \sum_{k=1}^{n} \overset{定数}{\underset{}{a}} = \overset{n \text{ 項の和}}{\overbrace{a + a + \cdots + a}} = n \cdot a \text{ となって, 公式 }(4) \text{ の形だね。}$$

最後にもう 1 つ, 重要な $\sum$ 計算の公式がある。

126

∑計算の公式（Ⅲ）

$$(6) \sum_{k=1}^{n} (I_k - I_{k+1}) = (I_1 - I_2) + (I_2 - I_3) + \cdots + (I_n - I_{n+1})$$
$$= I_1 - I_{n+1} \qquad (n：自然数)$$

これは，$I_k - I_{k+1}$ の形の $\sum$ 計算では途中の項がすべて打ち消し合ってなくなり，最終的には，$I_1 - I_{n+1}$ のみが残る面白い結果になるんだよ。

$k=1$ のとき　$k=2$ のとき　$k=3$ のとき　　$k=n$ のとき

$$\sum_{k=1}^{n} (I_k - I_{k+1}) = (I_1 - I_2) + (I_2 - I_3) + (I_3 - I_4) + \cdots + (I_n - I_{n+1})$$

初めの1項が残る。　　途中は，バサバサバサ…とすべて打ち消し合ってなくなる！　　最後の1項が残る。

$$= I_1 - I_{n+1} \quad となるんだね。$$

この最も典型的な例が $\sum_{k=1}^{n} \dfrac{1}{k(k+1)}$ の計算なんだよ。ここで，$\dfrac{1}{k(k+1)}$ は，

$$\frac{1}{k(k+1)} = \frac{1}{k} - \frac{1}{k+1} \quad と，\textbf{部分分数}に分解することができる。$$

$$\frac{1}{k} - \frac{1}{k+1} = \frac{k+1-k}{k(k+1)} = \frac{1}{k(k+1)} \quad となるからだ。$$

ここで，$I_k = \dfrac{1}{k}$ とおくと，この k の代わりに $k+1$ を代入したものが I_{k+1}

より，$I_{k+1} = \dfrac{1}{k+1}$ となるね。よって，$\dfrac{1}{k(k+1)} = \dfrac{1}{k} - \dfrac{1}{k+1} = I_k - I_{k+1}$ の

形が出来上がってるんだね。サァ，実際に計算してみよう。

$$\sum_{k=1}^{n} \frac{1}{k(k+1)} = \sum_{k=1}^{n} \left(\frac{1}{k} - \frac{1}{k+1} \right)$$

この変形を "部分分数に分解する" と言うんだよ。

I_k　　I_{k+1}

$k=1$ のとき　$k=2$ のとき　$k=3$ のとき　　　$k=n$ のとき

$$= \left(\frac{1}{1} - \frac{1}{2} \right) + \left(\frac{1}{2} - \frac{1}{3} \right) + \left(\frac{1}{3} - \frac{1}{4} \right) + \cdots + \left(\frac{1}{n} - \frac{1}{n+1} \right)$$

途中の項は打ち消し合ってすべてなくなる。

$I_1 - I_{n+1}$ のみ残る。

$$= 1 - \frac{1}{n+1} = \frac{n+1-1}{n+1} = \frac{n}{n+1} \quad が答えになるんだね。$$

127

これまで教えた，"6つの Σ 計算の公式"と，次の"2つの Σ 計算の性質"を使いこなすことにより，Σ 計算が自由に行えるようになるんだよ。

Σ 計算の性質

$$(1) \sum_{k=1}^{n} (a_k + b_k) = \sum_{k=1}^{n} a_k + \sum_{k=1}^{n} b_k \quad \longleftarrow$$

これは引き算でも同様に成り立つ。
$$\sum_{k=1}^{n} (a_k - b_k) = \sum_{k=1}^{n} a_k - \sum_{k=1}^{n} b_k$$

$$(2) \sum_{k=1}^{n} c \cdot a_k = c \sum_{k=1}^{n} a_k \quad (c : 定数)$$

以上の性質は，Σ 計算の意味から考えれば，当然成り立つね。まず，

$k=1$ のとき　$k=2$ のとき　$k=3$ のとき　$k=n$ のとき

$$(1) \sum_{k=1}^{n} (a_k + b_k) = (a_1 + b_1) + (a_2 + b_2) + (a_3 + b_3) + \cdots + (a_n + b_n)$$

$$= (a_1 + a_2 + a_3 + \cdots + a_n) + (b_1 + b_2 + b_3 + \cdots + b_n)$$

$$= \sum_{k=1}^{n} a_k + \sum_{k=1}^{n} b_k \quad \longleftarrow 引き算のときも同様だね。$$

このように，Σ 計算の中身が，複数の数列の"たし算"や"引き算"になっているとき，項別に Σ 計算することができるんだ。例を示すよ。

$$(ex1) \sum_{k=1}^{n} (k^3 + k^2 - k) = \sum_{k=1}^{n} k^3 + \sum_{k=1}^{n} k^2 - \sum_{k=1}^{n} k \quad \longleftarrow 項別に Σ 計算できる！$$

(2) の性質も，次に示すように，明らかに成り立つ。

$$\sum_{k=1}^{n} c \cdot a_k = c \cdot a_1 + c \cdot a_2 + c \cdot a_3 + \cdots + c \cdot a_n$$

$$= c(a_1 + a_2 + a_3 + \cdots + a_n) \quad \longleftarrow c をくくり出した！$$

$$= c \sum_{k=1}^{n} a_k \quad となって，$$

定数係数 c は Σ の外に出せるんだね。これも例を示そう。

$$(ex2) \sum_{k=1}^{n} 3k^2 = 3 \sum_{k=1}^{n} k^2 \quad \longleftarrow 定数係数の 3 は Σ の表に出せる！$$

サァ，これで準備が整ったので，本格的な Σ 計算の練習に入ろう。

● Σ 計算の練習をしよう！

それでは，次の練習問題を解いてみよう。

| 練習問題 27 | Σ計算（Ⅰ） | CHECK 1 | CHECK 2 | CHECK 3 |

次の和を求めよ。

$$(1) \sum_{k=1}^{n} (2k+1) \qquad (2) \sum_{k=1}^{n} 2k^2(2k-3) \qquad (3) \sum_{k=1}^{n} (-2)^{k+1}$$

Σ計算の公式と性質をフルに駆使して解いていくんだね。

$$(1)\ \sum_{k=1}^{n} (2k+1) = \sum_{k=1}^{n} 2k + \sum_{k=1}^{n} 1 \quad \longleftarrow \boxed{\text{たし算は, 項別に Σ 計算できる!}}$$

$$= 2\sum_{k=1}^{n} k + \sum_{k=1}^{n} 1 \quad \longleftarrow \boxed{\text{定数係数 2 は Σ の外に出せる。}}$$

$$\underbrace{\frac{1}{2}n(n+1)} \quad \underbrace{n\cdot 1} \quad \boxed{\text{公式}: \sum_{k=1}^{n} k = \frac{1}{2}n(n+1),\ \sum_{k=1}^{n} c = nc}$$

$$= \cancel{2} \cdot \frac{1}{\cancel{2}} n(n+1) + n = n^2 + n + n$$

$$= n^2 + 2n = n(n+2) \quad \text{となって, 答えだ。}$$

$$(2)\ \sum_{k=1}^{n} 2k^2(2k-3) = \sum_{k=1}^{n} (4k^3 - 6k^2)$$

$$= 4\sum_{k=1}^{n} k^3 - 6\sum_{k=1}^{n} k^2 \quad \longleftarrow \boxed{\begin{array}{l}\text{ひき算は項別に Σ 計算できる!}\\\text{定数係数は Σ の表に出せる!}\end{array}}$$

$$\underbrace{\frac{1}{4}n^2(n+1)^2} \quad \underbrace{\frac{1}{6}n(n+1)(2n+1)} \quad \boxed{\begin{array}{l}\text{公式}: \sum_{k=1}^{n} k^2 = \frac{1}{6}n(n+1)(2n+1)\\[2mm]\sum_{k=1}^{n} k^3 = \frac{1}{4}n^2(n+1)^2\end{array}}$$

$$= \cancel{4} \cdot \frac{1}{\cancel{4}} n^2(n+1)^2 - \cancel{6} \cdot \frac{1}{\cancel{6}} n(n+1)(2n+1)$$

$$= n(n+1)\{n(n+1) - (2n+1)\} \quad \longleftarrow \boxed{n(n+1) \text{ でくくった!}}$$

$$= n(n+1)(n^2 - n - 1) \quad \text{となる。}$$

$$(3)\ (-2)^{k+1} = (-2)^{2+k-1} = \underbrace{(-2)^2}_{\boxed{4}} \cdot (-2)^{k-1} = \underbrace{4(-2)^{k-1}}_{\boxed{a\cdot r^{k-1}\text{の形!}}} \text{より}, \quad \boxed{\begin{array}{l}\text{初項 }a,\ \text{公比 }r\\\text{の等比数列}\end{array}}$$

$$\sum_{k=1}^{n} (-2)^{k+1} = \sum_{k=1}^{n} 4 \cdot (-2)^{k-1} \quad \longrightarrow \boxed{\text{公式}: \sum_{k=1}^{n} a \cdot r^{k-1} = \frac{a(1-r^n)}{1-r} \quad (r \neq 1)}$$

$$= \frac{4 \cdot \{1 - (-2)^n\}}{1 - (-2)} = \frac{4}{3}\{1 - (-2)^n\} \text{ となる。}$$

それでは次の問題にチャレンジしてみよう。

次の (1) の数列を $\{a_n\}$, (2) の数列を $\{b_n\}$ とおき，それぞれの一般項を
求め，初めの n 項の和を求めよ。

(1) 5，3，1，-1，$\cdots$　　　　(2) 2·1，4·4，6·7，8·10，$\cdots$

(1) の数列 $\{a_n\}$ は，初項 $a = 5$, 公差 $d = -2$ の等差数列なので，一般項 a_n がすぐ求まるね。(2) の数列 $\{b_n\}$ は，2 つの異なる数列の積の形になっているので，まず分解して考えると，うまくいくんだよ。

(1) 5，3，1，-1，$\cdots$

この数列 $\{a_n\}$ は，初項 $a = 5$，公差 $d = -2$ の等差数列より，その

一般項 a_n は，

$$a_n = a + (n-1)d = 5 + (n-1)\cdot(-2) = 5 - 2n + 2$$

一般項 a_n の公式通りだね。

$$\therefore a_n = 7 - 2n \cdots\cdots① \quad (n = 1, 2, 3, \cdots)$$

よって，この数列の初めの n 項の和を S_n とおくと

・引き算は項別に，
・定数係数は Σ の外に出して，Σ計算できる。

$$S_n = \sum_{k=1}^{n} a_k = \sum_{k=1}^{n} (7-2k) = \sum_{k=1}^{n} 7 - 2\sum_{k=1}^{n} k$$

$a_1 + a_2 + a_3 + \cdots + a_n$ のこと

$7 \cdot n$

$\frac{1}{2}n(n+1)$

公式：$\sum_{k=1}^{n} k = \frac{1}{2}n(n+1)$
$\sum_{k=1}^{n} c = nc$

$a_n = 7 - 2n$ より，$a_k = 7 - 2k$ となる。

$$\therefore S_n = 7n - 2 \cdot \frac{1}{2}n(n+1) = 7n - n^2 - n = n(6-n) \text{ となる。}$$

別解

$\{a_n\}$ は，初項 $a = 5$，公差 $d = -2$ の等差数列より，数列の和 S_n は，

(i) $S_n = \dfrac{n\{2a + (n-1)d\}}{2} = \dfrac{n\{10 - 2(n-1)\}}{2} = n(6-n)$

と計算してもいいし，

(ii) $S_n = \dfrac{n(a_1 + a_n)}{2} = \dfrac{n(5 + 7 - 2n)}{2} = n(6-n)$　としてもいい。

（初項＋末項）×（項数）÷2

130

(2) $b_1 = \underline{\textbf{2}} \cdot \underline{\textbf{1}}$, $b_2 = \underline{\textbf{4}} \cdot \underline{\textbf{4}}$, $b_3 = \underline{\textbf{6}} \cdot \underline{\textbf{7}}$, $b_4 = \underline{\textbf{8}} \cdot \underline{\textbf{10}}$, ……　より，

数列 $\{b_n\}$ の一般項 b_n は $b_n = \bigcirc \cdot \triangle$ の形をしているのが分かるだろう。

$\bigcirc$ の方は，$\textbf{2}$，$\textbf{4}$，$\textbf{6}$，$\textbf{8}$，…と，初項 $\textbf{2}$，公差 $\textbf{2}$ の等差数列だから，

$\bigcirc = 2 + \overbrace{(n-1)} \cdot 2 = \underline{\underline{2n}}$　となる。

次，$\triangle$ の方は，$\underline{\textbf{1}}$，$\underline{\textbf{4}}$，$\underline{\textbf{7}}$，$\underline{\textbf{10}}$，…と，初項 $\textbf{1}$，公差 $\textbf{3}$ の等差数列だから，

$\triangle = 1 + \overbrace{(n-1)} \cdot 3 = \underline{\underline{3n-2}}$　となる。

以上より，数列 $\{b_n\}$ の一般項 b_n は，

$$b_n = \overbrace{\underline{\underline{2n}} \times \underline{\underline{(3n-2)}}} = 6n^2 - 4n \quad (n = 1,\ 2,\ 3,\ \cdots) \quad \text{と求まる。}$$

> $\underline{\bigcirc = 2n}$，$\underline{\triangle = 3n-2}$ は，共に等差数列だけど，その積の $b_n = \underline{\textbf{2n}} \cdot \underline{\textbf{(3n-2)}}$ はもはや，等差数列とは言えないことに注意しよう。

よって，この数列の初めの n 項の和を T_n とおくと，

> ・引き算は項別に，
> ・係数は Σ の外に出して，
> 　Σ 計算できる。

$$T_n = \sum_{k=1}^{n} b_k = \sum_{k=1}^{n} \underbrace{(6k^2 - 4k)}_{b_k} = 6\underbrace{\sum_{k=1}^{n} k^2}_{\frac{1}{6}n(n+1)(2n+1)} - 4\underbrace{\sum_{k=1}^{n} k}_{\frac{1}{2}n(n+1)}$$

　　　　　　　　　　　　　　　　　　　　　　　← 公式通り

$$\therefore T_n = \cancel{6} \cdot \frac{1}{\cancel{6}}n(n+1)(2n+1) - 4 \cdot \frac{1}{2}n(n+1) = n(n+1)(2n+1) - 2n(n+1)$$

$$= \underline{n(n+1)}(2n+1-2) = n(n+1)(2n-1) \quad \text{となって，答えだ！}$$

これをくくり出した

それじゃ次は，$\displaystyle\sum_{k=1}^{n} (I_k - I_{k+1})$ の形の Σ 計算の練習もしておこう。

練習問題 29　　$\displaystyle\sum_{k=1}^{n} (I_k - I_{k+1})$　　CHECK 1　　CHECK 2　　CHECK 3

(1) $\displaystyle\sum_{k=1}^{n} (2^{k+1} - 2^k)$　を求めよ。

(2) $a_n = \dfrac{1}{1+2+3+\cdots+n}$　$(n = 1,\ 2,\ \cdots)$　のとき，$\displaystyle\sum_{k=1}^{n} a_k$ を求めよ。

---

(1) $2^{k+1} - 2^k$ は，$I_{k+1} - I_k$ の形なので，$2^{k+1} - 2^k = -1 \cdot (2^k - 2^{k+1})$ として，(2) は，$a_k = 2\left(\dfrac{1}{k} - \dfrac{1}{k+1}\right)$ と部分分数に分解して，計算すればいい。

(1) $\displaystyle\sum_{k=1}^{n} \underbrace{(2^{k+1} - 2^k)}_{\boxed{-1\cdot(2^k - 2^{k+1})}} = -\sum_{k=1}^{n} \left(\boxed{2^k}^{\,\boxed{I_k}} - \boxed{2^{k+1}}^{\,\boxed{I_{k+1}}} \right)$ $\quad\boxed{\begin{array}{l}\Sigma(I_k - I_{k+1})\,\text{の形だから途中}\\\text{の項が消えて，最初と最後}\\\text{の項だけが残る！}\end{array}}$

$\boxed{-1\,\text{を，}\Sigma\,\text{の外に出した！}}$

$\boxed{k=1\,\text{のとき}}\quad\boxed{k=2\,\text{のとき}}\quad\boxed{k=3\,\text{のとき}}\quad\boxed{k=n\,\text{のとき}}$

$= -\{(2^1 - 2^2) + (2^2 - 2^3) + (2^3 - 2^4) + \cdots + (2^n - 2^{n+1})\}$

$\boxed{\text{途中の項が打ち消し合って，なくなる！}}$

$= -(2 - 2^{n+1}) = 2^{n+1} - 2 = 2^n \cdot 2^1 - 2 = 2 \cdot (2^n - 1)$ $\quad$となって答えだ。

$\boxed{\text{最初と最後の項だけが残る。}}$ $\qquad$ $\boxed{2\,\text{をくくり出した。}}$

別解

これは，$\displaystyle\sum_{k=1}^{n} \underbrace{(2^{k+1} - 2^k)}_{\boxed{2\cdot 2^k - 2^k = (2-1)\cdot 2^k = 2^k}} = \sum_{k=1}^{n} 2^k = \sum_{k=1}^{n} 2 \cdot 2^{k-1}$ $\leftarrow \boxed{\displaystyle\sum_{k=1}^{n} a \cdot r^{k-1}\,\text{の形}}$

初項 $a = 2$，公比 $r = 2$ の等比数列の初めの n 項の和のことだから，

$\dfrac{a(1 - r^n)}{1 - r} = \dfrac{2(1 - 2^n)}{1 - 2} = \dfrac{2(1 - 2^n)}{-1} = 2(2^n - 1)$ と求めても，いいよ。

---

(2) $a_n = \dfrac{1}{1 + 2 + 3 + \cdots + n}$ $\quad(n = 1,\ 2,\ 3,\ \cdots)$ の分母に着目すると，

$1 + 2 + 3 + \cdots + n = \displaystyle\sum_{k=1}^{n} k = \dfrac{1}{2}n(n+1)$ $\quad$のことだから，

$a_n = \dfrac{1}{\dfrac{1}{2}n(n+1)} = \dfrac{2}{n(n+1)} = 2 \cdot \left(\boxed{\dfrac{1}{n}}^{\,\boxed{I_n}} - \boxed{\dfrac{1}{n+1}}^{\,\boxed{I_{n+1}}} \right)$ $\quad$と変形できる。

$\boxed{\text{部分分数に分解}}$

よって，求める数列の和は

$\displaystyle\sum_{k=1}^{n} a_k = \sum_{k=1}^{n} 2\left(\dfrac{1}{k} - \dfrac{1}{k+1} \right) = 2\sum_{k=1}^{n} \left(\boxed{\dfrac{1}{k}}^{\,\boxed{I_k}} - \boxed{\dfrac{1}{k+1}}^{\,\boxed{I_{k+1}}} \right)$

$= 2\left\{ \left(\dfrac{1}{1} - \dfrac{1}{2} \right) + \left(\dfrac{1}{2} - \dfrac{1}{3} \right) + \left(\dfrac{1}{3} - \dfrac{1}{4} \right) + \cdots + \left(\dfrac{1}{n} - \dfrac{1}{n+1} \right) \right\}$

$\boxed{I_1 - I_{k+1}\,\text{のみ残る。}}$ $\quad\boxed{\text{途中の項が打ち消し合ってなくなる。}}$

$= 2\left(1 - \dfrac{1}{n+1} \right) = 2 \times \dfrac{n+1-1}{n+1} = \dfrac{2n}{n+1}$ $\quad$となって，答えだ！

この位やれば，Σ 計算にもかなり自信が付いたと思う。Σ 計算の **6** つの

公式と **2** つの性質をうまく組み合せていくことがポイントだったんだね。

では，Σ の計算の公式 $\displaystyle\sum_{k=1}^{n} k^2 = \frac{1}{6} n(n+1)(2n+1)$ …($*$)(P125) の公式の

証明をやっておこう。ポイントは $\displaystyle\sum_{k=1}^{n} (I_k - I_{k+1}) = I_1 - I_{n+1}$ の変形を利用す

ることなんだ。また，公式 $\displaystyle\sum_{k=1}^{n} k = \frac{1}{2} n(n+1)$ …($*$)′ は使えるものとするよ。

では，まず $(k+1)^3 - k^3$ を展開してみると，

⎛ $I_k = k^3$ とおくと，これが $I_{k+1} - I_k$ の形になっているんだね。⎞

$(k+1)^3 - k^3 = \cancel{k^3} + 3k^2 + 3k + 1 - \cancel{k^3} = 3k^2 + 3k + 1$ …① となるのはいいね。

⎛ $k^3 + 3k^2 + 3k + 1$ ⎞ ← ⎛ $(a+b)^3 = a^3 + 3a^2 b + 3ab^2 + b^3$ を使った⎞

この①の k を **1**，**2**，**3**，…n と動かした和，すなわち $\displaystyle\sum_{k=1}^{n}$ をとると，

$\displaystyle\sum_{k=1}^{n} \left\{ (k+1)^3 - k^3 \right\} = \sum_{k=1}^{n} (3k^2 + 3k + 1)$ …② となるね。

・ここで，②の左辺は，-1 をくくりだすと，Σ 計算の中身は $I_k - I_{k+1}$

の形なので

$-\displaystyle\sum_{k=1}^{n} \left\{ \underbrace{k^3}_{I_k} - \underbrace{(k+1)^3}_{I_{k+1}} \right\} = - \left\{ (\underbrace{1^3}_{I_1} - 2^3) + (2^3 - 3^3) + \cdots + \underbrace{ \{ n^3 - \underbrace{(n+1)^3}_{I_{n+1}} \} }_{途中は打ち消し合って消える！} \right.$

$= - \left\{ 1^3 - (n+1)^3 \right\} = (n+1)^3 - \cancel{1} = n^3 + 3n^2 + 3n$ …③ となる。

⎛ $I_1 - I_{n+1}$ のみが残る！⎞ ⎛ $n^3 + 3n^2 + 3n + \cancel{1}$ ⎞

・次に，②の右辺は，

$3\displaystyle\sum_{k=1}^{n} k^2 + 3 \cdot \underbrace{\sum_{k=1}^{n} k}_{} + \underbrace{\sum_{k=1}^{n} 1}_{} = 3\sum_{k=1}^{n} k^2 + \frac{3}{2} n(n+1) + n$ …④ となる。

⎛ ($*$)′ の公式：$\frac{1}{2}n(n+1)$ ⎞ ⎛ $n \cdot 1 = n$ （n 個の **1** の和）⎞

③と④を②に代入すると，

$n^3 + 3n^2 + 3n = 3\displaystyle\sum_{k=1}^{n} k^2 + \frac{3}{2} n(n+1) + n$ …⑤ となるんだね。

したがって，これを $\displaystyle\sum_{k=1}^{n} k^2 =$ ……の形にまとめれば，($*$)の公式が導か

れるはずだ。後もう少しだ！頑張ろう！！

133

⑤を変形して，

$$3\sum_{k=1}^{n} k^2 = n^3 + 3n^2 + 3n - \frac{3}{2}n^2 - \frac{3}{2}n - n$$

$$= n^3 + \frac{3}{2}n^2 + \frac{1}{2}n = \frac{1}{2}n(2n^2 + 3n + 1)$$

（吹き出し）$\frac{1}{2}n$ をくくり出した

（吹き出し）たすきがけ

$$\therefore 3\sum_{k=1}^{n} k^2 = \frac{1}{2}n(n+1)(2n+1) \quad \text{よって，この両辺を 3 で割って，}$$

公式：$\displaystyle\sum_{k=1}^{n} k^2 = \frac{1}{6}n(n+1)(2n+1)\cdots(*)$ が導けるんだね。大丈夫？

　公式の証明って，結構大変だけれど，今のキミ達ならば理解できたんじゃないか？公式：$\displaystyle\sum_{k=1}^{n} k^3 = \frac{1}{4}n^2(n+1)^2$ も，同様に証明できるんだけれど，この証明は，この後に解説する "<ruby>数学的帰納法<rt>すうがくてききのうほう</rt></ruby>"（**P164**）のところでやってみようと思う。

　それじゃ，新しいテーマに入ろう。数列の和 S_n から一般項 a_n を求める手順についても解説しよう。これも，試験では頻出テーマなんだよ。

● 数列の和 S_n から，一般項 a_n を求めよう！

　数列の初項から第 n 項までの和 S_n が，何かある（n の式）で与えられたとき，これを基にして，一般項 a_n を求めることができる。まず，その解法のパターンを下に示すよ。

S_n から a_n を求める解法パターン

$S_n = a_1 + a_2 + \cdots + a_n = \underline{f(n)}$ $(n = 1, 2, 3, \cdots)$ が与えられた場合，

(i) $a_1 = S_1$ 　（これは，$n^2 - n$ や，2^n など，何か（n の式）のことだ。）

(ii) $n \geqq 2$ のとき，$a_n = S_n - S_{n-1}$ となる。

(ii) の方から説明しよう。

$S_n = \cancel{a_1} + \cancel{a_2} + \cancel{a_3} + \cdots + \cancel{a_{n-1}} + a_n \cdots\cdots$ ⑦ のことだから，当然 S_{n-1} は

$S_{n-1} = \cancel{a_1} + \cancel{a_2} + \cancel{a_3} + \cdots + \cancel{a_{n-1}} \cdots\cdots$ ④ となる。

134

ここで，㋐－㋑を実行すると，$a_1+a_2+a_3+\cdots+a_{n-1}$ の部分が打ち消されて，$S_n-S_{n-1}=a_n$　となる。よって，

"一般項 $a_n=S_n-S_{n-1}$　で求まった！"と，思っちゃいけないよ。(ⅱ)では，$n \geqq 2$，すなわち $n=2$，3，4，$\cdots$　でしか，$a_n=S_n-S_{n-1}$ を定義できないと言ってるからだ。何故 $n=1$ のときはこの式で定義できないか解説しよう。

その秘密は，S_{n-1} にあるんだ。でも，まず，S_n について調べておこう。

$n=3$ のとき，S_n は，$S_3=a_1+a_2+a_3$　のことだね。じゃ，

$n=2$ のとき，S_n は，$S_2=a_1+a_2$　となる。さらに，

$n=1$ のとき，S_n は，$S_1=a_1$　となってしまうね。

つまり，$n=1$ のとき，S_1 は，a_1 から a_1 までの和だから，$S_1=a_1$ となるんだね。じゃ，S_0 はどう？　S_0 とは，a_1 から a_0 までの和だから…，ムムム…となってしまうだろう。つまり，S_1 までは存在するけれど，"S_0 なんて存在しない"というのが正解なんだ。

ここで，もう1度(ⅱ)の $a_n=S_n-S_{n-1}$ をみてごらん。そして，この n に1を代入してごらん。すると，$a_1=S_1-S_{1-1}=S_1-\underline{S_0}$ となって，定義できない S_0 が出てきてしまうだろう。だから，(ⅱ)の $a_n=S_n-S_{n-1}$ は $n=1$ では定義できない，つまり，$n \geqq 2$ でのみ使える式ということになるんだね。

じゃ，$n=1$ のときの a_1 はどうするのかって？　思い出してごらん。$S_1=a_1$ だから，(ⅰ)$a_1=S_1$ と表せるんだね。以上より，

$S_n=\underline{f(n)}$ で与えられた場合，2つのステップ

何かある（n の式）

(ⅰ)$a_1=S_1$　　(ⅱ)$n=2$，3，4，$\cdots$　のとき，$a_n=S_n-S_{n-1}$

により，すべての自然数 n について，a_n を求めることができるんだね。

サァ，それでは，次の練習問題で実際に数列の和 S_n から一般項 a_n を求める練習をしてみよう。

練習問題 30	S_n から a_n を求める問題	CHECK 1	CHECK 2	CHECK 3

数列 $\{a_n\}$ の初項から第 n 項までの和 S_n $(n=1, 2, 3, \cdots)$ が，次のよう

に与えられているとき，一般項 a_n $(n=1, 2, 3, \cdots)$ を求めよ。

(1) $S_n = n^2 + 2n$ (2) $S_n = 2^n + 1$

数列の和 S_n が何か (n の式) で与えられたら，(1)$a_1 = S_1$，(2)$n \geqq 2$ のとき，$a_n =$ $S_n - S_{n-1}$，の 2 つのステップで a_n を求めればいいんだね。

(1) $S_n = a_1 + a_2 + \cdots + a_n = n^2 + 2n$ $(n = 1, 2, 3, \cdots)$ より，

    (i) 初項 $a_1 = \underline{S_1 = 1^2 + 2 \cdot 1} = 1 + 2 = 3$ ← 第 1 ステップ

               $S_n = n^2 + 2n$ の n に 1 を代入！

    (ii) $n \geqq 2$ のとき， S_n S_{n-1}

          $a_n = \underline{S_n} - \underline{S_{n-1}} = \underline{n^2 + 2n} - \underline{\{(n-1)^2 + 2(n-1)\}}$ ← 第 2 ステップ

                           $S_n = n^2 + 2n$ の n に $n-1$ を代入したもの

          $= n^2 + 2n - (n^2 - 2n + 1) - 2(n-1)$

          $= n^2 + 2n - n^2 + 2n - 1 - 2n + 2 = 2n + 1$

          $\therefore a_n = 2n + 1 \cdots\cdots ①$ $(n = 2, \ 3, \ 4, \ \cdots)$

注意

$a_n = 2n + 1$ は，$n \geqq 2$ でしか定義できないが，この n に 1 を代入す ると，たまたまだけど，$a_1 = 2 \cdot 1 + 1 = 3$ となって (i) の $a_1 = S_1 = 3$ の結果と一致する。このような場合は $n = 1, 2, 3, \cdots$ で，一般項 a_n $= 2n + 1$ と表してもいいんだよ。

---

    ①の $a_n = 2n + 1$ に $n = 1$ を代入すると，$a_1 = 2 \times 1 + 1 = 3$ となって，

    (i) の結果と一致する。

  以上 (i)(ii) より， n を 1 からスタートできる！

  一般項 $a_n = 2n + 1$ $(n = \underline{1}, 2, 3, \cdots)$ となって，答えだ。

(2) $S_n = a_1 + a_2 + \cdots + a_n = 2^n + 1$ $(n = 1, 2, 3, \cdots)$ より，

    (i) $a_1 = \underline{S_1 = 2^1 + 1} = 2 + 1 = 3$ ← 第 1 ステップ

             $S_n = 2^n + 1$ の n に 1 を代入したもの

（ ii ）$n \geqq 2$ のとき，

$$a_n = \underline{S_n} - \underline{S_{n-1}} = 2^n + 1 - (2^{n-1} + 1)$$

（S_n）（S_{n-1}）

$S_n = 2^n + 1$ の n に $n-1$ を代入したもの

$$= 2^n + \not{1} - 2^{n-1} - \not{1} = \underline{2^n} - 2^{n-1}$$

$2^{1+n-1} = 2^1 \cdot 2^{n-1} = 2 \cdot 2^{n-1}$

$$= 2 \cdot \underline{2^{n-1}} - \underline{2^{n-1}} = (2-1) \cdot \underline{2^{n-1}} = 2^{n-1}$$

$$\therefore a_n = 2^{n-1} \quad (n = 2, 3, 4, \cdots)$$

2^{n-1} をくくり出した。

注意

$a_n = 2^{n-1}$ の n に 1 を代入すると，$a_1 = 2^{1-1} = 2^0 = 1$ となって，（ i ）の $a_1 = S_1 = 3$ とは一致しない。この場合は，（ i ）$n=1$ のときと，（ ii ）$n \geqq 2$ のときに分けて，表示しなければならないね。

以上（ i ）（ ii ）より，

（ i ）$a_1 = 3$ 　　（ ii ）$n \geqq 2$ のとき，$a_n = 2^{n-1}$ 　となる。

これは，$a_1 = 3, a_2 = 2^{2-1} = 2, a_3 = 2^{3-1} = 2^2 = 4, a_4 = 2^{4-1} = 2^3 = 8, \cdots$ となる数列だ！

以上で，今日の講義は終了です。内容が盛り沢山だったから，かなり疲れただろうね。お疲れ様。よく頑張ったね！ 少し休んで，また元気になったら，よ〜く復習しておいてくれ。今は理解できているつもりでも，人間って忘れやすい生き物だから，ちょっと間をおくと，せっかくの知識が記憶のかなたへと飛んでいってしまうからだ。自分の頭にシッカリ定着させるには，反復練習が1番なんだよ。

それでは，次回は，数列の中でも最もメインなテーマ“漸化式”について解説する。これを乗り越えれば，数列もほぼマスターしたと言っていいから，また頑張ろうな。それじゃ，みんな元気で，バイバイ。

137

10th day 漸化式（等差型・等比型・階差型・等比関数列型）

みんなおはよう！ 数列も **3** 回目の講義になるね。今日教える "**漸化式**" は，数列の中でもメインテーマと言えるものなんだ。試験でも最頻出の分野なんだよ。でも，ここでつまづいて数列が分からなくなる人も多いので，今日の講義は特に集中して聞いてくれ。

エッ，難しそうって？ 大丈夫！ いつも通り，分かりやすく教えるから心配は無用だ。むしろ "**漸化式**" をマスターして強くなった自分を想い描きながら，この講義も楽しんでくれたらいいんだよ。サァ，始めるよ！

● 漸化式って，何！？

これまで，等差数列や等比数列について勉強してきたね。数列が a_1, a_2, a_3, … のように与えられると，その中にある規則性を見つけて一般項 a_n を求めたりしたね。

でも，これから解説する漸化式は a_1, a_2, a_3, … のように具体的に数列を並べず，その代わりに，初項 a_1 の値と，a_n と a_{n+1} との間の関係式を考えるんだ。この第 n 項 a_n と第 $n+1$ 項 a_{n+1} との間の関係式のことを "**漸化式**" と言うんだよ。例を示そう。

$(ex1)$ $\underbrace{a_1 = 5,}_{\text{初項の値}}$ $\underbrace{a_{n+1} = a_n + 4 \cdots ①}_{\text{漸化式 (}a_n \text{ と } a_{n+1} \text{ との間の関係式)}}$ $(n = 1, 2, 3, \cdots)$

エッ，これだけって!? そう，これだけだ。でも，これから，a_1, a_2, a_3, … の数列を具体的に再現できるよ。

まず，初項 $a_1 = 5$ だね。そして，①の n に **1** を代入すると

$a_{1+1} = a_1 + 4$ より，第 **2** 項 $a_2 = \overset{5}{\boxed{a_1}} + 4 = 5 + 4 = 9$ が導ける。

次，①の n に **2** を代入すると

$a_{2+1} = a_2 + 4$ より，第 **3** 項 $a_3 = \overset{9}{\boxed{a_2}} + 4 = 9 + 4 = 13$ が導ける。

さらに，①の n に **3** を代入すると

$a_{3+1} = a_3 + 4$ より，第 **4** 項 $a_4 = \overset{13}{\boxed{a_3}} + 4 = 17$ が導けるんだね。

以下同様に，この数列は，

a_1,　a_2,　a_3,　a_4, …

5,　**9**,　**13**,　**17**, … より，

初項 $a = 5$，公差 $d = 4$ の等差数列だと分かるので，

一般項 $a_n = a + (n-1) \cdot d = 5 + (n-1) \cdot 4 = 4n + 1$　$(n = 1, 2, \cdots)$

も求まるね。

　このように，漸化式 $a_1 = 5$，$a_{n+1} = a_n + 4$ …① から，一般項 $a_n = 4n + 1$ を求めることを，"**漸化式を解く**" と言うんだよ。慣れてくると $a_1, a_2,$ $a_3, \cdots$ と具体的に数列を並べなくても，漸化式から直接，一般項 a_n を求めることができるようになる。今回は，その漸化式の解き方をキミ達に伝授しようと思う。

● 等差数列型の漸化式から始めよう！

　まず，等差数列型の漸化式を導こう。等差数列の場合，初項 a_1 に公差 d をたして a_2，そして a_2 に d をたして a_3，… となるわけだから，

$a_2 = a_1 + d$，$a_3 = a_2 + d$，$a_4 = a_3 + d$，… となる。よって，第 n 項 a_n に公差 d をたしたものが a_{n+1} になるので，a_n と a_{n+1} の関係式

$a_{n+1} = a_n + d$　←─ a_n と a_{n+1} との関係式なので，これが漸化式だ。

が導ける。これが "**等差数列型の漸化式**" で，これに初項 a_1 の値が与えられたならば，この一般項 a_n は

$a_n = a_1 + (n-1)d$

と求められる。これが，等差数列型漸化式の "**解**" になるんだよ。
以上をまとめておこう。

■ 等差数列型の漸化式

$a_1 = a$，$a_{n+1} = a_n + d$　$(n = 1, 2, 3, \cdots)$ のとき，　←─ 漸化式

一般項 $a_n = a + (n-1)d$　$(n = 1, 2, 3, \cdots)$ となる。←─ 解

どう？ 簡単でしょう。それじゃ，次の問題を解いてごらん。

次の漸化式を解け。

(1) $a_1 = 3$,　$a_{n+1} = a_n + \dfrac{1}{2}$　$(n = 1, 2, 3, \cdots)$

(2) $a_1 = 6$,　$a_{n+1} = a_n - 4$　$(n = 1, 2, 3, \cdots)$

(3) $a_1 = 1$,　$a_{n+1} = \dfrac{a_n}{2a_n + 1}$　$(n = 1, 2, 3, \cdots)$

---

(1)(2) 共に $a_{n+1} = a_n + d$ の形をしているので，等差数列型の漸化式だね。よって，これを解いて $a_n = a + (n-1)d$ を求めればいい。(3) は，逆数をとって，新たに $\dfrac{1}{a_n} = b_n$ とおけば，数列 $\{b_n\}$ の等差数列型の漸化式が導ける。このような変形にも慣れると，さらに強くなるよ。

(1) $a_1 = 3$,　$a_{n+1} = a_n + \boxed{\dfrac{1}{2}}$ $\cdots$① $(n = 1, 2, 3, \cdots)$ ← これが，漸化式

これが，公差 *d* だ。

①より，数列 $\{a_n\}$ は初項 $a = 3$，公差 $d = \dfrac{1}{2}$ の等差数列だから，この一般項 a_n は，

$\boxed{\dfrac{6-1}{2} = \dfrac{5}{2}}$

$$a_n = a + (n-1)d = 3 + (n-1) \cdot \dfrac{1}{2} = \dfrac{1}{2}n + \boxed{3 - \dfrac{1}{2}}$$

$\therefore a_n = \dfrac{1}{2}n + \dfrac{5}{2}$　$(n = 1, 2, 3, \cdots)$ となる。← これが，解

(2) $a_1 = 6$,　$a_{n+1} = a_n \boxed{-4}$ $\cdots$② $(n = 1, 2, 3, \cdots)$ ← これが，漸化式

これが，公差 *d* だ。

②より，数列 $\{a_n\}$ は初項 $a = 6$，公差 $d = -4$ の等差数列だから，この一般項 a_n は，

$$a_n = 6 + (n-1) \cdot (-4) = 6 - 4n + 4$$

$\therefore a_n = 10 - 4n$　$(n = 1, 2, 3, \cdots)$ となるね。← これが，解

(3) 分数式で難しそうな形をしているけれど，こんな場合は逆数をとって みると話が見えてくるよ。

$$a_1 = 1, \quad a_{n+1} = \frac{a_n}{2a_n + 1} \quad \cdots③ \quad (n = 1, 2, 3, \cdots) \quad \longleftarrow \boxed{分数形式の漸化式}$$

③の逆数をとると，

$$\frac{1}{a_{n+1}} = \frac{2a_n + 1}{a_n} = 2 + \frac{1}{a_n} \quad \cdots③´ \text{ となる。よって，ここで，}$$

$\underset{\boxed{b_{n+1}}}{\dfrac{1}{a_{n+1}}} \qquad \underset{\boxed{b_n}}{\dfrac{1}{a_n}}$　　　$\boxed{n \text{ の代わりに，} n+1 \text{ が代入されるだけだね。}}$

$\dfrac{1}{a_n} = b_n$ とおくと，　$\dfrac{1}{a_{n+1}} = b_{n+1}$，また $b_1 = \dfrac{1}{a_1} = \dfrac{1}{1} = 1$ より，③´は

$$b_1 = 1, \quad b_{n+1} = b_n + 2 \quad \cdots④ \quad \longleftarrow \boxed{等差数列型の漸化式} \quad \text{ となる。}$$

④より数列 $\{b_n\}$ は，初項 $b = 1$，公差 $d = 2$ の等差数列だから，

この一般項 b_n は，$b_n = 1 + \overbrace{(n-1)}\cdot 2 = 2n - 1$

よって，$b_n = \dfrac{1}{a_n} = 2n - 1$　より，求める数列 $\{a_n\}$ の一般項 a_n は，b_n

の逆数をとって，$a_n = \dfrac{1}{2n-1}$　$(n = 1, 2, 3, \cdots)$ となるんだね。

どう？大丈夫だった？ $a_{n+1} = a_n + d$ の形の漸化式が出てきたら，すぐ "これは等差数列だ！" とピンとこないといけないよ。

● **等比数列型の漸化式も押さえよう！**

それじゃ次，等比数列型の漸化式を導こう。等比数列の場合，初項 a_1 に公比 r をかけて a_2 になり，この a_2 に r をかけて a_3 になる。以下同様に $a_2 = r \cdot a_1, \ a_3 = r \cdot a_2, \ a_4 = r \cdot a_3, \ \cdots$ となる。これから，第 n 項 a_n に公比 r をかけたら第 $n+1$ 項 a_{n+1} になるので，等比数列型の漸化式は，

$$a_{n+1} = r \cdot a_n$$

となるんだね。ここで，初項 $a_1 = a$ の値が与えられると，これは，公比 r の等比数列なので，その解である一般項 a_n は当然，

$$a_n = a \cdot r^{n-1}$$

となる。以上をまとめて次に示すよ。

141

$a_1 = a$, $a_{n+1} = r \cdot a_n$ $(n = 1, 2, 3, \cdots)$ のとき, ← 漸化式

一般項 $a_n = a \cdot r^{n-1}$ $(n = 1, 2, 3, \cdots)$ となる。 ← 解

これも, シンプルで分かりやすいだろう。でも, この等比数列型の漸化式は, 後でまた出てくるので, この形をシッカリ頭に入れておいてくれ。

それでは, この等比数列型の漸化式の解法についても, 次の練習問題でシッカリ練習しておこう。

練習問題 32 等比数列型の漸化式 CHECK 1 CHECK 2 CHECK 3

次の漸化式を解け。

(1) $a_1 = 4$, $a_{n+1} = \dfrac{1}{3} a_n$ $(n = 1, 2, 3, \cdots)$

(2) $a_1 = 5$, $a_n = 2a_{n-1}$ $(n = 2, 3, 4, \cdots)$

(1)は, $a_{n+1} = r \cdot a_n$ $(n = 1, 2, 3, \cdots)$ の等比数列型の漸化式なので, 一般項 $a_n = a \cdot r^{n-1}$ を求めればいい。(2)は漸化式が, $a_n = 2 \cdot a_{n-1}$ ($n = \underline{2}$, 3, 4, $\cdots$) となっているが, $n = 2$ の

a_n と a_{n-1} の関係式 | 2 スタート

とき $a_2 = 2a_{\boxed{1}}$, $n = 3$ のとき $a_3 = 2a_{\boxed{2}}$, $n = 4$ のとき $a_4 = 2a_{\boxed{3}}$, $\cdots$ となって, これは, $\underline{a_{n+1}}$

2−1　　　　　　3−1　　　　　　4−1

$= 2a_n$ ($n = \underline{1}$, 2, 3, $\cdots$) と同じだね。

a_n と a_{n+1} の関係式 | 1 スタート

(1) $a_1 = 4$, $a_{n+1} = \boxed{\dfrac{1}{3}} a_n$ $\cdots$① $(n = 1, 2, 3, \cdots)$ ← 漸化式

これが, 公比 r

①より, 数列 $\{a_n\}$ は初項 $a = 4$, 公比 $r = \dfrac{1}{3}$ の等比数列だから,

この一般項 a_n は,

$$a_n = a \cdot r^{n-1} = 4 \cdot \left(\dfrac{1}{3}\right)^{n-1} \quad (n = 1, 2, 3, \cdots) \text{ となる。} \leftarrow \boxed{\text{解}}$$

(2) $a_1 = 5$, $a_n = 2a_{n-1}$ $\cdots$② $(n = \underline{2}, 3, 4, \cdots)$ は ← 漸化式

$a_1 = 5$, $a_{n+1} = 2a_n$ $\cdots$②´ $(n = \underline{1}, 2, 3, \cdots)$ と同じだね。

②′より，数列 $\{a_n\}$ は初項 $a=5$，公比 $r=2$ の等比数列だから，この一般項 a_n は，

$$a_n = a \cdot r^{n-1} = 5 \cdot 2^{n-1} \quad (n = 1, 2, 3, \cdots) \text{ となるね。} \leftarrow \boxed{解}$$

どう？ これで，等比数列型の漸化式の解き方も分かっただろう。

● 階差数列型の漸化式では Σ 計算が必要だ！

等差数列型の漸化式は $a_{n+1} = a_n + d$ だったから，これを変形して
$a_{n+1} - a_n = \underset{\boxed{定数}}{d}$ とできる。ここで，この公差 d が，2 や 3 などの定数ではなく，$2n$ や 3^n など，なにか (n の式) のとき，これを b_n とおけば，"階差数列型の漸化式" になるんだよ。

$$a_{n+1} - a_n = \underset{\boxed{何か (n の式)}}{b_n} \cdots \text{⑦} \quad (n = 1, 2, 3, \cdots) \leftarrow \boxed{階差数列型の漸化式}$$

この階差数列型の漸化式の場合，その解 a_n は $n \geqq 2$ でしか定義されなくて，

$$a_n = a_1 + \underset{\boxed{2 スタート}}{\sum_{k=1}^{n-1} b_k} \cdots \text{④} \quad (n = \underline{2}, 3, 4, \cdots) \text{ となる。} \leftarrow \boxed{\begin{array}{c} n = 1 \text{ のときは} \\ \text{定義できない！} \end{array}}$$

急に難しくなったって？ 大丈夫！ これから，ゆっくり解説するからね。でも，定数 d が (n の式) b_n にちょっと変わっただけで，解がかなり複雑な形になるんだね。要注意だね。

階差数列型の漸化式 $a_{n+1} - a_n = b_n \cdots \text{⑦}$ について，

$n = 1$ のとき， $a_{1+1} - a_1 = b_1$ より， $a_2 - a_1 = b_1 \cdots\cdots\cdots$⑨

$n = 2$ のとき， $a_{2+1} - a_2 = b_2$ より， $a_3 - a_2 = b_2 \cdots\cdots\cdots$㊊

$n = 3$ のとき， $a_{3+1} - a_3 = b_3$ より， $a_4 - a_3 = b_3 \cdots\cdots\cdots$㋛

$\cdots\cdots\cdots\cdots\cdots\cdots\cdots\cdots\cdots\cdots\cdots\cdots\cdots\cdots\cdots\cdots\cdots\cdots\cdots\cdots\cdots\cdots\cdots\cdots$

$\underline{n = n - 1}$ のとき， $a_{n-1+1} - a_{n-1} = b_{n-1}$ より， $a_n - a_{n-1} = b_{n-1} \cdots$㋕ となる。

$\boxed{\begin{array}{l} \text{これを等式と見て，} 0 = -1 \text{ となって矛盾になる，と思ってはいけない。} \\ \text{この } n = n - 1 \text{ の式は，} a_{n+1} - a_n = b_n \cdots \text{⑦ の } n \text{ に } n - 1 \text{ を代入するという意味} \\ \text{なんだよ。} \quad \boxed{n-1 \text{ を代入}} \quad \boxed{n-1 \text{ を代入}} \end{array}}$

ここで，⑨，㊊，㋛，$\cdots$，㋕の両辺をそれぞれバッサリたしてみるよ。すると，左辺は途中の項がバサバサバサ… と打ち消し合って，なくなってしまうパターンになっていることに気付くはずだ。

143

$$(a_2 - a_1) + (a_3 - a_2) + (a_4 - a_3) + \cdots + (a_n - a_{n-1}) = b_1 + b_2 + b_3 + \cdots + b_{n-1}$$

これは残る これは残る $\displaystyle\sum_{k=1}^{n-1} b_k$

少し見づらいけど, a_2, a_3, $\cdots$, a_{n-1} は
⊕, ⊖ ですべて打ち消し合ってなくなる!

$$\therefore \; -a_1 + a_n = \sum_{k=1}^{n-1} b_k \; \text{より}, \quad a_n = a_1 + \sum_{k=1}^{n-1} b_k \; \cdots \text{①} \; \text{が導けた!}$$

でも, ここで **1** つ要注意だ。

$$\sum_{k=1}^{3} b_k = b_1 + b_2 + b_3, \quad \sum_{k=1}^{2} b_k = b_1 + b_2, \quad \sum_{k=1}^{1} b_k = b_1 \; \text{となるように}, \; \sum \text{の上の}$$

数字は **1** が最小値で, $\displaystyle\sum_{k=1}^{0} b_k$ なんて定義できないんだね。

b_1 から b_0 までの和 (???)

ここで, ①の右辺に $\displaystyle\sum_{k=1}^{n-1} b_k$ の項があるので, $n \geqq 2$ でしか定義できないこと

$1-1$

になる。何故って? $n = 1$ のとき, $\displaystyle\sum_{k=1}^{0} b_k$ となって, 変な $\sum$ 計算になるか

らだ。以上より, ①は, $n = 2$, 3, 4, $\cdots$ でしか成り立たないんだね。

以上をまとめて示すよ。

■ 階差数列型の漸化式

$a_1 = a$, $a_{n+1} - a_n = b_n$ ($n = 1, 2, 3, \cdots$) のとき, ← 漸化式

$n \geqq 2$ で, $a_n = a_1 + \displaystyle\sum_{k=1}^{n-1} b_k$ となる。 ← 解 ただし, a_1 は別扱い

それでは, 階差数列型の漸化式の問題も実際に解いてみよう。

b_n のこと

(ex1) 漸化式 $a_1 = 1$, $a_{n+1} - a_n = 2n$ $\cdots$① ($n = 1, 2, 3, \cdots$) を解いてみよう。

①は階差数列型の漸化式より,

$$n \geqq 2 \; \text{で}, \; a_n = \underbrace{a_1}_{1} + \sum_{k=1}^{n-1} \underbrace{2k}_{b_k \text{のこと}} = 1 + 2\sum_{k=1}^{n-1} k$$

公式: $\displaystyle\sum_{k=1}^{n} k = \dfrac{1}{2}n(n+1)$ の
n に $n-1$ を代入したもの

$\dfrac{1}{2}(n-1)(n-1+1) = \dfrac{1}{2}n(n-1)$

$$\therefore a_n = 1 + 2 \cdot \frac{1}{2} n(n-1) = n^2 - n + 1 \quad \cdots ② \quad (n = 2, 3, 4, \cdots)$$

> この $a_n = n^2 - n + 1$ は，$n \geq 2$ でしか定義されていない。でも，この n に 1 を代入すると $a_1 = 1^2 - 1 + 1 = 1$ となって，与えられた条件 $a_1 = 1$ と一致する。よって，これは $n = 1$ でも定義できる式なんだね。大丈夫？

ここで，$n = 1$ のとき，②は $a_1 = 1^2 - 1 + 1 = 1$ となって，$n = 1$ のときもみたす。

$\therefore$ 一般項 $a_n = n^2 - n + 1$ $(n = 1, 2, 3, \cdots)$ となる。

（1 スタート！）

どう？階差数列型漸化式の解き方が分かった？では，次の練習問題でさらに練習しよう。

練習問題 33	階差数列型の漸化式	CHECK 1	CHECK 2	CHECK 3

次の漸化式を解け。

(1) $a_1 = 3$, $a_{n+1} - a_n = 3^n$ $(n = 1, 2, 3, \cdots)$

(2) $a_1 = 1$, $a_{n+1} = \dfrac{a_n}{2na_n + 1}$ $(n = 1, 2, 3, \cdots)$

---

(1)は，階差数列型の漸化式：$a_{n+1} - a_n = b_n$ の形をしているのがスグ分かるね。(2)は，どうする？…そうだね。こんな分数形式の漸化式は逆数をとればいいんだね。そして，$\dfrac{1}{a_n} = b_n$ とおくと，これも階差数列型漸化式に帰着することが分かるはずだ。頑張ろう！

---

(1) $a_1 = 3$, $a_{n+1} - a_n = \underbrace{3^n}_{\text{(b_nのこと)}} \cdots ③ \quad (n = 1, 2, 3, \cdots)$

　③は階差数列型の漸化式より，

$n \geq 2$ で，

$$a_n = \underbrace{a_1}_{3} + \sum_{k=1}^{n-1} \underbrace{3^k}_{\text{(b_kのこと)}}$$

> 階差数列型漸化式
> $a_{n+1} - a_n = b_n$ のとき，
> $n \geq 2$ で
> $a_n = a_1 + \sum_{k=1}^{n-1} b_k$ となる。
> （a_1 については別に調べる）

> $3^1 + 3^2 + \cdots + 3^{n-1}$ より，これは初項 $a = 3$，公比 $r = 3$ の等比数列の $n - 1$ 項（項数）の和となる。$\therefore \dfrac{a(1 - r^{n-1})}{1-r} = \dfrac{3(1 - 3^{n-1})}{1 - 3}$

$$a_n = 3 + \frac{3(1 - 3^{n-1})}{1 - 3} = 3 + \frac{3}{2} \cdot (3^{n-1} - 1)$$

$$= \frac{1}{2} \cdot 3^n + \boxed{3 - \frac{3}{2}}$$

$$\boxed{\frac{6-3}{2} = \frac{3}{2}}$$

$$\therefore \ a_n = \frac{1}{2}(3^n + 3) \ \cdots\cdots ④ \ (n = 2, 3, 4, \cdots)$$

$n = 1$ のとき，④は $a_1 = \frac{1}{2} \cdot (3^1 + 3) = 3$ となって，$n = 1$ のときもみたす。

よって，一般項 $a_n = \frac{1}{2}(3^n + 3) \ (n = \underset{\boxed{1 \ \text{スタート！}}}{1}, 2, 3, \cdots)$ となる。

(2) $a_1 = 1, \ a_{n+1} = \dfrac{a_n}{2na_n + 1} \ \cdots\cdots ⑤ \ (n = 1, 2, 3, \cdots)$

⑤のような漸化式では，まず逆数をとってみよう。すると，

$$\underset{\boxed{b_{n+1}}}{\frac{1}{a_{n+1}}} = \frac{2na_n + 1}{a_n} = 2n + \underset{\boxed{b_n}}{\frac{1}{a_n}} \ \cdots\cdots ⑥ \ となる。よって，$$

$\dfrac{1}{a_n} = b_n$ とおくと，$\dfrac{1}{a_{n+1}} = b_{n+1}$ であり，$b_1 = \dfrac{1}{\underset{1}{\boxed{a_1}}} = \dfrac{1}{1} = 1$ より，

⑥は，$b_{n+1} = 2n + b_n$ となる。よって，⑤の漸化式は，次のようになる。

$b_1 = 1, \ b_{n+1} - b_n = 2n \ \cdots\cdots ⑦$

よって，$n \geqq 2$ で

$$b_n = \underset{\boxed{1}}{b_1} + 2 \sum_{k=1}^{n-1} k = 1 + 2 \cdot \underset{\boxed{\frac{1}{2}n(n-1)}}{\frac{1}{2}n(n-1)} = n^2 - n + 1 \ (n = 2, 3, 4, \cdots)$$

これは，$n = 1$ のとき，$b_1 = 1^2 - 1 + 1 = 1$ となってみたす。よって，

数列 $\{b_n\}$ の一般項 $b_n\left(= \dfrac{1}{a_n}\right)$ は，次のようになる。

$b_n = \dfrac{1}{a_n} = n^2 - n + 1 \ (n = 1, 2, 3, \cdots)$　よって，最後に，この逆数

をとると，数列 $\{a_n\}$ の一般項が，

$$a_n = \frac{1}{n^2 - n + 1} \quad (n = 1, 2, 3, \cdots) \ と求まるんだね。納得いった？$$

● 等比関数列型の漸化式は，$F(n+1) = r \cdot F(n)$ だ！

これまで，等差数列型，等比数列型，そして階差数列型の漸化式について勉強した。でも，漸化式には，さらに複雑な形をしたものがあり，これを解くのに，みんな結構苦労するんだよ。でも，これから解説する "等比関数列型の漸化式" の解法をマスターすれば，複雑な形をした漸化式も難なくこなせるようになるんだよ。エッ，名前が複雑だけど，"等比数列型の漸化式" に似てるって？ その通り!! いい勘してるね。実は "等比関数列型の漸化式" は "等比数列型の漸化式" とソックリな形をしているんだ。この 2 つを対比して，下に示すよ。

■ **等比関数列型の漸化式**	■ **等比数列型の漸化式**
$F(n+1) = r \cdot F(n)$ ならば， $F(n) = F(1) \cdot r^{n-1}$ と変形できる。 $(n = 1, 2, 3, \cdots)$	$a_{n+1} = r \cdot a_n$ のとき $a_n = a_1 \cdot r^{n-1}$ となる。 $(n = 1, 2, 3, \cdots)$

どう？ 等比数列型の a_n，a_{n+1}，a_1 の代わりに等比関数列型では $F(n)$，$F(n+1)$，$F(1)$ になってるだけで，式の形はまったく同じなのが分かるね。ン？ でも，意味がよく分からんって？ 当然だ！ これから，例を使って詳しく解説しよう。

$(ex1)$ $a_{n+1} - 2 = 3 \cdot (a_n - 2)$ $\cdots$ ⑦ が，$F(n+1) = r \cdot F(n)$ の 1 つの例だよ。

$F(n)$ というのは何か (n の式) のことで，今回，$F(n) = a_n - 2$ とおくと，

（n の式）

$F(n+1)$ は $F(n)$ の n の代わりに $n+1$ が入るだけなので，

$F(n+1) = a_{n+1} - 2$ となるんだね。そして，公比 r に当たるのが，⑦

（$n+1$ の式）

では 3 なんだね。つまり，⑦の式は，

$\underline{a_{n+1}-2} = 3 \cdot \underline{(a_n-2)}$ となって，キレイな等比関数列型の漸化式に

$[\underline{F(n+1)} = 3 \cdot \underline{F(n)}\ ]$

なっている。そしてこの形がくれば，等比数列の一般項を

$a_n = a_1 \cdot r^{n-1}$ と求めたのと同様に，$F(n) = F(1) \cdot r^{n-1}$ と変形できる。

ここで，$F(1)$ は $F(n)$ の n の代わりに 1 を代入したものだから，この

場合 $F(1) = a_1 - 2$ となる。よって，

$\underline{a_n - 2} = \underline{\underline{(a_1 - 2)}} \cdot 3^{n-1}$ と変形できるんだ。これをもう 1 度まとめると，

$[\ \underline{F(n)} =\ \underline{\underline{F(1)}}\ \cdot 3^{n-1}]$

$\underline{a_{n+1} - 2} = 3 \cdot \underline{(a_n - 2)}$ ならば

$[\underline{F(n+1)} = 3 \cdot \underline{F(n)}\ ]$

$\underline{a_n - 2} = \underline{\underline{(a_1 - 2)}} \cdot 3^{n-1}$ と変形できるんだね。

$[\ \underline{F(n)} =\ \underline{\underline{F(1)}}\ \cdot 3^{n-1}]$

> $a_{n+1} = 3 \cdot a_n$ ならば
> $a_n = a_1 \cdot 3^{n-1}$ と変形
> できるのとまった
> く同じだね！

どう？　少しは理解できた？　まだ，今一だって？　いいよ。もっと練習

しよう。

$(ex2)\ a_{n+1} + 4 = \dfrac{1}{2}(a_n + 4)$ …① も，等比関数列型の漸化式の形だね。

公比

$F(n) = a_n + 4$ とおくと

n の式

$F(n+1) = a_{n+1} + 4$

$F(1) = a_1 + 4$ となるね。

> $F(n) = a_n + 4$ の n 以外の部分はまったく
> いじらずに，
> ・$F(n+1)$ は n の代わりに $n+1$ を
> ・　$F(1)$　は n の代わりに　1　を
> 代入したものなんだ！

よって，等比関数列型の漸化式の考え方から

$\underline{a_{n+1} + 4} = \dfrac{1}{2}\underline{(a_n + 4)}$ …①ならば，

$\left[\underline{F(n+1)} = \dfrac{1}{2} \cdot \underline{F(n)}\ \right]$

> $a_{n+1} = \dfrac{1}{2} \cdot a_n$ ならば，
> $a_n = a_1 \cdot \left(\dfrac{1}{2}\right)^{n-1}$ と変形
> できるのと同じだ！

$\underline{a_n + 4} = \underline{\underline{(a_1 + 4)}} \cdot \left(\dfrac{1}{2}\right)^{n-1}$ と変形できる。

$\left[\ \underline{F(n)} =\ \underline{\underline{F(1)}}\ \cdot \left(\dfrac{1}{2}\right)^{n-1}\right]$

148

$(ex3)$ $\underline{a_{n+1} - 1} = \underline{-2(a_n - 1)}$ も，同様に等比関数列型の漸化式より

$\qquad$ $[\underline{F(n+1)} = \underline{-2 \cdot F(n)}\ ]$

$\qquad$ $\underline{a_n - 1} = \underline{(a_1 - 1)} \cdot (-2)^{n-1}$ と変形できるんだね。

$\qquad$ $[\ \underline{F(n)} = \underline{F(1)} \cdot (-2)^{n-1}]$

この位やれば，等比関数列型の漸化式にもずい分慣れてきただろう。

それでは，さらに例題でも練習しておこう。

(a) 次の漸化式を解いて，一般項 a_n を求めよう。

$\qquad$ $a_1 = 5,\ a_{n+1} - 4 = 2(a_n - 4)$ …① $(n = 1, 2, 3, \cdots)$

①は，$F(\underline{n}) = a_n - 4$ とおくと，$F(\underline{n+1}) = a_{n+1} - 4$ となるので，これは

$\boxed{n \text{ の代わりに，} n+1 \text{ が入るだけ！ } a - 4 \text{ の形はそのままで，いじらない！}}$

公比 $r = 2$ の等比関数列型の漸化式になってるんだね。

$\qquad$ $\underline{a_{n+1} - 4} = 2(\underline{a_n - 4})$ より，

$\qquad$ $[\underline{F(n+1)} = 2 \cdot \underline{F(n)}\ ]$

$\qquad$ $\underline{a_n - 4} = (\overset{5}{\underline{(a_1)}} - 4) \cdot 2^{n-1}$

$\qquad$ $[\ \underline{F(n)} = \underline{F(1)} \cdot 2^{n-1}]$

$\boxed{a_{n+1} = 2a_n \text{ ならば，} \\ a_n = a_1 \cdot 2^{n-1} \text{ と変形できる} \\ \text{のと同じだね。}}$

これに $a_1 = 5$ を代入して，$a_n - 4 = (5 - 4) \cdot 2^{n-1}$

∴一般項 $a_n = 2^{n-1} + 4\ (n = 1, 2, 3, \cdots)$ と求まる。どう？ $F(n+1) = r \cdot F(n)$ ならば，$F(n) = F(1) \cdot r^{n-1}$ の考え方が，有効に使われているだろう？

● **$a_{n+1} = pa_n + q$ の形の漸化式を解こう！**

これから $a_{n+1} = pa_n + q\ (p, q：実数定数, p \neq 1, q \neq 0)$ の形の漸化式について，その解き方を教えよう。これについては，初めから例題で解説するよ。

(b) 次の漸化式を解いて，一般項 a_n を求めよう。

$\qquad$ $a_1 = 4,\ a_{n+1} = 3a_n - 4$ …② $(n = 1, 2, 3, \cdots)$

この漸化式 $a_{n+1} = \underset{=}{3}a_n \underline{-4}$ …② を，よ～く見てくれ。もし，$\underline{-4}$ がなければ，

$a_{n+1} = \overset{r}{\underset{=}{3}}a_n$ となって，これは公比 3 の等比数列だね。またもし，a_n の係数

$\underset{=}{3}$ がなければ，$a_{n+1} = a_n \overset{d}{(-4)}$ となり，これは公差 -4 の等差数列になるね。

でも，今回の $a_{n+1} = \underset{\underset{\boxed{p}}{=}}{3}a_n \underset{\underset{\boxed{q}}{=}}{-4}$ …② は，$a_{n+1} = pa_n + q$ の，$p \neq 1$ かつ $q \neq 0$

149

の形をしているので，等比数列でも，等差数列でもない，何か別の型の数列の漸化式だってことが分かると思う。

　じゃ，これをどう解くか？　これから解説しよう。このような，$a_{n+1} = pa_n + q \ (p \neq 1, \ q \neq 0)$ の形の漸化式が出てきたら，"**特性方程式**"を使って解いていけばいいんだよ。この特性方程式とは，$a_{n+1} = pa_n + q$ の a_{n+1} と a_n のところに未知数 x を代入した方程式のことだ。

　よって，今回の例題の漸化式 $a_{n+1} = 3a_n - 4$ …② の特性方程式は，$x = 3x - 4$ …③ となる。これを解くと，

$3x - x = 4, \ 2x = 4 \quad \therefore x = \underset{\sim}{2}$ となるので，②の a_n の係数（公比）$\underline{3}$ はそのままで，この特性方程式の解 $\underset{\sim}{2}$ を②の両辺から引いて②を変形すると，次のようになる。

> 実際にこれを変形すると
> $a_{n+1} - 2 = 3a_n - 6$
> $a_{n+1} = 3a_n - 4$ となって，②になる！

$$a_{n+1} - \underset{\sim}{2} = \underline{3}(a_n - \underset{\sim}{2}) \cdots ④$$

すると，これはこれまで練習してきた等比関数列型の漸化式になっているのが分かるだろう。つまり，$F(n) = a_n - 2$ とおくと，$F(n+1) = a_{n+1} - 2$ となり

$a_{n+1} - 2 = 3(a_n - 2)$ …④から　$[F(n+1) = 3 \cdot F(n)]$

$a_n - 2 = (\overset{4}{\underset{\smile}{a_1}} - 2) \cdot 3^{n-1}$ へと　$[F(n) = F(1) \cdot 3^{n-1}]$

アッという間に変形できるんだね。後は初項 $a_1 = 4$ をこれに代入して，

$a_n - 2 = (4 - 2) \cdot 3^{n-1}$　$\therefore$ 一般項 $a_n = 2 \cdot 3^{n-1} + 2 \ (n = 1, 2, 3, \cdots)$ と求まる。

どう？　面白かった？　でも，みんなまだ納得していない顔付きだね。当ててみようか？　"特性方程式って，何!?"，"何で，特性方程式の解 2 を使って，$F(n+1) = 3 \cdot F(n)$ の形にもち込めるんだ!??" って，疑問で頭の中がいっぱいなんだろうね。当然の疑問だ！　これから詳しく解説しよう。

　まず，②の漸化式と，この特性方程式③を 2 つ並べて書いてみるよ。

$$\begin{cases} a_{n+1} = 3a_n - 4 \ \cdots ② \\ x = 3x - 4 \ \cdots ③ \end{cases}$$

そして，②−③を実行してみよう。すると

$a_{n+1} - x = 3a_n - \cancel{4} - (3x - \cancel{4})$

$a_{n+1} - x = 3(a_n - x)$ となって，ボク達が練習した，"**等比関数列型の漸**
$[F(n+1) = 3 \cdot F(n)]$

化式"が出てくるでしょう。後は，この x に特性方程式の解 $x = \underset{\sim}{2}$ を代入したものが④式だったんだね。そして，④式が出てくればアッという間に変形して $F(n) = F(1) \cdot 3^{n-1}$ の形にもち込めて，一気に一般項 a_n が求められたんだね。これですべて納得できただろう？ いいね。それじゃ，練習問題でさらに $a_{n+1} = pa_n + q$ の形の漸化式について，練習しておこう。

練習問題 34　　$a_{n+1} = pa_n + q$ 型の漸化式

次の漸化式を解け。

(1) $a_1 = 2$, $a_{n+1} = -2a_n - 9$ …① $(n = 1, 2, 3, \cdots)$

(2) $a_1 = 7$, $2a_{n+1} = a_n + 6$ 　…② $(n = 1, 2, 3, \cdots)$

(3) $a_1 = 1$, $a_{n+1} = \dfrac{a_n}{a_n + 2}$ 　…③ $(n = 1, 2, 3, \cdots)$

(1)(2) 共に，$a_{n+1} = \underset{=}{p}a_n + q$ 型の漸化式なので，特性方程式 $x = px + q$ の解 $\underset{\sim}{\alpha}$ を用いて，等比関数列型の漸化式 $a_{n+1} - \underset{\sim}{\alpha} = \underset{=}{p}(a_n - \underset{\sim}{\alpha})$ の形にもち込んで，アッという間に解いてしまえばいいんだよ。(3) は逆数をとれば，同様の形の漸化式に持ち込める。頑張れ！

(1) $a_1 = 2$, $a_{n+1} = \underline{-2}a_n - 9$ …① $(n = 1, 2, \cdots)$

　　①の特性方程式は　公比

　　$x = -2x - 9$ 　　これを解いて

　　$3x = -9$ 　　∴ $x = \underset{\sim}{-3}$

　　よって，①を変形して，

$a_{n+1} - (\underset{\sim}{-3}) = \underline{-2}\{a_n - (\underset{\sim}{-3})\}$

$\boxed{x}$ ← 公比はそのまま！ $\boxed{x}$

　　$a_{n+1} + 3 = -2(a_n + 3)$ より 　←等比関数列型の漸化式！

　$[F(n+1) = -2 \cdot F(n)]$ 　　アッという間！

　　$a_n + 3 = (\overset{2}{\boxed{a_1}} + 3) \cdot (-2)^{n-1}$

　$[\;F(n) = \;\;F(1)\;\; \cdot (-2)^{n-1}]$

　　これに $a_1 = 2$ を代入して，求める一般項 a_n は

　　$a_n = 5 \cdot (-2)^{n-1} - 3 \; (n = 1, 2, 3, \cdots)$ となる。

これで，一連の解法の流れがつかめただろう？

（右側の枠内）
$$\begin{cases} a_{n+1} = -2a_n - 9 & \text{…①} \\ x = -2x - 9 & \text{…①′} \end{cases}$$
特性方程式
①－①′ より
$a_{n+1} - x = -2a_n + 2x$
$a_{n+1} - \underset{\sim}{x} = -2(a_n - \underset{\sim}{x})$
$[F(n+1) = -2 \cdot F(n)]$
の形にもち込んで解く！

(2) $a_1 = 7$, $2a_{n+1} = a_n + 6$ $\cdots$② $(n = 1, 2, \cdots)$

②の両辺を 2 で割って

$a_{n+1} = \dfrac{1}{2}a_n + 3$ $\cdots$②′ $(n = 1, 2, \cdots)$

<u>公比</u>

②′ の特性方程式は

$x = \dfrac{1}{2}x + 3$ これを解いて

$x - \dfrac{1}{2}x = 3$ $\qquad \dfrac{1}{2}x = 3$ $\qquad \therefore x = \underset{\approx}{6}$

よって，②′ を変形して，

$a_{n+1} - 6 = \dfrac{1}{2}(a_n - 6)$ より

$\left[F(n+1) = \dfrac{1}{2} \cdot F(n) \right]$

$a_n - 6 = (\overset{7}{\cancel{a_1}} - 6) \cdot \left(\dfrac{1}{2}\right)^{n-1}$

$\left[F(n) = F(1) \cdot \left(\dfrac{1}{2}\right)^{n-1} \right]$

これに $a_1 = 7$ を代入して，求める一般項 a_n は

$a_n = \left(\dfrac{1}{2}\right)^{n-1} + 6$ $(n = 1, 2, 3, \cdots)$ となって，答えだ！

（右側の囲み）

$\begin{cases} a_{n+1} = \dfrac{1}{2}a_n + \cancel{3} & \cdots②′ \\ x = \dfrac{1}{2}x + \cancel{3} & \cdots②″ \end{cases}$

<u>特性方程式</u>

②′−②″ より

$a_{n+1} - x = \dfrac{1}{2}a_n - \dfrac{1}{2}x$

$a_{n+1} - \underset{\sim}{x} = \dfrac{1}{2}(a_n - \underset{\sim}{x})$

$\left[F(n+1) = \dfrac{1}{2} \cdot F(n) \right]$

の形にもち込んで解く！

（吹き出し）特性方程式

（吹き出し）等比関数列型の漸化式！

（吹き出し）アッという間！

(3) $a_1 = 1$, $a_{n+1} = \dfrac{a_n}{a_n + 2}$ $\cdots$③ $(n = 1, 2, 3, \cdots)$

$a_n \neq 0$ として，③の逆数をとると，

$\underbrace{\dfrac{1}{a_{n+1}}}_{b_{n+1}} = \dfrac{a_n + 2}{a_n} = 1 + 2 \cdot \underbrace{\dfrac{1}{a_n}}_{b_n}$ となる。 ここで，$\dfrac{1}{a_n} = b_n$ とおくと，

$\dfrac{1}{a_{n+1}} = b_{n+1}$ また，$b_1 = \dfrac{1}{a_1} = \dfrac{1}{1} = 1$ より，③の漸化式は，

$b_1 = 1$, $b_{n+1} = 2b_n + 1$ $\cdots$③′ と，書き換えられるのはいいね。

③´ の特性方程式は，

$x = 2x + 1$ 　　これを解いて，$x = \underline{-1}$

よって，③´ を変形して，

$b_{n+1} - (\underline{-1}) = 2\{b_n - (\underline{-1})\}$

$b_{n+1} + 1 = 2(b_n + 1)$

$[F(n+1) = 2 \cdot F(n)]$

アッという間！

$b_n + 1 = (\underset{1}{\boxed{b_1}} + 1) \cdot 2^{n-1}$

$[F(n) = F(1) \cdot 2^{n-1}]$

これに，$b_1 = 1$ を代入すると，数列 $\{b_n\}$ の一般項 $b_n \left(= \dfrac{1}{a_n}\right)$ は，

$b_n = \dfrac{1}{a_n} = 2^n - 1$ 　$(n = 1, 2, 3, \cdots)$ 　よって，この逆数をとって，

求める数列 $\{a_n\}$ の一般項 a_n は，

$a_n = \dfrac{1}{2^n - 1}$ 　$(n = 1, 2, 3, \cdots)$ となって，答えだ！面白かった？

これだけ解けば，$a_{n+1} = pa_n + q$ の形の漸化式の解法にも自信がもてるようになっただろうね。

● $a_{n+1} = pa_n + f(n)$ の形にもチャレンジしよう！

では次，$a_{n+1} = pa_n + \underset{=}{q}$ の漸化式のさらにワンランク上の難度の漸化式，つまり，定数 q が何か n の式 $f(n)$ になっている漸化式：

$a_{n+1} = pa_n + \underline{\underline{f(n)}}$ ……（ * ）

これは，2^n や $2n$ など…，何か（n の式）のことだ

の解法についても解説しておこう。

　この場合にも，等比関数列型の漸化式：$F(n+1) = r \cdot F(n)$ にもち込んで解けばいいんだけれど，$a_{n+1} = pa_n + q$ の形の漸化式のときのような，便利な特性方程式などはない。したがって，$F(n+1) = r \cdot F(n)$ の形にもち込むために，与えられた（ * ）の形の漸化式を，自分でデザインしないといけないんだね。ン？よく分からんって！？当然だ！これから具体例を使って，詳しく解説しよう。

では，$a_{n+1} = pa_n + f(n)$ の形の次の漸化式を解いてみよう。

$(ex1)a_1 = 4$，$a_{n+1} = 3a_n + \underline{2^n}$ ……①

> これが，n の式になっているんだね。

どうすればいいのか？まったく手が出ないって！？いいよ，ジックリ考えてみよう。まず，①の a_n の係数が 3 だから，①を等比関数列型漸化式に持ち込むと，当然

$F(n+1) = \underline{\underline{3}} \cdot F(n)$ ……②　の形になることは予想できるね。

では，$F(n)$ をどうするか？が問題だね。ここで，①の右辺には 2^n の項があるので，$F(n)$ は，何かある係数 α を用いて，

$F(n) = a_n + \alpha \cdot 2^n$ ……③　になるはずだね。

> この係数を付けるのがポイントだ！

このように，自分で $F(n)$ がどうなるか考える（デザインする）ことが，このような問題を解くコツなんだね。$F(n)$ が③のようになるとすると，$F(n+1)$ は，当然，③の n の代わりに $n+1$ が入るだけだから，

$F(n+1) = a_{n+1} + \alpha \cdot 2^{n+1}$ ……④　となる。

よって，②の等比関数列型漸化式は，

$a_{n+1} + \alpha \cdot 2^{n+1} = 3(a_n + \alpha \cdot 2^n)$ ……②´ となるんだね。

$[\quad F(n+1) \quad = 3 \cdot \quad F(n) \quad]$

ここで，②´ は①を変形したものだから，②´ は元の①と一致しなければならないね。よって，②´ をまとめなおすと，

$a_{n+1} + \underbrace{\alpha \cdot 2^{n+1}}_{\boxed{2\alpha \cdot 2^n}} = 3a_n + 3\alpha \cdot 2^n$ より，

$a_{n+1} = 3a_n + \underbrace{3\alpha \cdot 2^n - 2\alpha \cdot 2^n}_{\boxed{(3\alpha - 2\alpha)2^n = \alpha \cdot 2^n}}$

$a_{n+1} = 3a_n + \underbrace{\alpha}_{\boxed{1}} \cdot 2^n$ …②˝ となる。

この②˝ と①を比較すると，係数 $\alpha = 1$ であることが分かるはずだ。よって，$\alpha = 1$ を②´ に代入すると，$F(n+1) = 3 \cdot F(n)$ の形が完成するので，後は，$F(n) = F(1) \cdot 3^{n-1}$ として，一気に一般項 a_n が求まるんだね。では，いくよ！

②′に $\alpha = 1$ を代入して，$a_{n+1} + 1 \cdot 2^{n+1} = 3(a_n + 1 \cdot 2^n)$ より，

$a_{n+1} + 2^{n+1} = 3(a_n + 2^n)$ 　　　　よって，

$[\, F(n+1) = 3 \cdot F(n) \,]$

アッという間！

$a_n + 2^n = (\underset{4}{(a_1)} + 2^1) \cdot 3^{n-1}$ ……⑤

$[\, F(n) = F(1) \cdot 3^{n-1} \,]$

⑤に $a_1 = 4$ を代入して，まとめると，一般項 a_n が次のように求まる。

$a_n = \underbrace{(4+2) \cdot 3^{n-1}}_{} - 2^n = 2 \cdot 3^n - 2^n$ 　　$(n = 1, 2, 3, \cdots)$

$\boxed{6 \cdot 3^{n-1} = 2 \cdot 3 \cdot 3^{n-1} = 2 \cdot 3^n}$

どう？自分で，$F(n+1) = r \cdot F(n)$ の形にもち込む（デザインする）
面白さが少し分かっただろう？

ではもう1題，次の $a_{n+1} = p a_n + f(n)$ の形の漸化式を解いてみよう。

$(ex2) a_1 = 2, \ a_{n+1} = 2a_n + \underline{2n}$ ……⑥ 　　$(n = 1, 2, 3, \cdots)$

$\boxed{\text{これが，} n \text{ の式 } f(n) \text{ になっている。}}$

⑥の右辺の a_n の係数が $\underline{\underline{2}}$ だから，⑥を等比関数列型漸化式の形にも
ち込めるとすると，当然，

$F(n+1) = \underline{\underline{2}} \cdot F(n)$ ……⑦ の形になるはずだね。

では，今回の $F(n)$ をどのようにデザインするか？考えてごらん。…，
⑥の右辺は n の1次式だから，係数 α を用いて，$F(n) = a_n + \alpha n$ にす
ればいいんじゃないかって！？惜しいけど，それではウマクいかない
ね。今回は n の1次式ということで，定数項の β まで $F(n)$ に加えて
$F(n) = a_n + \alpha n + \beta$ ……⑧ 　　$(\alpha, \ \beta : 定数)$ とおけばいいんだよ。

このとき，$F(n+1)$ は⑧の n の代わりに $n+1$ を代入したものだから，
$F(n+1) = a_{n+1} + \alpha(n+1) + \beta$ ……⑨ 　となるね。

よって，⑧，⑨を⑦に代入すると，

$a_{n+1} + \alpha(n+1) + \beta = 2(a_n + \alpha n + \beta)$ ……⑦′ となるんだね。

$[\, \qquad F(n+1) \qquad = 2 \cdot \qquad F(n) \qquad]$

ここで，この⑦′は，元の漸化式⑥を変形したものだから，⑦′は⑥と
一致しなければならない。これから，α と β の値が決定できるんだね。
そして，α と β の値さえ分かってしまえば，後はアッという間に一気に
解けるんだね。

$a_{n+1} + \alpha(n+1) + \beta = 2(a_n + \alpha n + \beta)$ …⑦′ を変形すると，

$a_{n+1} + \alpha n + \alpha + \beta = 2a_n + 2\alpha n + 2\beta$

$a_{n+1} = 2a_n + (2\alpha - \alpha)n + 2\beta - \alpha - \beta$　より，

$a_{n+1} = 2a_n + \underset{②}{\alpha n} \underset{⓪}{- \alpha + \beta}$ …⑦″　となるんだね。

この⑦″と，元の漸化式：$a_{n+1} = 2a_n + 2n$ …⑥を比較すると，

$\alpha = 2$，かつ $-\alpha + \beta = 0$（すなわち $\beta = \alpha$）が導かれる。

これから，$\alpha = 2$，$\beta = 2$ が分かったので，これを⑦′に代入して，

$a_{n+1} + 2(n+1) + 2 = 2(a_n + 2n + 2)$ となる。よって，

[　　　$F(n+1)$　$= 2 \cdot$　$F(n)$　　]

一気に解ける！

$a_n + 2n + 2 = (\underset{②}{a_1} + 2 \cdot 1 + 2) \cdot 2^{n-1}$ …⑩　となる。

[　$F(n)$　$=$　　$F(1)$　　$\cdot 2^{n-1}$]

⑩に $a_1 = 2$ を代入してまとめると，一般項 a_n が求まるんだね。

$a_n + 2n + 2 = \underbrace{(2 + 2 + 2) \cdot 2^{n-1}}$

$\boxed{6 \cdot 2^{n-1} = 3 \cdot 2 \cdot 2^{n-1} = 3 \cdot 2^n}$

∴一般項 $a_n = 3 \cdot 2^n - 2n - 2$　　$(n = 1, 2, 3, \cdots)$ となって，答えだ！！

注意

もし，$F(n) = a_n + \alpha n$ として，定数項 β がない状態で，$F(n+1)$ を考えると，$F(n+1) = a_{n+1} + \alpha(n+1)$ となる。よって，これを

$F(n+1) = 2 \cdot F(n)$ に代入してみると，

$a_{n+1} + \alpha(n+1) = 2(a_n + \alpha n)$ となるだろう。これをまとめると，

[　$F(n+1)$　$= 2 F(n)$　　]

$a_{n+1} = 2a_n + 2\alpha n - \alpha n - \alpha$ より，

$a_{n+1} = 2a_n + \underset{②}{\alpha n} \underset{⓪}{- \alpha}$　となるね。

これと元の漸化式 $a_{n+1} = 2a_n + 2n$ …⑥を比較すると，

$\alpha = 2$ かつ $\alpha = 0$(??) となって，矛盾が生じる。

よって，$F(n) = a_n + \alpha n + \beta$ の形にしなければならなかったんだね。

● 3項間の漸化式にもチャレンジしよう！

3項間の漸化式とは，具体的には $a_{n+2} + pa_{n+1} + qa_n = 0$ $(n = 1, 2, 3, \cdots)$ $(p, q：定数)$ の形の漸化式のことで，実際に3項 a_n と a_{n+1} と a_{n+2} の関係式になっている。

この場合，初項 a_1 だけでなく，第2項 a_2 の値も与えられる。

具体例を出しておこう。

$$\begin{cases} a_1 = 1, \ a_2 = 5 \quad \boxed{p = -5, q = 6 \text{ の場合}} \\ a_{n+2} - 5a_{n+1} + 6a_n = 0 \ \cdots\cdots\cdots① \quad (n = 1, 2, 3, \cdots) \end{cases}$$

①を変形して， $a_{n+2} = 5a_{n+1} - 6a_n$ $\cdots\cdots\cdots①'$ となるね。そして，

・$n = 1$ のとき， $a_{n+2} = a_{1+2} = a_3$, $a_{n+1} = a_{1+1} = a_2$, $a_n = a_1$ より①′は，

$a_3 = 5\underset{\boxed{5}}{a_2} - 6\underset{\boxed{1}}{a_1} = 5 \cdot 5 - 6 \cdot 1 = 25 - 6 = 19$

・$n = 2$ のとき， $a_{n+2} = a_{2+2} = a_4$, $a_{n+1} = a_{2+1} = a_3$, $a_n = a_2$ より①′は，

$a_4 = 5\underset{\boxed{19}}{a_3} - 6\underset{\boxed{5}}{a_2} = 5 \cdot 19 - 6 \cdot 5 = 95 - 30 = 65$

・$n = 3$ のときも同様に

$a_5 = 5a_4 - 6a_3 = 5 \cdot 65 - 6 \cdot 19 = 325 - 114 = 211$

と，この後も a_6, a_7, a_8, $\cdots$ を，その前の2項の値から①′を使って求めていけることが分かったと思う。

では，この一般項 a_n はどのように求めるのか？ その手順を①の例題を使って解説していこう。

まず，$\underset{\boxed{x^2}}{a_{n+2}} - 5\underset{\boxed{x}}{a_{n+1}} + 6\underset{\boxed{1 \text{を代入する}}}{a_n} = 0$ $\cdots①$ の漸化式の a_{n+2} に x^2 を， a_{n+1} に x を，

そして a_n に 1 を代入してできる次の2次方程式②を特性方程式と呼ぶ。

$\underset{\boxed{\text{特性方程式}}}{x^2 - 5x + 6 = 0}$ $\cdots②$ これを解いて

$(x - 2)(x - 3) = 0$ より，$x = \underset{\sim}{2}, \ \underline{\underline{3}}$

157

この特性方程式②の解 $x = 2$, $\underline{3}$ を用いると，①の3項間の漸化式から，次のように2つの等比関数列型の漸化式を導くことができる。

$a_1 = 1$，$a_2 = 5$

$a_{n+2} - 5a_{n+1} + 6a_n = 0$ …①

$x^2 - 5x + 6 = 0$ …………②

②の解 $x = 2$，$\underline{3}$

$$\begin{cases} a_{n+2} - \underset{\sim}{2} \cdot a_{n+1} = \underline{3}(a_{n+1} - \underset{\sim}{2} \cdot a_n) \cdots\cdots③ \\ [\quad F(n+1) \quad = 3 \cdot \quad F(n) \quad] \\ a_{n+2} - \underline{3} \cdot a_{n+1} = \underset{\sim}{2}(a_{n+1} - \underline{3} \cdot a_n) \cdots\cdots④ \\ [\quad G(n+1) \quad = 2 \cdot \quad G(n) \quad] \end{cases}$$

・③について，これを変形すると，

$a_{n+2} - 2a_{n+1} = \overbrace{3(a_{n+1} - 2a_n)}$ 右辺を左辺に移項して

$\underbrace{\quad}_{3a_{n+1} - 6a_n}$

$a_{n+2} - 2a_{n+1} - 3a_{n+1} + 6a_n = 0$

$a_{n+2} - 5a_{n+1} + 6a_n = 0$ となって，ナルホド①と一致する。

また，$F(n) = a_{n+1} - 2a_n$ とおくと，$\underline{F(n+1) = a_{(n+2)}^{\overset{n+1+1}{=}} - 2a_{n+1}}$ となるので，

$\boxed{n \text{ の代わりに，} n+1 \text{ を代入したもの}}$

③は，等比関数列型漸化式 $F(n+1) = 3 \cdot F(n)$ になっていることも分かる。
同様に，

・④についても，これを変形すると，

$a_{n+2} - 3a_{n+1} = 2a_{n+1} - 6a_n$ より，

$a_{n+2} - 5a_{n+1} + 6a_n = 0$ となって，ナルホド①と一致する。

また，$G(n) = a_{n+1} - 3a_n$ とおくと，$\underline{G(n+1) = a_{(n+2)}^{\overset{n+1+1}{=}} - 3a_{n+1}}$ となるので，

$\boxed{n \text{ の代わりに，} n+1 \text{ を代入したもの}}$

④も等比関数列型漸化式 $G(n+1) = 2 \cdot G(n)$ になっている。

後は，アッという間に一般項が求まるんだよ。

③より，$a_{n+1} - 2a_n = (\boxed{a_2}^{\boxed{a_{1+1}=5}} - 2 \cdot \boxed{a_1}^{\boxed{1}}) \cdot 3^{n-1} = (5 - 2) \cdot 3^{n-1} = 3^n$ ……③´

$[\quad F(n) \quad = \quad \underline{F(1)} \quad \cdot \quad 3^{n-1}]$

$\boxed{F(n) = a_{n+1} - 2a_n \text{ の } n \text{ に } n = 1 \text{ を代入したものが } F(1) = a_{\underset{\boxed{1+1}}{\overset{=}{2}}} - 2a_1 \text{ だ。}}$

④より，$a_{n+1} - 3a_n = (\overbrace{a_2} - 3 \cdot \overbrace{a_1}) \cdot 2^{n-1} = (5-3) \cdot 2^{n-1} = 2^n$ ……④′

$\qquad$ [$\quad G(n) \quad = \quad G(1) \quad \cdot 2^{n-1}$]

以上より，

$$\begin{cases} a_{n+1} - 2a_n = 3^n & \cdots\cdots ③′ \\ a_{n+1} - 3a_n = 2^n & \cdots\cdots ④′ \end{cases} \quad \text{から}$$

③′−④′を求めると，$\underline{a_{n+1} - 2a_n - (a_{n+1} - 3a_n)} = 3^n - 2^n$　より

$\qquad\qquad\qquad\quad$ ($-2a_n + 3a_n = a_n$)

一般項 $a_n = 3^n - 2^n$ $(n = 1, 2, 3, \cdots)$ が求まるんだね。面白かった？

でも，今キミ達の頭の中では，3 項間の漸化式の特性方程式って何!?
何で $F(n+1) = r \cdot F(n)$ の形の漸化式が出来るんだ…などなど，疑問が
次々に浮かんできてると思う。これから，詳しく解説しておこう。

一般に，3 項間の漸化式 $a_{n+2} + p a_{n+1} + q a_n = 0$ ……(a) $(n = 1, 2, 3, \cdots)$
$(p, q:$ 定数$)$ が与えられたら，ボク達は，これを変形して 2 つの定数 α，
β を用いて，次の 2 つの等比関数列型の漸化式にもち込みたいんだね。

$$\begin{cases} a_{n+2} - \underset{\sim}{\alpha} \cdot a_{n+1} = \underline{\beta}(a_{n+1} - \underset{\sim}{\alpha} \cdot a_n) & \cdots\cdots (b) \\ [\quad F(n+1) \quad = \beta \cdot F(n) \quad] \\ a_{n+2} - \underline{\beta} \cdot a_{n+1} = \underset{\sim}{\alpha}(a_{n+1} - \underline{\beta} \cdot a_n) & \cdots\cdots (c) \\ [\quad G(n+1) \quad = \alpha \cdot G(n) \quad] \end{cases}$$

この (b), (c) は，いずれもまとめると，同じ式：

$\underbrace{a_{n+2}}_{x^2} \underbrace{- (\alpha + \beta)}_{p} \underbrace{a_{n+1}}_{x} \underbrace{+ \alpha\beta}_{q} \underbrace{a_n}_{1} = 0$ ……(d)　となるのは大丈夫だね。

そして，この (d) は，(a) と一致するので，
$p = -(\alpha + \beta)$, $q = \alpha\beta$ となる。ここで
この (d) の a_{n+2} に x^2 を，a_{n+1} に x を，そして a_n に 1 を代入すると，
特性方程式 $x^2 - (\alpha + \beta)x + \alpha\beta \cdot 1 = 0$……$(e)$ が導けるね。そして，これ
を解くと，
$(x - \alpha)(x - \beta) = 0$ より，$x = \underset{\sim}{\alpha}, \underline{\beta}$ となる。

　つまり (d)，すなわち (a) から導いた特性方程式 (2 次方程式)(e) は，

159

たまたまだけれど，$F(n+1) = \beta F(n)$ …(b) と $G(n+1) = \alpha G(n)$ …(c) を作るのに必要で大事な定数 α, β を解にもつ方程式になるんだね。

これで謎はすべてクリアになったと思う。

それでは，次の練習問題で実践練習しておこう。

練習問題 35	3 項間の漸化式	CHECK 1	CHECK 2	CHECK 3

次の漸化式を解け。

(1) $a_1 = 1$, $a_2 = 7$ $a_{n+2} - 7a_{n+1} + 12a_n = 0$ $(n = 1, 2, 3, \cdots)$

(2) $a_1 = 1$, $a_2 = 2$ $a_{n+2} - 2a_{n+1} - 3a_n = 0$ $(n = 1, 2, 3, \cdots)$

3 項間の漸化式の問題なので，a_{n+2} に x^2 を，a_{n+1} に x を，a_n に 1 を代入した特性方程式を解いて，その解を使って等比関数列型の漸化式を 2 つ作ればいいんだね。後はアッという間に解けるからね。

(1) $a_1 = 1$, $a_2 = 7$

$\underbrace{a_{n+2}}_{x^2} - 7\underbrace{a_{n+1}}_{x} + 12\underbrace{a_n}_{1} = 0$ ……① $(n = 1, 2, 3, \cdots)$ とおく。

①の特性方程式：$x^2 - 7x + 12 = 0$ を解いて，

$(x - 3)(x - 4) = 0$ ∴ $x = \underline{3}, \underline{\underline{4}}$

この解 $\underline{3}$ と $\underline{\underline{4}}$ を用いて，①を変形すると，

$$\begin{cases} a_{n+2} - \underline{3} \cdot a_{n+1} = \underline{\underline{4}} \cdot (a_{n+1} - \underline{3} \cdot a_n) \\ [\quad F(n+1) \quad = 4 \cdot \quad F(n) \quad] \\ a_{n+2} - \underline{\underline{4}} \cdot a_{n+1} = \underline{3} \cdot (a_{n+1} - \underline{\underline{4}} \cdot a_n) \\ [\quad G(n+1) \quad = 3 \cdot \quad G(n) \quad] \end{cases}$$

よって，

$$\begin{cases} a_{n+1} - 3a_n = (\overset{7}{a_2} - 3\overset{1}{a_1}) \cdot 4^{n-1} \\ [\quad F(n) \quad = \quad F(1) \quad \cdot 4^{n-1}] \\ \\ a_{n+1} - 4a_n = (\overset{7}{a_2} - 4\overset{1}{a_1}) \cdot 3^{n-1} \\ [\quad G(n) \quad = \quad G(1) \quad \cdot 3^{n-1}] \end{cases}$$

アッ！

という間

$$\therefore \begin{cases} a_{n+1} - 3a_n = 4^n & \cdots\cdots ② \\ a_{n+1} - 4a_n = 3^n & \cdots\cdots ③ \end{cases} \quad より,$$

②－③を求めて，一般項 $a_n = 4^n - 3^n$ $(n = 1, 2, 3, \cdots)$ となる。

(2) $a_1 = 1$, $a_2 = 2$

$\underbrace{a_{n+2}}_{\boxed{x^2}} - \underbrace{2a_{n+1}}_{\boxed{x}} - \underbrace{3a_n}_{\boxed{1}} = 0 \quad \cdots\cdots ④$ $(n = 1, 2, 3, \cdots)$ とおく。

④の特性方程式：$x^2 - 2x - 3 = 0$ を解いて，

$(x - 3)(x + 1) = 0 \qquad \therefore x = \underline{3}, \; \underline{\underline{-1}}$

この解 $\underline{3}$ と $\underline{\underline{-1}}$ を用いて，④を変形すると，

$$\begin{cases} a_{n+2} - \underline{3} \cdot a_{n+1} = \underline{\underline{-1}} \cdot (a_{n+1} - \underline{3} \cdot a_n) \\ [\quad F(n+1) \quad = -1 \cdot \quad F(n) \quad] \\ a_{n+2} + \underline{\underline{1}} \cdot a_{n+1} = \underline{3} \cdot (a_{n+1} + \underline{\underline{1}} \cdot a_n) \\ [\quad G(n+1) \quad = 3 \cdot \quad G(n) \quad] \end{cases}$$

$a_{n+2} - (\underline{\underline{-1}})a_{n+1} = \underline{3} \cdot \{a_{n+1} - (\underline{\underline{-1}}) \cdot a_n\}$

アッ！

よって，

$$\begin{cases} a_{n+1} - 3a_n = (\overset{2}{\boxed{a_2}} - 3\overset{1}{\boxed{a_1}}) \cdot (-1)^{n-1} \\ [\quad F(n) \quad = \quad F(1) \quad \cdot (-1)^{n-1}] \\ a_{n+1} + a_n = (\overset{2}{\boxed{a_2}} + \overset{1}{\boxed{a_1}}) \cdot 3^{n-1} \\ [\quad G(n) \quad = \quad G(1) \quad \cdot 3^{n-1}] \end{cases}$$

という間

$$\therefore \begin{cases} a_{n+1} - 3a_n = (-1)^n & \cdots\cdots ⑤ \\ a_{n+1} + a_n = 3^n & \cdots\cdots\cdots ⑥ \end{cases} \quad より,$$

⑥－⑤から，$4a_n = 3^n - (-1)^n$

よって，求める一般項 a_n は，$a_n = \dfrac{1}{4}\{3^n - (-1)^n\}$ $(n = 1, 2, 3, \cdots)$

となって，答えだ。面白かった？

● 対称形の連立漸化式の解法パターンも覚えよう！

2 つの数列 $\{a_n\}$ と $\{b_n\}$ の対称形の連立漸化式を下に示そう。

$$\begin{cases} a_{n+1} = \underline{p}a_n + \underline{\underline{q}}b_n & \cdots\cdots ㋐ \\ b_{n+1} = \underline{\underline{q}}a_n + \underline{p}b_n & \cdots\cdots ㋑ \end{cases} \quad (n = 1, 2, 3, \cdots) \quad (\underline{p}, \underline{\underline{q}} : 定数係数)$$

⑦，①のように，右辺の対角線上の係数 p，q が等しい形のものを，対称形の連立漸化式というんだね。

$$a_{n+1} = \underset{\sim}{p}a_n + \underset{=}{q}b_n \quad \cdots\cdots ⑦$$
$$b_{n+1} = \underset{=}{q}a_n + \underset{\sim}{p}b_n \quad \cdots\cdots ①$$

この例題を 1 題，下に示そう。

$$a_1 = 3, \quad b_1 = 2$$

$$\begin{cases} a_{n+1} = \underset{\sim}{3}\cdot a_n + \underset{=}{2}\cdot b_n \quad \cdots\cdots\cdots ① \\ b_{n+1} = \underset{=}{2}\cdot a_n + \underset{\sim}{3}\cdot b_n \quad \cdots\cdots\cdots ② \end{cases} \quad (n = 1, 2, 3, \cdots)$$

3 と 3，2 と 2 が等しい対称形の連立漸化式だね。

・①，②の両辺に，$n = 1$ を代入すると，

$$a_2 = 3 \cdot a_1 + 2 \cdot b_1 = 3^2 + 2^2 = 9 + 4 = 13$$
$\underline{a_{1+1}} \qquad \underline{3} \qquad \underline{2}$

$$b_2 = 2 \cdot a_1 + 3 \cdot b_1 = 2 \cdot 3 + 3 \cdot 2 = 6 + 6 = 12$$
$\underline{b_{1+1}} \qquad \underline{3} \qquad \underline{2}$

・①，②の両辺に，$n = 2$ を代入すると，

$$a_3 = 3 \cdot a_2 + 2 \cdot b_2 = 3 \cdot 13 + 2 \cdot 12 = 39 + 24 = 63$$
$\underline{a_{2+1}} \qquad \underline{13} \qquad \underline{12}$

$$b_3 = 2 \cdot a_2 + 3 \cdot b_2 = 2 \cdot 13 + 3 \cdot 12 = 26 + 36 = 62$$
$\underline{b_{2+1}} \qquad \underline{13} \qquad \underline{12}$

どう？ この要領で $a_1 = 3$，$a_2 = 13$，$a_3 = 63, \cdots$，$b_1 = 2$，$b_2 = 12$，$b_3 = 62$，$\cdots$ と，2 つの数列 $\{a_n\}$，$\{b_n\}$ の各項が順に求められることが分かったと思う。

では，この①，②の 2 つの対称形の連立漸化式から，2 つの数列 $\{a_n\}$ と $\{b_n\}$ の一般項 a_n と b_n をどのように求めるのか？ 知りたいところだろうね。複雑な話かって？ ううん，すごく簡単だよ。

対称形の連立の漸化式であれば，①＋②と，①－②を実行すれば，等比関数列型の漸化式：$F(n+1) = r \cdot F(n)$ を 2 つ導くことができるので，後はアッという間に解いて，一般項を求めることができるんだね。早速やってみよう！

①+②より，$a_{n+1} + b_{n+1} = \underbrace{3a_n + 2a_n}_{\boxed{5a_n}} + \underbrace{2b_n + 3b_n}_{\boxed{5b_n}}$

$a_{n+1} + b_{n+1} = 5 \cdot (a_n + b_n)$ ………③

$[\quad F(n+1) = \underline{5} \cdot \quad F(n) \quad]$

公比 **5** の等比関数列だね。

> $F(n) = a_n + b_n$ とおくと，n の代わりに $n+1$ を代入したものが，$F(n+1)$ より，$F(n+1) = a_{n+1} + b_{n+1}$ となるんだね。

①−②より，$a_{n+1} - b_{n+1} = \underbrace{3a_n - 2a_n}_{\boxed{1 \cdot a_n}} + \underbrace{2b_n - 3b_n}_{\boxed{-1 \cdot b_n}}$

$a_{n+1} - b_{n+1} = 1 \cdot (a_n - b_n)$ ………④

$[\quad G(n+1) = \underline{1} \cdot \quad G(n) \quad]$

公比 **1** の等比関数列だね。

> $G(n) = a_n - b_n$ とおくと，n の代わりに $n+1$ を代入したものが，$G(n+1)$ より，$G(n+1) = a_{n+1} - b_{n+1}$ となるんだね。

以上③，④より，

アッという間！

$\cdot\ a_n + b_n = (\overset{3}{\boxed{a_1}} + \overset{2}{\boxed{b_1}}) \cdot 5^{n-1} = 5 \cdot 5^{n-1} = 5^n$

$[\quad F(n) = \quad F(1) \quad \cdot 5^{n-1} \quad]$

$\cdot\ a_n - b_n = (\overset{3}{\boxed{a_1}} - \overset{2}{\boxed{b_1}}) \cdot 1^{n-1} = 1 \cdot 1^{n-1} = 1$

$[\quad G(n) = \quad G(1) \quad \cdot 1^{n-1} \quad]$

よって，$\begin{cases} a_n + b_n = 5^n & \text{………⑤} \\ a_n - b_n = 1 & \text{………⑥} \end{cases}$ より，一般項 a_n，b_n は

⑤+⑥より，$2a_n = 5^n + 1$ $\quad \therefore a_n = \dfrac{1}{2}(5^n + 1)$ $\quad (n = 1, 2, \cdots)$ と求まり，

⑤−⑥より，$2b_n = 5^n - 1$ $\quad \therefore b_n = \dfrac{1}{2}(5^n - 1)$ $\quad (n = 1, 2, \cdots)$ と求まる

んだね。どう？ これも面白かっただろう？

　　以上で，数列の漸化式の講義も終了です！ エッ，骨が折れたって !?
そうだね。特に，今日の講義は内容満載だったからね。だから，**1** 回で理解
しようと気負う必要はないよ。**2** 回，**3** 回…と繰り返し練習してマスターし
ていこう！

　　では，次回で数列も最終回だけれど，みんな元気でな。バイバイ…。

11th day　数学的帰納法

おはよう！　みんな，今日も元気そうで何よりだね。これまで数列について，いろんなことを学習してきたけれど，今日の講義で数列も最終回となる。最後を飾るテーマは"**数学的帰納法**"だ。これは"**自然数 n の入った等式や文章の命題**"などを証明するのに，必要不可欠なツール（道具）なんだよ。またその考え方も，"**ドミノ倒し理論**"で明快に分かるから，聞いていて面白いはずだよ。では，講義を始めよう！

● 数学的帰納法はドミノ倒しで考えよう!?

数列を勉強していると

・ $1^2 + 2^2 + 3^2 + \cdots + n^2 = \dfrac{1}{6}n(n+1)(2n+1)$ 　　 $(n = 1, 2, 3, \cdots)$

・ すべての自然数 n に対して，$2^{3n} - 3^n$ は 5 の倍数である。

などなど，自然数 $n = 1, 2, 3, \cdots$ に対して成り立つ等式や文章の命題などに直面することになる。これらを公式や定理と思うと何も疑わないかも知れないけれど，いざ，これを自分で証明しようとすると，$n = 1$ のとき成り立つ，$n = 2$ のとき成り立つ，$\cdots$ となるんだろうね。エッ，そんなことをやってたらシワシワのお婆ちゃんになってしまうって？　そうだね。でも，シワシワのお婆ちゃんになってもまだ，$\cdots$ $n = 2758491$ のとき成り立つ，$\cdots$なんてことになるんだろうね。こんな，超ツラ～イ状況からボク達を救ってくれるのが，"**数学的帰納法**"と呼ばれる証明法なんだよ。

名前は複雑だけど，考え方はきわめて明快だ。"**ドミノ倒し**"の考え方そのものなんだよ。ここで，"**ある n の式（または命題）**"に対して，"$n = 1$ のとき成り立つ，$n = 2$ のとき成り立つ，$\cdots$"ということを，"1 番目のドミノが倒れる，2 番目のドミノが倒れる，$\cdots$"という言葉で置き換えることにしよう。

すると，すべての自然数 $n = 1, 2, 3, \cdots$で成り立つということは図 1 に示すように，1 列に無限に並んだドミノを 1 番目から順番にすべて倒すことに対応するってことなんだね。

図 1　ドミノ倒し

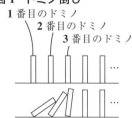

1 番目のドミノ
2 番目のドミノ
3 番目のドミノ

$\cdots$

$\cdots$

そのための理論として，次の **2** つのステップ
を示せばいいんだよ。

ドミノ倒しの理論

（ⅰ）まず，**1** 番目のドミノを倒す。

（ⅱ）次に，*k* 番目のドミノが倒れるとしたら，

　　k + **1** 番目のドミノが倒れる。

図2　ドミノ倒しの理論

（ⅰ）**1** 番目のドミノを倒す。

1 番目

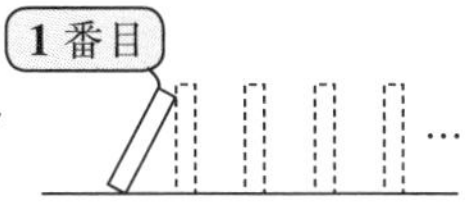

（ⅱ）*k* 番目のドミノが倒れる
　　としたら，*k* + **1** 番目のド
　　ミノが倒れる。

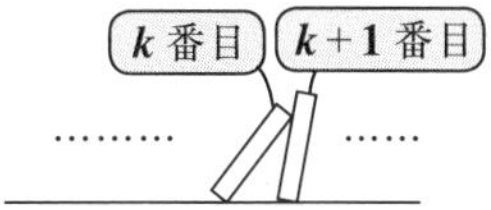

k 番目　*k* + **1** 番目

………　……

$\left(\begin{array}{l}\text{この } k \text{ は，} \mathbf{1}, \mathbf{2}, \mathbf{3}, \cdots \\ \text{のなんでもいい。}\end{array}\right)$

ン？　よく分からんって？　いいよ。このたっ
た **2** つのステップで，無限に **1** 列に並んだドミ
ノをすべて倒せることを示そう。

（ⅰ）まず，**1** 番目のドミノ，これは本当に倒す。

（ⅱ）次，ズラ〜っと無限に並んだドミノの内，どこでもいいんだけど，連
　　続する **2** つのドミノを選び，それぞれ *k* 番目と *k* + **1** 番目のドミノと
　　する。そして，*k* 番目のドミノが倒れるとしたら，*k* + **1** 番目のドミ
　　ノも倒れることを示せばいい。

すると，*k* と *k* + **1** 番目のドミノは，ズラ〜っと並んだドミノのどれでもいいので，

・まず，*k* = **1**，*k* + **1** = **2** とおくと，（ⅰ）で，*k* = **1** 番目のドミノは本当に
　倒すので，間違いなく倒れる。次（ⅱ）で，*k* = **1** 番目のドミノが倒れる
　んだったら，当然 *k* + **1** = **2** 番目のドミノも倒れる。

・次，*k* = **2**，*k* + **1** = **3** とおくと，（ⅱ）で，*k* = **2** 番目のドミノが倒れるんだっ
　たら，*k* + **1** = **3** 番目のドミノも倒れる。

・さらに，*k* = **3**，*k* + **1** = **4** とおくと，（ⅱ）で，*k* = **3** 番目のドミノが倒れ
　るんだったら，*k* + **1** = **4** 番目のドミノも倒れる。

…………………………

どう？　この要領で次々と，**1** 列に並んだドミノが倒れていくことが分かっ
ただろう。

　この"ドミノ倒しの理論"から"数学的帰納法"の話に戻ろう。"ある
n の式（命題）"が，すべての自然数 *n* = **1**, **2**, **3**, …で成り立つことを示し
たかったら，次の **2** つのステップが言えればいいんだね。

数学的帰納法の考え方

"n の式 (命題)"　　($n = 1, 2, 3, \cdots$) $\cdots(*)$

(i) $n = 1$ のとき, ($*$) は成り立つ。

(ii) $n = k$ のとき ($*$) が成り立つと仮定すると,

　　　$n = k + 1$ のときも成り立つ。

> (i) 1 番目のドミノを
> 倒すことと同じだね。

> (ii) k 番目のドミノが倒
> れるとしたら, $k + 1$
> 番目のドミノも倒れ
> ることと同じだね。

これで, "n の式 (命題)" がすべての自然数 $n = 1, 2, 3, \cdots$ で成り立つことを示すのに必要なものが, すべてそろっているのが分かるね。

ドミノ倒し理論の中の "k 番目のドミノが倒れるとしたら, $\cdots$" の部分が, 数学的帰納法の中では "$n = k$ のとき ($*$) が成り立つと仮定すると, $\cdots$" になっているだけで, 本質的には同様のことを言っているのが分かるね。

さらに, 数学的帰納法の答案の書き方を踏まえて, その書式を次に示そう。数学的帰納法ってキレイな形式にまとめて示すことができるんだよ。

数学的帰納法による証明法

(n の命題) $\cdots\cdots(*)$　　($n = 1, 2, 3, \cdots$)

が成り立つことを数学的帰納法により示す。

(i) $n = 1$ のとき, $\cdots\cdots$　$\therefore$ 成り立つ。

(ii) $n = k$　($k = 1, 2, 3, \cdots$) のとき ($*$) が

　　　成り立つと仮定して, $n = k + 1$ のとき

　　　について調べる。

　　　$\cdots\cdots\cdots\cdots\cdots\cdots\cdots\cdots\cdots\cdots\cdots\cdots\cdots\cdots\cdots\cdots\cdots$

　　　$\therefore$　$n = k + 1$ のときも成り立つ。

以上 (i)(ii) より, 任意の自然数 n に対して ($*$) は成り立つ。

> これは (i) 1 番目のドミノを倒すことと同じだね。

> これは (ii) k 番目のドミノが倒れるとしたら, $k + 1$ 番目のドミノも倒れることと同じだね。

ン？　実際に, 数学的帰納法を使ってみたいって？　いいよ。これからいっぱい練習しよう。

(a) $1 + 2 + 3 + \cdots + n = \dfrac{1}{2} n(n + 1)$ $\cdots\cdots(*1)$ ($n = 1, 2, 3, \cdots$)

　　　が成り立つことを, 数学的帰納法を使って証明しよう。

これは "等差数列の和の公式" でもあれば，$\sum_{k=1}^{n} k = \frac{1}{2} n(n+1)$ の "Σ 計算の公式" でもあるので，これが正しいことはみんな知っていると思う。でもこれが本当に成り立つことを，数学的帰納法によってキッチリ調べていこう。

ここで，まず，$(*1)$ の左辺 $= 1 + 2 + 3 + \cdots + n$ について，$n = 3, 2, 1$ の場合を具体的に示すよ。

$n = 3$ のとき，$1 + 2 + 3$ ← $\boxed{1 \text{から} 3 \text{までの和}}$

$n = 2$ のとき，$1 + 2$ ← $\boxed{1 \text{から} 2 \text{までの和}}$

$n = 1$ のとき，1 ← $\boxed{1 \text{から} 1 \text{までの和というのは，結局，} 1 \text{だけなんだね。}}$

準備が整ったので，数学的帰納法により，$(*1)$ を証明してみよう。

$$1 + 2 + 3 + \cdots + n = \frac{1}{2} n(n+1) \cdots (*1) \ (n = 1, 2, 3, \cdots)$$

が成り立つことを，数学的帰納法により示す。

(i) $n = 1$ のとき，

$\boxed{n \text{に} 1 \text{を代入}}$

$(*1)$ の左辺 $= 1$，$(*1)$ の右辺 $= \frac{1}{2} \cdot 1 \cdot (1+1) = 1$

$\boxed{1 \text{から} 1 \text{までの和}}$

∴ 成り立つ。 ← $\boxed{\text{これで，(i) 1番目のドミノを倒した！}}$

(ii) $n = k \ (k = 1, 2, 3, \cdots)$ のとき

$$\underline{1 + 2 + 3 + \cdots + k} = \frac{1}{2} k(k+1) \cdots ① \quad \boxed{\text{(ii) "} k \text{番目のドミノが} \\ \text{倒れるとしたら" の部分}}$$

が成り立つと仮定して，$n = k+1$ のときについて調べる。

参考

ここで，$n = k+1$ のときの $(*1)$ の式は，

$$1 + 2 + 3 + \cdots + k + (k+1) = \frac{1}{2}(k+1)(k+1+1) \text{ となる。}$$

$\boxed{1 \text{から} k+1 \text{までの和}}$　$\boxed{n \text{に} k+1 \text{を代入したもの}}$

これが成り立つことを，仮定した①の式を使って示すんだよ。

$n = k + 1$ のとき，

$(*1)$ の左辺 $= \underline{1 + 2 + 3 + \cdots + k} + (k+1)$

$\boxed{\dfrac{1}{2}k(k+1)\ (\text{①より})}$ ← $\boxed{\text{①は仮定した式なので，}\\ n = k + 1 \text{のときの証明}\\ \text{に使える！}}$

$= \underline{\dfrac{1}{2}k(k+1)} + \underline{\underline{(k+1)}}\ (\text{①より})$

$\boxed{\dfrac{1}{2}(k+1)\cdot 2}$

$= \underline{\dfrac{1}{2}(k+1)}\cdot(k+2)$ ← $\boxed{\dfrac{1}{2}(k+1)\text{ をくくり出した。}}$

$= \dfrac{1}{2}(k+1)(k+1+1) = (*1)$ の右辺

∴ $n = k + 1$ のときも，$(*1)$ は成り立つ。 ← $\boxed{\text{これで，(ⅱ)}k+1\text{番目のドミノも倒した！}}$

以上 $(\text{ⅰ})(\text{ⅱ})$ より，すべての自然数 n に対して $(*1)$ は成り立つ。

これで，数学的帰納法による証明ができたんだね。ン？　でも，まだ納得がいかない顔をしているね。エッ，$n = k$ のとき成り立つと仮定したんだから当然 $n = k + 1$ のときも成り立つんじゃないかって？　初めに誰もが疑問に思うところだね。いいよ。これについても，1つ例を示しておこう。

参考

たとえば

$\quad 1 + 2 + 3 + \cdots + n = n^2 \ \cdots(*)\ (n = 1, 2, 3, \cdots)$

みたいな，メチャクチャな間違った式の場合，数学的帰納法で示そうとしてもうまくいかないことが分かると思うよ。

$(\text{ⅰ})\ n = 1$ のとき，$(*)$ の左辺 $= 1$，右辺 $= 1^2 = 1$

　　∴成り立つ。ここまではいいね。次，

$(\text{ⅱ})\ n = k\ (k = 1, 2, 3, \cdots)$ のとき

　　$\underline{1 + 2 + 3 + \cdots + k} = \underline{k^2} \ \cdots\cdots$①

　　が成り立つと仮定して，$n = k + 1$ のときについて調べるよ。

$\boxed{\text{当然 } n = k + 1 \text{ のとき，}(*) \text{ は，}\\ 1 + 2 + 3 + \cdots + k + (k+1) = (k+1)^2 \text{ とならなければならないね。}}$

$(*)$ の左辺 $= 1+2+3+\cdots+k+(k+1)$

$\qquad\qquad = k^2+(k+1)$ （①より）　　$\boxed{k^2+2k+1}$

$\qquad\qquad = k^2+k+1$　となって，$n=k+1$ のときの右辺 $\underline{(k+1)^2}$

には決してならないね。つまり，$n=k+1$ のときは成り立たない！
どう？　これで納得いった？　間違った"n の式"の場合，たとえ $n=k$ のときに成り立つと仮定しても，$n=k+1$ のときに成り立つことは示せない。

これで，数学的帰納法が"n の式 (命題)"が正しいか，間違っているかをキチンと検出できる証明法だってことが分かったと思う。

では，次の練習問題で，さらに練習しておこう。

| 練習問題 36 | 数学的帰納法 (I) | CHECK 1 | CHECK 2 | CHECK 3 |

すべての自然数 n に対して

$$1^2+2^2+3^2+\cdots+n^2 = \frac{1}{6}n(n+1)(2n+1) \ \cdots(*2)$$

が成り立つことを，数学的帰納法を使って証明せよ。

Σ 計算の重要公式の 1 つで，この証明は P133 でやってるけれど，これを今度は数学的帰納法を使って証明してみよう！

$$1^2+2^2+3^2+\cdots+n^2 = \frac{1}{6}n(n+1)(2n+1) \ \cdots(*2) \ (n=1, 2, 3, \cdots)$$

が成り立つことを，数学的帰納法により示す。

(i) $n=1$ のとき，

$\qquad (*2)$ の左辺 $= \underline{1^2} = 1$　　　$(*2)$ の右辺 $= \dfrac{1}{6}\cdot 1\cdot(1+1)\cdot(2\cdot 1+1) = 1$

$\qquad\boxed{1^2 \text{から} 1^2 \text{までの和は} 1^2 \text{だけだね。}}$　　　$\boxed{n \text{に} 1 \text{を代入したもの}}$

$\qquad \therefore$ 成り立つ。　←―$\boxed{\text{これで，(i) } 1 \text{番目のドミノを倒した！}}$

(ii) $n=k$ $(k=1, 2, 3, \cdots)$ のとき　　$\boxed{\begin{array}{l}(ii) \text{"}k \text{番目のドミノ}\\ \text{が倒れるとしたら"}\\ \text{の部分}\end{array}}$

$$1^2+2^2+3^2+\cdots+k^2 = \frac{1}{6}k\cdot(k+1)\cdot(2k+1) \ \cdots①$$

が成り立つと仮定して，$n=k+1$ のときについて調べる。

169

ここで，$n = k + 1$ のときの（∗2）の式は，

$$1^2 + 2^2 + 3^2 + \cdots + k^2 + (k+1)^2 = \frac{1}{6}(k+1)(k+1+1)\{2(k+1)+1\}$$ となる。

$\boxed{1^2 \text{ から } (k+1)^2 \text{ までの和}}$ $\boxed{n \text{ に } k+1 \text{ を代入したもの}}$

これが成り立つことを，仮定した①の式を使って示せばいいんだね。

$n = k + 1$ のとき，

$$（∗2）\text{ の左辺} = 1^2 + 2^2 + 3^2 + \cdots + k^2 + (k+1)^2$$

$\boxed{\dfrac{1}{6}k(k+1)(2k+1) \quad (\text{①より})}$ $\boxed{\begin{array}{l}\text{①は仮定した式なので，}\\ n = k + 1 \text{ のときの証明}\\ \text{に使える！}\end{array}}$

$$= \frac{1}{6}k(k+1)(2k+1) + (k+1)^2 \quad (\text{①より})$$

$\boxed{\dfrac{1}{6}(k+1) \cdot 6(k+1)}$

$$= \frac{1}{6}(k+1)\{k(2k+1) + 6(k+1)\}$$ $\boxed{\dfrac{1}{6}(k+1) \text{ をくくり出した。}}$

$\boxed{\begin{array}{l}2k^2 + 7k + 6 = (k+2)(2k+3)\\ 1 \quad\quad\diagdown\quad 2\\ 2 \quad\quad\diagup\quad 3\end{array}}$

$$= \frac{1}{6}(k+1)(k+2)(2k+3)$$

$$= \frac{1}{6}(k+1)(k+1+1) \cdot \{2(k+1)+1\} = （∗2）\text{ の右辺}$$

$\therefore n = k + 1$ のときも，（∗2）は成り立つ。 $\boxed{\begin{array}{l}\text{これで，（ⅱ）} k+1 \text{ 番目の}\\ \text{ドミノも倒した！}\end{array}}$

以上（ⅰ）（ⅱ）より，すべての自然数 n に対して（∗2）は成り立つ。

どう？ 数学的帰納法でもキレイに証明できただろう？

それでは次，まだ証明してなかった計算の公式：

$$\sum_{k=1}^{n} k^3 = \frac{1}{4}n^2(n+1)^2 \quad \cdots（∗3）\quad (n = 1, 2, 3, \cdots) \text{ が成り立つことも，数学的}$$

帰納法により示しておこう。

練習問題 37　数学的帰納法（Ⅱ）　CHECK 1　CHECK 2　CHECK 3

すべての自然数 n に対して，

$$1^3 + 2^3 + 3^3 + \cdots + n^3 = \frac{1}{4} n^2 (n+1)^2 \cdots (*3)$$

が成り立つことを，数学的帰納法を使って証明せよ。

これも，数学的帰納法の手順「(i) $n=1$ のとき成り立つ。(ii) $n=k$ のとき成り立つと仮定して，$n=k+1$ のときも成り立つ」を使って証明すればいいね。

$$1^3 + 2^3 + 3^3 + \cdots + n^3 = \frac{1}{4} n^2 (n+1)^2 \cdots (*3) \quad (n=1, 2, 3, \cdots)$$

(i) $n=1$ のとき，

$(*3)$ の左辺 $= \underline{1^3} = 1$　　$(*3)$ の右辺 $= \frac{1}{4} \cdot 1^2 \cdot (1+1)^2 = \frac{4}{4} = 1$

1^3 から 1^3 までの和は 1^3 だけだね。　　n に 1 を代入したもの

∴ 成り立つ。　←　これで，(i) 1 番目のドミノを倒した

(ii) $n=k$ $(k=1, 2, 3, \cdots)$ のとき

$$1^3 + 2^3 + 3^3 + \cdots + k^3 = \frac{1}{4} k^2 (k+1)^2 \cdots\cdots ①$$

(ii) "k 番目のドミノが倒れるとしたら" の部分

が成り立つと仮定して，$n=k+1$ のときについて調べる。

参考

ここで，$n=k+1$ のときの $(*3)$ の式は，

$$1^3 + 2^3 + 3^3 + \cdots + k^3 + (k+1)^3 = \frac{1}{4} (k+1)^2 (k+1+1)^2$$ となる。

1^3 から $(k+1)^3$ までの和　　n に $k+1$ を代入したもの

これが成り立つことを，仮定した①の式を使って示せばいいんだね。
サァ，後もう一息だ！頑張ろう！！

$n = k + 1$ のとき，

($*3$) の左辺 $= 1^3 + 2^3 + 3^3 + \cdots + k^3 + (k+1)^3$

$$\underbrace{\frac{1}{4}k^2 \cdot (k+1)^2}_{} \quad (\text{①より})$$

> ①は仮定した式なので，$n = k + 1$ のときの証明に使える！

$$= \frac{1}{4}k^2(k+1)^2 + \underbrace{(k+1)^3}_{} \quad (\text{①より})$$

$$\frac{1}{4}(k+1)^2 \cdot 4(k+1)$$

$$= \frac{1}{4}(k+1)^2\{k^2 + 4(k+1)\}$$

> $\frac{1}{4}(k+1)^2$ をくくり出した！

$$k^2 + 4k + 4 = (k+2)^2$$

$$= \frac{1}{4}(k+1)^2(k+2)^2$$

$$= \frac{1}{4}(k+1)^2(k+1+1)^2 = (*3) \text{ の右辺}$$

> これで，(ⅱ) $k+1$ 番目のドミノも倒した！バンザーイ！！

∴ $n = k + 1$ のときも，($*3$) は成り立つ。

以上 (ⅰ)(ⅱ) より，すべての自然数 n に対して ($*3$) は成り立つ。

どう？数学的帰納法を使えば，Σ 計算の重要公式もアッサリ証明できることが分かっただろう。

ン？数学的帰納法による証明は分かったけれど，どのようにして，公式：$\displaystyle\sum_{k=1}^{n} k = \frac{1}{2}n(n+1)$ や $\displaystyle\sum_{k=1}^{n} k^2 = \frac{1}{6}n(n+1)(2n+1)$ が導き出されるのかを知りたいって!? 向学心旺盛だね。今のキミなら理解できるだろうから，これらの公式も参考として導いてみせてあげよう。

参考

(Ⅰ) $\displaystyle\sum_{k=1}^{n} k = \frac{1}{2}n(n+1)$ ……($*1$) の導出について，まず次の Σ 計算

$\displaystyle\sum_{k=1}^{n} \{(k+1)^2 - k^2\}$ ……① を考えてみよう。

(i) ①を実際に計算してみると，

$$\sum_{k=1}^{n}\{(k+1)^2-k^2\} = \sum_{k=1}^{n}(2k+1) = 2\sum_{k=1}^{n}k + \sum_{k=1}^{n}1$$

$$\underbrace{k^2+2k+1-k^2=2k+1}$$

$$\underbrace{1+1+\cdots+1=n\cdot1=n}$$

$$= 2\sum_{k=1}^{n}k + n \quad \cdots\cdots ① ' \text{ となる。}$$

(ii) 次に，①について，$I_k = k^2$，$I_{k+1} = (k+1)^2$ とおくと，

$$\sum_{k=1}^{n}\{(k+1)^2-k^2\} = \sum_{k=1}^{n}(I_{k+1}-I_k) = -\sum_{k=1}^{n}(I_k-I_{k+1})$$

$$\underbrace{(I_1-I_2)+(I_2-I_3)+(I_3-I_4)+\cdots+(I_n-I_{n+1})}$$

$$= -(I_1-I_{n+1}) = I_{n+1}-I_1 = \underbrace{(n+1)^2-1^2} = n^2+2n \quad \cdots\cdots ① ''$$

$$\underbrace{n^2+2n+1-1=n^2+2n}$$

が導ける。

ここで，①´と①´´は等しいので，

$$2\sum_{k=1}^{n}k + n = n^2+2n \text{ より，} 2\sum_{k=1}^{n}k = n^2+n = n(n+1)$$

$$\therefore \text{公式：} \sum_{k=1}^{n}k = \frac{1}{2}n(n+1) \quad \cdots(*1) \text{ が導けるんだね。大丈夫だった？}$$

(Ⅱ) $\displaystyle\sum_{k=1}^{n}k^2 = \frac{1}{6}n(n+1)(2n+1) \quad \cdots\cdots(*2)$ の導出についても同様に，

$$\sum_{k=1}^{n}\{\underbrace{(k+1)^3}_{J_{k+1}}-\underbrace{k^3}_{J_k}\} \cdots② \text{を考える。これを同じ様に2通りで計算してみると，}$$

(i) $\displaystyle\sum_{k=1}^{n}\{(k+1)^3-k^3\} = \sum_{k=1}^{n}(3k^2+3k+1)$

$$\underbrace{k^3+3k^2+3k+1-k^3=3k^2+3k+1}$$

$$= 3\sum_{k=1}^{n}k^2 + 3\sum_{k=1}^{n}k + \sum_{k=1}^{n}1$$

$$\underbrace{\frac{1}{2}n(n+1) \ ((*1) \text{ より})} \qquad \underbrace{n}$$

$$= 3\sum_{k=1}^{n}k^2 + \frac{3}{2}n(n+1) + n \quad \cdots\cdots② ' \text{ が導けるんだね。}$$

(ii) 次に，$J_k = k^3$，$J_{k+1} = (k+1)^3$ とおいて②を計算すると，

$$\sum_{k=1}^{n}\{(k+1)^3 - k^3\} = -\sum_{k=1}^{n}(J_k - J_{k+1})$$

$$\sum_{k=1}^{n}\{(k+1)^3 - k^3\}$$
$$= 3\sum_{k=1}^{n}k^2 + \frac{3}{2}n(n+1) + n \cdots ②'$$

$$= -(J_1 - J_{n+1}) = J_{n+1} - J_1 = \underline{(n+1)^3 - 1^3}$$

$$\boxed{n^3 + 3n^2 + 3n + \cancel{1} - \cancel{1} = n^3 + 3n^2 + 3n}$$

$$= n^3 + 3n^2 + 3n \cdots\cdots ②'' \ となる。$$

ここで，②´と②´´は等しいので，

$$3\sum_{k=1}^{n}k^2 + \frac{3}{2}n(n+1) + n = n^3 + 3n^2 + 3n$$

$$3\sum_{k=1}^{n}k^2 = n^3 + 3n^2 + 3n - \frac{3}{2}(n^2 + n) - n \ より，$$

$$\boxed{n^3 + 3n^2 + 3n - \frac{3}{2}n^2 - \frac{3}{2}n - n = n^3 + \frac{3}{2}n^2 + \frac{1}{2}n = \frac{1}{2}n(2n^2 + 3n + 1)}$$

$$3\sum_{k=1}^{n}k^2 = \frac{1}{2}n(2n^2 + 3n + 1) = \frac{1}{2}n(n+1)(2n+1)$$

$$\therefore 公式: \sum_{k=1}^{n}k^2 = \frac{1}{6}n(n+1)(2n+1) \ \cdots\cdots(*2) \ も導けた！$$

どう？面白かった？

それでは，数学的帰納法に話を戻して，もう1題，問題を解いておこう。

| 練習問題 38 | 数学的帰納法（Ⅲ） | CHECK 1 | CHECK 2 | CHECK 3 |

すべての自然数 n に対して，「$2^{3n} - 3^n$ は 5 の倍数である。 $\cdots(*4)$」が成り立つことを，数学的帰納法を使って証明せよ。

たしかに，$n = 1$ のとき $2^3 - 3^1 = 8 - 3 = 5$，$n = 2$ のとき $2^6 - 3^2 = 64 - 9 = 55$ となって，5 の倍数なのは分かるね。でも，$n = 3, 4, 5, 6, \cdots$ のすべての自然数 n に対して $2^{3n} - 3^n$ が 5 の倍数であることを示すには，数学的帰納法しかないんだね。少し難しいかも知れないけど，これでさらに理解が深まるよ。

命題 "$2^{3n} - 3^n$ は 5 の倍数である $\cdots(*4)$ $(n = 1, 2, 3, \cdots)$"
が成り立つことを数学的帰納法により示す。

(ⅰ) $n = 1$ のとき $2^{3 \cdot 1} - 3^1 = 2^3 - 3 = 8 - 3 = 5$ $\quad$ ∴ 成り立つ。

(ⅱ) $n = k$ $(k = 1, 2, 3, \cdots)$ のとき,

$\quad 2^{3k} - 3^k = \underline{5m}$ $\quad$ ……① $(m : 整数)$

$\qquad \boxed{5 \times (整数) で, 2^{3k} - 3^k が 5 の倍数であることを言っている。}$

すなわち, $\underline{2^{3k}} = \underline{5m + 3^k}$ $\cdots$①′ $\leftarrow$ $\boxed{①を後で使いやすい形にした!}$

が成り立つと仮定して, $n = k + 1$ のときについて調べる。

$n = k + 1$ のとき,

$\quad 2^{\overbrace{3(k+1)}} - 3^{k+1} = 2^{3k+3} - 3^{k+1} = \boxed{2^3} \cdot 2^{3k} - \boxed{3^1} \cdot 3^k$

$\qquad \boxed{n に k+1 を代入したもの} \quad \boxed{8} \quad\quad \boxed{3}$

$\quad = 8 \cdot 2^{3k} - 3 \cdot 3^k$

$\qquad \boxed{5m + 3^k \ (①′ より)}$ $\leftarrow$ $\boxed{\begin{array}{l} n = k+1 のとき, 2^{3(k+1)} - 3^{k+1} が 5 の倍数である \\ ことを示すために, ①, すなわち①′ を使った。 \end{array}}$

$\quad = 8(5m + 3^k) - 3 \cdot 3^k = \underline{\underline{5}} \cdot 8m + \underline{(8 - 3)} \cdot 3^k$

$\quad = \underline{\underline{5}}(8m + 3^k) = 5 \times (整数)$ $\leftarrow$ $\boxed{5 の倍数ってこと!}$

$\qquad \boxed{\begin{array}{l} 整数 m に 8 をかけても整数, 3 を k 回かけたものも整数だね。 \\ ∴ 8m + 3^k = (整数) + (整数) = (整数) となる。 \end{array}}$

$\quad$ ∴ $n = k + 1$ のときも, $(*4)$ は成り立つ。

以上 (ⅰ)(ⅱ) より, すべての自然数 n に対して $(*4)$ は成り立つ。

$\quad$ どう? 数学的帰納法も慣れてくると, 様々な問題の証明ができて面白いでしょう?

$\quad$ では, 数列の講義の最後の問題として, 数列の漸化式と数学的帰納法の融合問題にチャレンジしてみよう。ン?難しそうだって!? でも, これで解ける問題の幅がさらに広がるわけだから, 楽しみながら解いてみよう!

数列 $\{a_n\}$ が，次のように定義されている。

$a_1 = 1$, $a_{n+1} = \sqrt{a_n{}^2 + 8n}$ ……① $(n = 1, 2, 3, \cdots)$

(1) a_2, a_3, a_4 を求めて，一般項 a_n $(n = 1, 2, 3, \cdots)$ を推定せよ。

(2) (1) の一般項 a_n の推定式が，すべての自然数 n について成り立つ
ことを数学的帰納法により証明せよ。

---

(1) ①の漸化式から，一般項 a_n を直接求めることは難しい。でも，①に $n = 1$, 2, 3 を順に代入すると，$a_2 = 3$, $a_3 = 5$, $a_4 = 7$ となるので，一般項 a_n は $a_n = 2n - 1$ と推定できるんだね。ただし，これは，$n = 1, 2, 3, 4$ の結果からの，あくまでも推定式なので，これが本当の一般項 $a_n = 2n - 1$ $(n = 1, 2, 3, \cdots)$ と言えるためには，(2)で，これを数学的帰納法によって，証明しないといけないんだね。頑張ろう！

(1) $a_1 = 1$, $a_{n+1} = \sqrt{a_n{}^2 + 8n}$ ……① $(n = 1, 2, 3, \cdots)$ について，

・$n = 1$ を①に代入すると，

$a_2 = \sqrt{a_1{}^2 + 8 \cdot 1} = \sqrt{1 + 8} = \sqrt{9} = 3$ ……② となる。

$\underbrace{a_2}_{(a_{1+1})}$ 　$\underbrace{}_{(1^2)}$

・$n = 2$ を①に代入すると，

$a_3 = \sqrt{a_2{}^2 + 8 \cdot 2} = \sqrt{9 + 16} = \sqrt{25} = 5$ ……③ となる。

$\underbrace{}_{(3^2\ (②より))}$

・$n = 3$ を①に代入すると，

$a_4 = \sqrt{a_3{}^2 + 8 \cdot 3} = \sqrt{25 + 24} = \sqrt{49} = 7$ ……④ となる。

$\underbrace{}_{(5^2\ (③より))}$

以上より，$a_1 = 1$, $a_2 = 3$, $a_3 = 5$, $a_4 = 7$ となることが分かったので，数列 $\{a_n\}$ は，初項 $a_1 = a = 1$，公差 $d = 2$ の等差数列であると考えられるから，数列 $\{a_n\}$ の一般項 a_n は，

$a_n = 1 + (n - 1) \cdot 2 = 2n - 1$ ……（＊） $(n = 1, 2, 3, \cdots)$ と推定できるんだね。

(2) すべての自然数 n に対して

$$a_n = 2n - 1 \cdots\cdots(*)$$

が成り立つことを数学的帰納法
により証明しよう。

> 数学的帰納法
> (ⅰ)(*) が $n = 1$ のとき，
> 　　$a_1 = 1$ となって成り立つ。
> (ⅱ)(*) が，$n = k$ $(k = 1, 2, 3, \cdots)$
> 　　のとき成り立つと仮定して，
> 　　$n = k + 1$ のときも成り立つ
> 　　ことを示す。

(ⅰ)$n = 1$ のとき，(*) は

$a_1 = 2 \cdot 1 - 1 = \underline{1}$ となって，成り立つ。

> これは初項

(ⅱ)$n = k$ $(k = 1, 2, 3, \cdots)$ のとき

$a_k = 2k - 1 \cdots$⑤ が成り立つと仮定して，$\underline{n = k + 1}$ のときを調べる。

> $n = k + 1$ のとき，$a_{k+1} = 2\overbrace{(k+1)} - 1 = 2k + 1$ が成り立つことを示せばいい。
> この際に利用するのは，①の漸化式で，①の n に k を代入して，さらにこれに
> ⑤を代入して変形して，$a_{k+1} = 2k + 1 = 2(k+1) - 1$ となることを示すんだね。

①の n に k を代入すると，

$a_{k+1} = \sqrt{\overbrace{a_k{}^2} + 8k} \cdots\cdots$①′　←　①の漸化式を利用する。

> $(2k-1)^2$（⑤より）

この①′ に $a_k = 2k - 1 \cdots\cdots$⑤ を代入すると，

$a_{k+1} = \sqrt{(2k-1)^2 + 8k} = \sqrt{4k^2 - 4k + 1 + 8k} = \sqrt{4k^2 + 4k + 1}$

　　　$= \sqrt{(2k+1)^2} = |\underline{2k+1}| = 2k + 1 = 2(k+1) - 1$

> 公式：
> $\sqrt{a^2} = |a|$
> を用いた。

となって，$n = k + 1$ のときも (*) は成り立つ。

以上 (ⅰ)(ⅱ) により，数学的帰納法を用いて，すべての自然数 n に対して
(*) が成り立つことが示された。つまり，一般項 a_n は，

$a_n = 2n - 1 \cdots\cdots(*)$ $(n = 1, 2, 3, \cdots)$ となることが証明できたんだね。

　大変だったけれど，これで数学的帰納法もよく分かっただろう？　後は，
自分で納得がいくまでよく練習することだね。

　それでは次回から，また新たなテーマ"**確率分布と統計的推測**"に入ろう。
また分かりやすく教えるから，キミ達も頑張ってついてきてくれ。それ
じゃ次回まで，さようなら…。

第 3 章● 数列　公式エッセンス

1. 等差数列（a：初項，d：公差）

（ⅰ）一般項 $a_n = a + (n-1)d$　　（ⅱ）数列の和 $S_n = \dfrac{n(a_1 + a_n)}{2}$

項数　初項　末項

2. 等比数列（a：初項，r：公比）

（ⅰ）一般項 $a_n = a \cdot r^{n-1}$　　（ⅱ）数列の和 $S_n = \begin{cases} \dfrac{a(1-r^n)}{1-r} & (r \neq 1) \\ na & (r = 1) \end{cases}$

3. Σ 計算の 6 つの公式

(1) $\displaystyle\sum_{k=1}^{n} k = \frac{1}{2}n(n+1)$

(2) $\displaystyle\sum_{k=1}^{n} k^2 = \frac{1}{6}n(n+1)(2n+1)$

(3) $\displaystyle\sum_{k=1}^{n} k^3 = \frac{1}{4}n^2(n+1)^2$

(4) $\displaystyle\sum_{k=1}^{n} c = nc$　（c：定数）

(5) $\displaystyle\sum_{k=1}^{n} ar^{k-1} = \frac{a(1-r^n)}{1-r}$　$(r \neq 1)$

(6) $\displaystyle\sum_{k=1}^{n} (I_k - I_{k+1}) = I_1 - I_{n+1}$

4. Σ 計算の 2 つの性質

(1) $\displaystyle\sum_{k=1}^{n} (a_k \pm b_k) = \sum_{k=1}^{n} a_k \pm \sum_{k=1}^{n} b_k$

(2) $\displaystyle\sum_{k=1}^{n} ca_k = c\sum_{k=1}^{n} a_k$　（c：定数）

5. $S_n = f(n)$ の解法パターン

$S_n = a_1 + a_2 + \cdots + a_n = f(n)$　$(n = 1,\ 2,\ \cdots)$ のとき

（ⅰ）$a_1 = S_1$　　（ⅱ）$n \geqq 2$ で，$a_n = S_n - S_{n-1}$

6. 階差数列型の漸化式

$a_{n+1} - a_n = b_n$ のとき，$n \geqq 2$ で，$a_n = a_1 + \displaystyle\sum_{k=1}^{n-1} b_k$

7. 等比関数列型の漸化式

$F(n+1) = r \cdot F(n)$ のとき，$F(n) = F(1) \cdot r^{n-1}$

8.（n の命題）…(*)（$n = 1,\ 2,\ \cdots$）の数学的帰納法による証明

（ⅰ）$n = 1$ のとき(*) が成り立つことを示す。

（ⅱ）$n = k$ のとき(*) が成り立つと仮定して，$n = k+1$ のときも
　　成り立つことを示す。

以上（ⅰ）（ⅱ）より，任意の自然数 n について (*) は成り立つ。

第 4 章
CHAPTER

4 確率分布と統計的推測

―――――テーマ―――――

▶ 確率分布と期待値・分散・標準偏差

▶ 確率変数の和と積，二項分布

▶ 連続型確率分布，正規分布

▶ 統計的推測

みんな，おはよう！ サァ今日から，"確率分布と統計的推測"の講義に入ろう。これから数学 B も最終章に入るんだね。で，今日の解説するテーマは，"確率分布"と，その"期待値（平均）"と"分散"それに"標準偏差"なんだね。さらに，変数変換したときの新たな確率変数の期待値や分散の求め方についても教えるつもりだ。

エッ，言葉が難しくて，引きそうって！？大丈夫！最後まで分かりやすく教えるからね。それじゃ，早速講義を始めようか。

● 分散，標準偏差で，バラツキ具合が分かる！

たとえば，1 から 5 までの数字が書かれた 5 枚のカードから無作為に 1 枚を引いたとき，1, 2, 3, 4, 5 の数値のカードを引く確率は当然それぞれ $\frac{1}{5}$ になるのはいいね。このように，ある試行を行った結果が，1, 2, …, 5 のように数値で与えられるとき，これを"確率変数"$X = x_1, x_2, x_3, …, x_n$ とおくことにしよう。そして，それぞれの確率変数の値に対して，確率 $P = P_1, P_2, P_3, …, P_n$ が与えられているとき，「確率変数 X の"確率分布"が与えられている。」と言ったり，「確率変数 X は，この"確率分布"に従う。」と言うんだね。この確率分布は，表やグラフの形で表すことができ，各確率の総和は，$P_1 + P_2 + … + P_n = 1$（全確率）となる。

そして，この確率分布を代表する値として，"期待値"$E(X)$（または"平均"m）を求めたり，バラツキ具合の指標として，"分散"$V(X)$（または σ^2），"標準偏差"$D(X)$（または σ）を求めることができる。つまり期待

ギリシャ文字"シグマ"の 2 乗　　　ギリシャ文字の"シグマ"

値 $E(X)(= m)$ が，その分布の中心的な値を示し，分散 $V(X)(= \sigma^2)$ や標準偏差 $D(X)(= \sigma)$ が，その期待値を中心とした確率分布のバラツキの度合いを表すってことなんだ。

では，この期待値 $E(X)$ や分散 $V(X)$ それに標準偏差 $D(X)$ をどのように求めるか？知りたいだろうね。確率分布表や確率分布のグラフのイメージと共に，これらの値の求め方について，次に示そう。

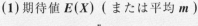

確率分布と期待値，分散，標準偏差

(1) 期待値 $E(X)$（または平均 m）

$$E(X) = m = \sum_{k=1}^{n} x_k P_k$$

（確率変数）（確率）

$$= x_1 P_1 + x_2 P_2 + \cdots + x_n P_n$$

確率変数 X の確率分布表

確率変数 X	x_1	x_2	x_3	……	x_n
確率 P	P_1	P_2	P_3	……	P_n

$$\left(\text{ただし，} \sum_{k=1}^{n} P_k = P_1 + P_2 + \cdots + P_n = 1 \right)$$
（全確率）となる。

(2) 分散 $V(X)$（または σ^2）

"シグマの2乗"

$$V(X) = \sigma^2 = \sum_{k=1}^{n} (x_k - m)^2 P_k \leftarrow \text{定義式}$$

$$= \sum_{k=1}^{n} x_k^2 P_k - m^2 \leftarrow \text{計算式}$$

（確率変数の2乗）（確率）

$$= (x_1^2 P_1 + x_2^2 P_2 + \cdots + x_n^2 P_n) - m^2$$

$\{E(X)\}^2$

確率変数 X の確率分布のグラフ

確率 P

$V(X)$ と $D(X)$ → 確率分布のバラツキ具合を示す指標

期待値 $E(X)$

確率分布の中心的な値を示す

(3) 標準偏差 $D(X)$（または σ）

$$D(X) = \sigma = \sqrt{V(X)}$$

エッ，標準偏差 $D(X)$ は，$V(X)$ の $\sqrt{}$ をとるだけで簡単だけど，分散

正の平方根

$V(X)$ の計算が大変そうだって？　そうだね，初めて分散 $V(X)$ の定義式を見た人は，少しビビったかもしれないね。しかも，これには定義式と計算式の2つがあるので余計大変に感じたかもね。1つ1つ解説していこう。

まず，(1) の期待値 $E(X)$ の計算は大丈夫だね。$\sum$（確率変数）×（確率）と覚えておけばいいんだね。問題は，(2) の分散 $V(X)$ の計算だね。この計算には m，すなわち期待値 $E(X)$ の値が使われるので $V(X)$ の計算の前に，必ず期待値 $E(X) = m$ の値を求めておかないといけないんだね。そして，分散 $V(X)$ の定義式：

$$V(X) = \sum_{k=1}^{n} (x_k - m)^2 P_k \cdots \cdots ⑦ \text{ は，確率変数 } x_k \text{ と中心的な値 } m \text{ の差の2}$$

確率変数と m の差の2乗　確率

平均

181

乗に，確率 P_k をかけたものの和をとれってことだから，中心的な値 m から離れたところ (x_k) に大きな確率 P_k があれば，分散 $V(X)$ は大きな値を示すことになる。

だから，図1(ⅰ)に示すように，$V(X)$ が大きい場合は確率分布のバラツキが大きくなるんだね。また，図1(ⅱ)に示すように，$V(X)$ が小さい場合は，m から離れた x_k のところに大きな確率 P_k は存在しない。つまり，大きな確率 P_k は m の付近に集中的に存在するはずだから確率分布のバラツキが小さくなるんだね。納得いった？

このように分散 $V(X)$ の ⑦ の定義式がバラツキ具合を示す指標であることは分かりやすいんだけれど，この式を使って計算するのがメンドウなときもあるんだね。したがって，この ⑦ を変形して計算しやすい形にしたものが，分散 $V(X)$ の計算式と呼ばれるもので，次の ⑦ のことなんだね。

図1 分散 V(X) と確率分布のバラツキ

図1 分散 $V(X)$ と確率分布のバラツキ

(ⅰ) $V(X)$ が大きい場合，バラツキが大きい。

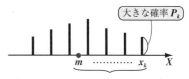

$\left(\begin{array}{l}m \text{ から離れた } x_k \text{ のところにも}\\ \text{大きな確率 } P_k \text{ が存在する。}\end{array}\right)$

(ⅱ) $V(X)$ が小さい場合，バラツキが小さい。

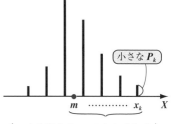

$\left(\begin{array}{l}m \text{ から離れた } x_k \text{ のところに大}\\ \text{きな } P_k \text{ が存在しない。}\end{array}\right)$

$$V(X) = \sum_{k=1}^{n} x_k{}^2 P_k - m^2 \cdots\cdots ⑦$$

$$\underbrace{(x_1{}^2 P_1 + x_2{}^2 P_2 + \cdots + x_n{}^2 P_n)}$$

⑦の式であれば $\sum (\,$確率変数$)^2 \times (\,$確率$)$ の計算を行った後，予め求めておいた期待値 m の 2 乗を引けばいいだけだから，比較的楽に計算できるのが分かると思う。

エッ，⑦と⑦が本当に同じ式なのか分からないって？この変形はチョットメンドウだけど，やっぱりやっておくべきだろうね。

それじゃ⑦を基にして変形してみるよ。

$$V(X) = \sum_{k=1}^{n} (x_k - m)^2 \cdot P_k \quad \cdots\cdots ⑦ \quad \longleftarrow \boxed{V(X) \text{ の定義式}}$$

$$\boxed{(x_k^2 - 2mx_k + m^2)} \quad \longleftarrow \boxed{(a-b)^2 = a^2 - 2ab + b^2 \text{ だからね。}}$$

$$= \sum_{k=1}^{n} (\overbrace{x_k^2 - 2m x_k + m^2})P_k$$

$$= \sum_{k=1}^{n} (x_k^2 P_k - 2mx_k P_k + m^2 P_k)$$

$$= \sum_{k=1}^{n} x_k^2 P_k - \sum_{k=1}^{n} \boxed{2m} x_k P_k + \sum_{k=1}^{n} \boxed{m^2} P_k$$

公式
$$\sum_{k=1}^{n} (a_k \pm b_k) = \sum_{k=1}^{n} a_k \pm \sum_{k=1}^{n} b_k$$
を使った！

$$= \sum_{k=1}^{n} x_k^2 P_k - \boxed{2m} \sum_{k=1}^{n} x_k P_k + \boxed{m^2} \sum_{k=1}^{n} P_k$$

公式
$$\sum_{k=1}^{n} c a_k = c \sum_{k=1}^{n} a_k \text{ を使った。}$$

$$\boxed{x_1 P_1 + x_2 P_2 + \cdots + x_n P_n = m \text{ (期待値)}} \quad \boxed{P_1 + P_2 + \cdots + P_n = 1 \text{ (全確率)}}$$

$$= \sum_{k=1}^{n} x_k^2 P_k - 2m \cdot m + m^2 \cdot 1$$

$$\boxed{-2m^2 + m^2 = -m^2}$$

$$= \sum_{k=1}^{n} x_k^2 P_k - m^2 \quad \cdots\cdots ④ \quad \longleftarrow \boxed{V(X) \text{ の計算式}}$$

となって，ナルホド，$V(X)$ の計算式 ④ が導かれたね。証明がよく分からない人は，今はほうっておいてもいいよ。公式は導くことより，使うことの方が大事だからだ。

そして，分散 $V(X)$ が求まったならば，この正の平方根が，"**標準偏差**" $D(X)$ と呼ばれるものなんだね。つまり，$D(X) = \sqrt{V(X)}$ になる。

サァ，それじゃ，実際に次の練習問題の確率分布から期待値 $E(X)$，分散 $V(X)$，標準偏差 $D(X)$ の値を求めてみよう！これは，初めに解説した，1 から 5 の数字の書かれたカードから無作為に 1 枚抜きとったとき，抜きとったカードに書かれている数値を確率変数 X とする確率分布の問題なんだね。

右の確率分布に従う確率変数 X の期待値 $E(X)$，分散 $V(X)$，標準偏差 $D(X)$ の値を求めよ。

確率分布表

変数 X	1	2	3	4	5
確率 P	$\dfrac{1}{5}$	$\dfrac{1}{5}$	$\dfrac{1}{5}$	$\dfrac{1}{5}$	$\dfrac{1}{5}$

期待値 $E(X)=m=\displaystyle\sum_{k=1}^{5}x_kP_k$，分散 $V(X)=\displaystyle\sum_{k=1}^{5}x_k{}^2P_k-m^2$，標準偏差 $D(X)=\sqrt{V(X)}$ の公式に従って，順に求めていけばいいんだね。頑張ろう！

与えられた確率変数 X の確率分布から，期待値 $E(X)$，分散 $V(X)$，そして標準偏差 $D(X)$ を順に求める。

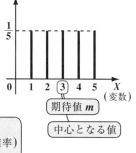

（ⅰ）期待値 $E(X)=m$

$\quad =\displaystyle\sum_{k=1}^{5}x_kP_k=1\cdot\dfrac{1}{5}+2\cdot\dfrac{1}{5}+3\cdot\dfrac{1}{5}+4\cdot\dfrac{1}{5}+5\cdot\dfrac{1}{5}$

$\quad =\dfrac{1}{5}(1+2+3+4+5)$

$\quad =\dfrac{15}{5}=3 \ \cdots\cdots①$ となる。

> $E(X)$ の公式：
> $\sum(\text{確率変数})\times(\text{確率})$
> を使った。

期待値 m

中心となる値

> これは分布の形状が $X=3$ に関して左右対称だから当然の結果だね。

（ⅱ）分散 $V(X)=\sigma^2=\displaystyle\sum_{k=1}^{5}x_k{}^2P_k-\underline{\underline{m^2}}$ ←［計算式］

$\quad =\left(1^2\cdot\dfrac{1}{5}+2^2\cdot\dfrac{1}{5}+3^2\cdot\dfrac{1}{5}+4^2\cdot\dfrac{1}{5}+5^2\cdot\dfrac{1}{5}\right)-\overset{m}{\underbrace{3}}{}^2$ （①より）

$\quad =\dfrac{1}{5}(1+4+9+16+25)-9$

> $V(X)$ の公式：
> $\underline{\sum(\text{確率変数})^2\times(\text{確率})}-(\text{期待値})^2$
> を使った。

$\quad =\dfrac{55}{5}-9=11-9$

$\quad =2$ となる。

後は，この $\sqrt{}$ をとれば標準偏差だね。

（ⅲ）標準偏差 $D(X)=\sigma=\sqrt{V(X)}=\sqrt{2}$ となって，答えだ。

どう？　これで計算の要領もつかめてきただろう？

それじゃ，ここで期待値 $E(X)$ の記号法について少し解説しておこう。

$E(X) = \sum\limits_{k=1}^{n} x_k P_k = x_1 P_1 + x_2 P_2 + \cdots + x_n P_n$ のことだから，

これと同様に $E(Y)$ や $E(Z)$ は次の計算式を表しているんだよ。

$E(Y) = \sum\limits_{k=1}^{n} y_k P_k = y_1 P_1 + y_2 P_2 + \cdots + y_n P_n$ ◀ 確率変数 $Y = y_1, y_2, \cdots, y_n$ の期待値

$E(Z) = \sum\limits_{k=1}^{n} z_k P_k = z_1 P_1 + z_2 P_2 + \cdots + z_n P_n$ ◀ 確率変数 $Z = z_1, z_2, \cdots, z_n$ の期待値

だから $E(X^2)$ が何を意味するか分かる？　…，そうだね。

$E(X^2) = \sum\limits_{k=1}^{n} x_k{}^2 P_k = x_1{}^2 P_1 + x_2{}^2 P_2 + \cdots + x_n{}^2 P_n$ ◀ 確率変数 $X^2 = x_1{}^2, x_2{}^2, \cdots, x_n{}^2$ の期待値

となるんだね。

以上より，分散 $V(X)$ の計算式 $V(X) = \boxed{\sum\limits_{k=1}^{n} x_k{}^2 P_k}^{\,E(X^2)} - \boxed{m}^2{}^{\,E(X)}$ は，E を使って

$V(X) = E(X^2) - \{E(X)\}^2$ と表すこともできるんだ。納得いった？

それではもう 1 題，練習問題を解いてみよう。

| 練習問題 41 | 確率分布 (Ⅱ) | CHECK 1 | CHECK 2 | CHECK 3 |

右の確率分布に従う確率変数 X の期待値 $E(X)$，分散 $V(X)$，そして標準偏差 $D(X)$ の値を求めよ。

確率分布表

変数 X	1	2	3	4	5
確率 P	$\dfrac{1}{10}$	$\dfrac{1}{5}$	$\dfrac{2}{5}$	$\dfrac{1}{5}$	$\dfrac{1}{10}$

これも，期待値 $E(X) = m = \sum\limits_{k=1}^{5} x_k P_k$，分散 $V(X) = E(X^2) - \{E(X)\}^2 = \sum\limits_{k=1}^{5} x_k{}^2 P_k - m^2$，標準偏差 $D(X) = \sqrt{V(X)}$ の公式通り，計算すればいいんだよ。

まず，確率 $P = P_1, P_2, \cdots, P_5$ の和が

$P_1 + P_2 + P_3 + P_4 + P_5 = \dfrac{1}{10} + \dfrac{1}{5} + \dfrac{2}{5} + \dfrac{1}{5} + \dfrac{1}{10}$

$= \dfrac{1 + 2 + 4 + 2 + 1}{10} = \dfrac{10}{10} = 1$ (全確率) となって，OK だね。

それでは，与えられた確率変数 X の確率分布から期待値 $E(X)$，分散 $V(X)$，標準偏差 $D(X)$ の値を順に求めよう。

（ⅰ）期待値 $E(X) = m$

$$= \sum_{k=1}^{5} x_k P_k$$

確率変数　確率

$$= 1 \cdot \frac{1}{10} + 2 \cdot \frac{1}{5} + 3 \cdot \frac{2}{5} + 4 \cdot \frac{1}{5} + 5 \cdot \frac{1}{10}$$

$$= \frac{1}{10}(1 + 4 + 12 + 8 + 5) = \frac{30}{10} = 3 \ \cdots\cdots① \text{となる。}$$

これも，分布の形状から明らかな結果だ！

（ⅱ）分散 $V(X) = E(X^2) - \{E(X)\}^2 = \sum_{k=1}^{5} x_k{}^2 P_k - 3^2$ （①より）

$\sum_{k=1}^{5} x_k{}^2 P_k$　$m = 3$　（確率変数）^{2}　確率

$$= \left(1^2 \cdot \frac{1}{10} + 2^2 \cdot \frac{1}{5} + 3^2 \cdot \frac{2}{5} + 4^2 \cdot \frac{1}{5} + 5^2 \cdot \frac{1}{10}\right) - 9$$

$$= \frac{1}{10}(1 + 8 + 36 + 32 + 25) - 9$$

$$= \frac{102}{10} - 9 = \frac{102 - 90}{10} = \frac{12}{10} = \frac{6}{5} \text{ となって答えだ。}$$

（ⅲ）標準偏差 $D(X) = \sqrt{V(X)} = \sqrt{\frac{6}{5}} = \frac{\sqrt{6}}{\sqrt{5}}$ 〔分子・分母に $\sqrt{5}$ をかけて〕 $= \frac{\sqrt{30}}{5}$ となる。

練習問題 **40** と **41** の確率変数 X の期待値はいずれも **3** で等しかったけれど，分散 $V(X)$ は練習問題 **40** と **41** では **2**（大）と $\frac{6}{5}$（小）だった。これは，練習問題 **40** の分布のバラツキの方が練習問題 **41** のバラツキより大きいことを示してたんだ。

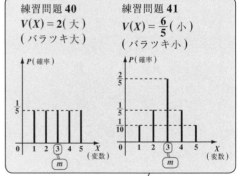

もう **1** 度，この **2** つの確率分布のグラフを上に示すよ。
$V(X)$ の大小とバラツキ方の大小が共に対応しているのが分かっただろう？

186

● 変数 X を変数 Y に変換してみよう！

　確率変数 X を使って，新たな確率変数 Y を $Y = aX + b$ $(a, b：定数)$ と定義することって，意外と多いんだ。X も Y も確率変数だから，これらの意味するところは $X = x_1, x_2, x_3, \cdots, x_n$ に対して $Y = y_1, y_2, y_3, \cdots, y_n$ ということなんだよ。

$\boxed{ax_1 + b}$ $\boxed{ax_2 + b}$ $\boxed{ax_3 + b}$ $\boxed{ax_n + b}$

そして，確率変数 X の期待値 $E(X)$，分散 $V(X)$，標準偏差 $D(X)$ と新たな確率変数 Y の期待値 $E(Y)$，分散 $V(Y)$，標準偏差 $D(Y)$ の関係は次のようになることも覚えておこう。

■ 新たな確率変数 $Y = aX + b$

確率変数 X を使って，新たな確率変数 Y を $Y = aX + b$ $(a, b：定数)$ で定義するとき，Y の期待値，分散，標準偏差は次のようになる。

(1) 期待値 $E(Y) = E(aX + b) = aE(X) + b$

(2) 分散 $V(Y) = V(aX + b) = a^2 V(X)$

(3) 標準偏差 $D(Y) = \sqrt{V(Y)} = \sqrt{a^2 V(X)} = |a| D(X)$

---

(1) 期待値 $E(Y)$ については，

$$E(Y) = E(aX + b) = \sum_{k=1}^{n} (\overbrace{ax_k + b})P_k \quad \leftarrow \boxed{E \text{ の記号法からこうなるね。}}$$

$\boxed{y_k \text{ のこと}}$

$$= \sum_{k=1}^{n} (ax_k P_k + bP_k) = a\underbrace{\sum_{k=1}^{n} x_k P_k} + b\underbrace{\sum_{k=1}^{n} P_k}$$

$\boxed{x_1 P_1 + x_2 P_2 + \cdots + x_n P_n = E(X)}$ $\boxed{P_1 + P_2 + \cdots + P_n = 1 （全確率）}$

$$= aE(X) + b \text{ となる。}$$

$\boxed{係数も E \text{ の表に出せる！}}$

つまり，$E(Y) = E(a\underline{X} + \underline{b}) = E(\underline{a}X) + \underline{b} = \underline{a}E(X) + b$ ということなんだね。

$\boxed{定数項は E \text{ の表に出せる！}}$

$$\therefore \quad E(Y) = aE(X) + b \text{ だ！}$$

(2) $V(X)$ の定義式 $V(X) = \sum\limits_{k=1}^{n} (x_k - m)^2 P_k$ から，$V(X) = E((X-m)^2)$ と表せ

（下線部 m に注記：$E(X)$ のこと）

るのは大丈夫？ ここで，Y の期待値 $E(Y)$ を m' で表すと，

$m' = E(Y) = a\,\boxed{m} + b$ となる。

よって， （注記：$E(X)$ のこと）

$$V(Y) = E((\underline{Y - m'})^2) = E(\{aX \not{+b} - (am \not{+b})\}^2)$$

（Y に注記：$aX+b$，m' に注記：$am+b$）

（注記：係数は E の表に出せる）

$$= E((aX - am)^2) = E(\underline{a^2}(X-m)^2) = \underline{a^2} E((X-m)^2) = a^2 V(X)$$

（$(X-m)^2$ に注記：$V(X)$ のこと）

すなわち，$\boxed{V(Y) = a^2 V(X)}$ が導けるんだね。この変形が，まだ難しく

感じる人は結果だけを覚えておいてもいいよ。

(3) 最後に標準偏差 $D(Y)$ は，

$$D(Y) = \sqrt{V(Y)} = \sqrt{a^2 V(X)} = \underline{\sqrt{a^2}} \cdot \underline{\sqrt{V(X)}} = |a| D(X) \text{ より，}$$

（注記：$\sqrt{a^2}$ は $|a|$，$\sqrt{V(X)}$ は $D(X)$）

$\boxed{D(Y) = |a| D(X)}$ となるんだね。納得いった？

| 練習問題 42 | 新たな確率変数 Y | CHECK 1 | CHECK 2 | CHECK 3 |

右の確率分布に従う確率変数 X の

$\left\{ \begin{array}{l} \text{期待値 } E(X) = 3 \\ \text{分散 } V(X) = \dfrac{6}{5} \\ \text{標準偏差 } D(X) = \dfrac{\sqrt{30}}{5} \text{ である。} \end{array} \right.$

確率分布表 (練習問題 41 の確率分布)

変数 X	1	2	3	4	5
確率 P	$\dfrac{1}{10}$	$\dfrac{1}{5}$	$\dfrac{2}{5}$	$\dfrac{1}{5}$	$\dfrac{1}{10}$

この確率変数 X を使って，新たな確率変数 Y を $Y = 5X + 3$ で定義する

とき，Y の期待値 $E(Y)$，分散 $V(Y)$，標準偏差 $D(Y)$ を求めよ。

$Y = 5X + 3$ より，公式を使えば $E(Y) = 5E(X) + 3$，$V(Y) = 5^2 \cdot V(X)$，$D(Y) = |5| \cdot D(X)$
$= 5D(X)$ とアッサリ結果が求まるはずだ！

この X の確率分布は，既に練習問題 **41** で扱ったものだね。ここで，新たな確率変数 Y を $Y = 5X + 3$ で定義しているので，この $E(Y)$，$V(Y)$，$D(Y)$ を求めたかったならば，本来は右に示す，Y の確率分布表を基にして計算するものなんだね。

X	①	②	③	④	⑤
P	$\frac{1}{10}$	$\frac{1}{5}$	$\frac{2}{5}$	$\frac{1}{5}$	$\frac{1}{10}$

$Y = 5 \cdot 1 + 3$　$5 \cdot 2 + 3$　$5 \cdot 3 + 3$　$5 \cdot 4 + 3$　$5 \cdot 5 + 3$

⇓

Y の確率分布表

Y	8	13	18	23	28
P	$\frac{1}{10}$	$\frac{1}{5}$	$\frac{2}{5}$	$\frac{1}{5}$	$\frac{1}{10}$

でも，既に，X については，期待値 $E(X) = 3$，分散 $V(X) = \dfrac{6}{5}$，標準偏差 $D(X) = \dfrac{\sqrt{30}}{5}$ が分かっているので，Y の期待値，分散，標準偏差は次のように求められるんだね。

$$E(Y) = E(5X + 3) = 5\underset{3}{\underline{E(X)}} + 3 = 5 \times 3 + 3 = 18$$

$\begin{aligned} E(Y) &= E(aX+b) \\ &= aE(X)+b \end{aligned}$

$$V(Y) = V(5X + 3) = 5^2 \underset{\frac{6}{5}}{\underline{V(X)}} = 5^2 \times \frac{6}{5} = 30$$

$\begin{aligned} V(Y) &= V(aX+b) \\ &= a^2 V(X) \end{aligned}$

$$D(Y) = \sqrt{V(Y)} = |5|\underset{\frac{\sqrt{30}}{5}}{\underline{D(X)}} = 5 \cdot \frac{\sqrt{30}}{5} = \sqrt{30}$$

$\begin{aligned} D(Y) &= D(aX+b) \\ &= |a|D(X) \end{aligned}$

$V(Y) = 30$ から，$D(Y) = \sqrt{30}$ としても，もちろんいい！

以上で，今日の講義は終了です。今回は，確率分布を基に期待値，分散，標準偏差の値を求めることが中心だったので，計算がかなり大変だったと思う。でも，逆に言うなら，計算力を鍛える絶好の機会だから正確に迅速に結果が出せるように，よーく練習しよう！

次回は，さらに，"**同時確率分布**" や "**二項分布**" の期待値や分散の求め方についても解説しよう。レベルは上がるけれど，さらに面白くなると思うよ。

それじゃ，みんな体調に気を付けてな。次回も元気に会おう！
さようなら…。

みんな，オハヨ〜！元気そうで何よりだ！では，これから"**確率分布**"
の **2** 回目の講義を始めよう。今日教えるテーマは"**確率の和と積**"および
"**二項分布**"だよ。

具体的には，**2** つの確率変数 X と Y の和の期待値 $E(X+Y)$ や，分散
$V(X+Y)$，および積の期待値 $E(XY)$ など…，がどうなるのか？教えよう。
また，"**二項分布**" $B(n, p)$ についても，詳しく解説するつもりだ。

エッ，また用語が難しそうでビビるって!? 大丈夫だよ。必ず理解でき
るように解説するからね。では，早速講義を開始しよう！

● $E(X+Y)$ と $E(XY)$ を調べよう！

2 つの確率変数 X と Y，すなわち，

$$\begin{cases} X = x_1, x_2, \cdots, x_m \\ Y = y_1, y_2, \cdots, y_n \end{cases}$$

の確率分布が，それぞれ表 **1**(i)，(ii)
のように与えられているものとしよう。
このとき，新たな確率変数として，$X+$
Y と XY を考えたとき，これらの期待値
$E(X+Y)$ と $E(XY)$ がどうなるのか？

表 1 X と Y の確率分布表

(i) X の確率分布表

変数 X	x_1	x_2	$\cdots$	x_m
確率 P	p_1	p_2	$\cdots$	p_m

(ii) Y の確率分布表

変数 Y	y_1	y_2	$\cdots$	y_n
確率 Q	q_1	q_2	$\cdots$	q_n

これが，今日の講義で解説する最初の大事なテーマなんだね。結果を先に
示すと，次のようになる。

(i) $E(X+Y) = E(X) + E(Y) \cdots(*1)$ は，常に成り立つ。

(ii) $E(XY) = E(X) \cdot E(Y)$ ……$(*2)$ は，ある条件の下でのみ成り立つ。

そして，$E(XY) = E(X)E(Y)$ が成り立つある条件の下では，$X+Y$ の分散
$V(X+Y)$ について，

(ii) $V(X+Y) = V(X) + V(Y) \cdots(*3)$ も成り立つ。

ある条件って何だ!? って思ってるかも知れないね。これについては，後
で詳しく解説するから，今は，この結果をまず頭に入れておいてくれ。
ここで，X と Y の期待値を $E(X) = m_X$，$E(Y) = m_Y$ とおくと，

$$\begin{cases} E(X) = m_X = \sum_{k=1}^{m} x_k \underline{p_k} = x_1 p_1 + x_2 p_2 + \cdots + x_m p_m \quad \cdots\cdots ① \\ \qquad\qquad\quad \boxed{確率変数}\ \boxed{確率} \\ E(Y) = m_Y = \sum_{k=1}^{n} y_k \underline{q_k} = y_1 q_1 + y_2 q_2 + \cdots + y_n q_n \quad \cdots\cdots ② \quad となるのは \\ \qquad\qquad\quad \boxed{確率変数}\ \boxed{確率} \end{cases}$$

大丈夫だね。前回教えた期待値の公式通りだからね。

これから，公式

$E(X+Y) = E(X) + E(Y) \cdots (*1)$　が成り立つのは，当たり前のことのように見えるかも知れないね。でも，これは本当はそれ程単純なことではないんだね。

これを調べるには，表2に示すように，2つの確率変数 X と Y の確率分布を同時に考えなければならない。よって，この図2の確率分布のことを X と Y の"同時確率分布"というんだね。これは，$X = x_i$，かつ $Y = y_j$ となる確率 $P(X = x_i,\ Y = y_j)$ を，

表2　X と Y の同時確率分布

X＼Y	y_1	y_2	$\cdots$	y_n	計
x_1	r_{11}	r_{12}	$\cdots$	r_{1n}	p_1
x_2	r_{21}	r_{22}	$\cdots$	r_{2n}	p_2
$\vdots$	$\vdots$	$\vdots$	$\vdots$	$\vdots$	$\vdots$
x_m	r_{m1}	r_{m2}	$\cdots$	r_{mn}	p_m
計	q_1	q_2	$\cdots$	q_n	1

$\boxed{r_{11} + r_{21} + \cdots + r_{m1}\ のこと}$　$\boxed{r_{11} + r_{12} + \cdots + r_{1n}\ のこと}$

$\underline{P(X = x_i,\ Y = y_j)} = r_{ij}\ (i = 1,\ 2,\ \cdots,\ m,\ j = 1,\ 2,\ \cdots,\ n)$ とおいて，

> これから，$P(X = x_1, Y = y_1) = r_{11}$，$P(X = x_1, Y = y_2) = r_{12}$，$\cdots$，$P(X = x_1, Y = y_n) = r_{1n}$
> $\cdots$，$P(X = x_m, Y = y_1) = r_{m1}$，$P(X = x_m, Y = y_2) = r_{m2}$，$\cdots$，$P(X = x_m, Y = y_n) = r_{mn}$
> となるんだね。表と見比べてみよう。

表している。

エッ，急に難しくなって，よく分からんって!? そうだね。

同時確率分布を初めて見た人の正直な感想だと思う。したがって，ここでは，簡単な具体例を使って，同時確率分布と次の公式の関係を調べてみることにしよう。

$$\begin{cases} E(X+Y) = E(X) + E(Y) \cdots (*1) \leftarrow \boxed{常に成り立つ} \\ E(XY) = E(X) \cdot E(Y) \quad \cdots\cdots (*2) \leftarrow \boxed{ある条件の下でのみ成り立つ} \end{cases}$$

● 同時確率分布を具体的に求めてみよう！

それでは，次の練習問題にチャレンジしてごらん。

赤玉 3 個と白玉 2 個の入った袋から，無作為に初めに a が 1 個取り出し，その玉を戻した後で，b が 1 個を取り出すものとする。このとき，a と b が取り出した赤玉の個数をそれぞれ X と Y とする。

X と Y の同時確率分布を求めよ。また，公式：

$$E(X+Y) = E(X) + E(Y) \cdots (*1), \qquad E(XY) = E(X) \cdot E(Y) \cdots (*2)$$

が成り立つことを示せ。

a が初めに取り出した玉を，元に戻すので，a, b 共に，赤玉 3 個，白玉 2 個が入った状態の袋から玉を取り出すことに注意しよう。

a と b が取り出した赤玉の個数をそれぞれ確率変数 X, Y とおくと，$X = 0, 1$，また $Y = 0, 1$ となるんだね。

また，a が初めに取り出した玉は元に戻すので，a, b 共に赤玉 3 個，白玉 2 個が入った袋から玉を取り出すことになる。よって，

・$X = 0$ となる確率を $P(X=0)$,

・$X = 0$ かつ $Y = 0$ となる確率を $P(X=0, Y=0)$ など…,

と表すことにして，それぞれの確率を求めてみよう。

・$P(X=0) = \dfrac{{}_2C_1}{{}_5C_1} = \dfrac{2}{5} (= p_1)$,　$P(X=1) = \dfrac{{}_3C_1}{{}_5C_1} = \dfrac{3}{5} (= p_2)$

> a が，5 個の玉の内，2 個の白玉のいずれかを取り出す。

> a が，5 個の玉の内，3 個の赤玉のいずれかを取り出す。

・$P(Y=0) = \dfrac{{}_2C_1}{{}_5C_1} = \dfrac{2}{5} (= q_1)$,　$P(Y=1) = \dfrac{{}_3C_1}{{}_5C_1} = \dfrac{3}{5} (= q_2)$

> b が，5 個の玉の内，2 個の白玉のいずれかを取り出す。

> b が，5 個の玉の内，3 個の赤玉のいずれかを取り出す。

よって，これは独立な試行の確率と考えていいので，

・$P(X=0, Y=0) = P(X=0) \cdot P(Y=0) = \dfrac{2}{5} \times \dfrac{2}{5} = \dfrac{4}{25} (= r_{11})$

$\cdot P(X=0,\ Y=1) = P(X=0) \cdot P(Y=1) = \dfrac{2}{5} \times \dfrac{3}{5} = \dfrac{6}{25}\ (=r_{12})$

$\cdot P(X=1,\ Y=0) = P(X=1) \cdot P(Y=0) = \dfrac{3}{5} \times \dfrac{2}{5} = \dfrac{6}{25}\ (=r_{21})$

$\cdot P(X=1,\ Y=1) = P(X=1) \cdot P(Y=1) = \dfrac{3}{5} \times \dfrac{3}{5} = \dfrac{9}{25}\ (=r_{22})$

以上より，右図のように，X と Y の
同時確率分布が得られるんだね。

(I) これから，期待値 $E(X)$，$E(Y)$，
　　$E(X+Y)$ を求めて ($*1$) が成り
　　立つことを確かめてみよう。

表3　X と Y の同時確率分布

X＼Y	0	1	計
0	$\dfrac{4}{25}$	$\dfrac{6}{25}$	$\dfrac{2}{5}$
1	$\dfrac{6}{25}$	$\dfrac{9}{25}$	$\dfrac{3}{5}$
計	$\dfrac{2}{5}$	$\dfrac{3}{5}$	1

$E(X) = 0 \times \dfrac{2}{5} + 1 \times \dfrac{3}{5} = \dfrac{3}{5}$ ……①

$[E(X) = x_1 \times p_1 + x_2 \times p_2]$

$E(Y) = 0 \times \dfrac{2}{5} + 1 \times \dfrac{3}{5} = \dfrac{3}{5}$ ……②

$[E(Y) = y_1 \times q_1 + y_2 \times q_2]$

新たな確率変数の和 $X+Y$ の取り得
る値は，

$X+Y = 0$ ， 1 ， 2 の 3 通りで，

$\boxed{(X=0,\ Y=0)}$ $\boxed{\begin{array}{c}(X=0,\ Y=1)\\(X=1,\ Y=0)\end{array}}$ $\boxed{(X=1,\ Y=1)}$

X＼Y	y_1	y_2	計
x_1	r_{11}	r_{12}	p_1
x_2	r_{21}	r_{22}	p_2
計	q_1	q_2	1

ここで，

$p_1 = r_{11} + r_{12}$　$p_2 = r_{21} + r_{22}$
$q_1 = r_{11} + r_{21}$　$q_2 = r_{12} + r_{22}$
また，
$p_1 + p_2 = q_1 + q_2 = 1$（全確率）
$r_{11} + r_{12} + r_{21} + r_{22} = 1$（全確率）
が成り立つことに要注意だ！

それぞれに対応する確率は，

$P(X+Y=0) = P(X=0,\ Y=0) = \underset{r_{11}}{\underline{\dfrac{4}{25}}}$

$P(X+Y=1) = P(X=0,\ Y=1) + P(X=1,\ Y=0) = \underset{r_{12}+r_{21}}{\underline{\dfrac{6}{25} + \dfrac{6}{25}}} = \dfrac{12}{25}$

193

$$P(X+Y=2) = P(X=1, \ Y=1) = \frac{9}{25}$$
$$\underset{r_{22}}{\underbrace{}}$$

$$\boxed{\begin{array}{l} E(X) = \dfrac{3}{5} \quad \cdots ① \\[2mm] E(Y) = \dfrac{3}{5} \quad \cdots ② \end{array}}$$

以上より, $X+Y$ の期待値 $E(X+Y)$ は,

$$E(X+Y) = 0 \times \frac{4}{25} + 1 \times \frac{12}{25} + 2 \times \frac{9}{25} = \frac{12+18}{25}$$
$$\qquad\qquad \underset{r_{11}}{\underbrace{}} \qquad \underset{r_{12}+r_{21}}{\underbrace{}} \qquad \underset{r_{22}}{\underbrace{}}$$

$$\qquad\qquad = \frac{30}{25} = \frac{6}{5} \quad \cdots\cdots ③ \quad \text{となるね。}$$

以上①, ②, ③より, 公式

$$E(X+Y) = E(X) + E(Y) \ \cdots\cdots(*1) \quad \text{が成り立つことが分かった。}$$

$$\left[\quad \frac{6}{5} \quad = \quad \frac{3}{5} \quad + \quad \frac{3}{5} \quad \right]$$

(Ⅱ) 次に, 公式 $E(XY) = E(X) \cdot E(Y) \ \cdots(*2)$ が成り立つことも示して みよう。

$X = 0, 1$, $Y = 0, 1$ より, 新たな確率変数の積 $X \cdot Y$ の取り得る値は,

$$XY = \underset{\uparrow}{\mathbf{0}} \quad , \quad \underset{\uparrow}{\mathbf{1}} \ \text{の 2 通りで, それぞれの値に対応する確率は,}$$

$$\boxed{\begin{array}{l} (X=0, \ Y=0) \\ (X=0, \ Y=1) \\ (X=1, \ Y=0) \end{array}} \boxed{(X=1, \ Y=1)}$$

$$P(XY=0) = P(X=0, \ Y=0) + P(X=0, \ Y=1) + P(X=1, \ Y=0)$$

$$\qquad\qquad = \frac{4}{25} + \frac{6}{25} + \frac{6}{25} = \frac{16}{25}$$
$$\qquad\qquad \underset{r_{11}+r_{12}+r_{21}}{\underbrace{}}$$

$$P(XY=1) = P(X=1, \ Y=1) = \frac{9}{25} \quad \text{となるので,}$$
$$\qquad\qquad\qquad\qquad\qquad \underset{r_{22}}{\underbrace{}}$$

XY の期待値 $E(XY)$ は,

$$E(XY) = 0 \times \frac{16}{25} + 1 \times \frac{9}{25} = \frac{9}{25} \quad \cdots\cdots④ \quad \text{となるんだね。}$$
$$\qquad\quad \underset{r_{11}+r_{12}+r_{21}}{\underbrace{}} \ \underset{r_{22}}{\underbrace{}}$$

以上①，②，④より，公式

$E(XY) = E(X) \cdot E(Y) \cdots (*2)$　が成り立つことも分かったんだね。

$$\left[\frac{9}{25} = \frac{3}{5} \cdot \frac{3}{5} \right]$$

結構メンドウな計算だったけれど，X と Y の同時確率分布の作り方と，$E(X+Y)$ や $E(XY)$ の公式の確認の仕方も理解できたと思う。では，もう 1 題，今度は，$E(XY) = E(X) \cdot E(Y) \cdots (*2)$ の公式が成り立たない場合の同時確率分布についても調べてみよう。

　次の練習問題にチャレンジしてごらん。

練習問題 44	同時確率分布 (II)	*CHECK 1*	*CHECK 2*	*CHECK 3*

赤玉 3 個と白玉 2 個の入った袋から，無作為に初めに a が 1 個取り出し，その玉を戻さずに，次に b が 1 個を取り出すものとする。このとき，a と b が取り出した赤玉の個数をそれぞれ X と Y とする。X と Y の同時確率分布を求めよ。また，

公式：$E(X+Y) = E(X) + E(Y) \cdots (*1)$ は成り立つが

公式：$E(XY) = E(X) \cdot E(Y) \cdots\cdots (*2)$ は成り立たないことを示せ。

　a が初めに取り出した玉を，元に戻さないので，b が玉を取り出す条件は，a が赤玉を取り出したか，否かにより変化することに注意しよう。

a と b が取り出した赤玉の個数をそれぞれ確率変数 X，Y とおくと，$X = 0, 1$，また $Y = 0, 1$ となるのは大丈夫だね。後は，$P(X = 0)$ や $P(X = 0, Y = 1)$ などの確率をすべて求めてみよう。

$$P(X = 0) = \frac{{}_2C_1}{{}_5C_1} = \frac{2}{5} (= p_1), \quad P(X = 1) = \frac{{}_3C_1}{{}_5C_1} = \frac{3}{5} (= p_2)$$

これらは，前問と同じだから問題ないね。次，$P(Y = 0)$ と $P(Y = 1)$ は，

$$\cdot \ P(Y = 0) = \underline{\frac{{}_2C_1}{{}_5C_1} \times \frac{{}_1C_1}{{}_4C_1}} + \underline{\frac{{}_3C_1}{{}_5C_1} \times \frac{{}_2C_1}{{}_4C_1}} = \frac{2}{5} \times \frac{1}{4} + \frac{3}{5} \times \frac{2}{4} = \frac{8}{20} = \frac{2}{5} \ (= q_1)$$

> a が白を取った後，b は赤 3，白 1 の内，白を取り出す。

> a が赤を取った後，b は赤 2，白 2 の内，白を取り出す。

これは，$P(X = 0, Y = 0) = r_{11}$ のこと ｜ これは，$P(X = 1, Y = 0) = r_{21}$ のこと

$\cdot \ P(Y=1) = \underbrace{\dfrac{{}_2C_1}{{}_5C_1} \times \dfrac{{}_3C_1}{{}_4C_1}}_{} + \underbrace{\dfrac{{}_3C_1}{{}_5C_1} \times \dfrac{{}_2C_1}{{}_4C_1}}_{} = \dfrac{2}{5} \times \dfrac{3}{4} + \dfrac{3}{5} \times \dfrac{2}{4} = \dfrac{12}{20} = \dfrac{3}{5} \ (=q_2)$

> a が白を取った後, b は
> 赤 3, 白 1 の内, 赤を取り出す。

> a が赤を取った後, b は
> 赤 2, 白 2 の内, 赤を取り出す。

> これは, $P(X=0,\ Y=1)=r_{12}$ のこと

> これは, $P(X=1,\ Y=1)=r_{22}$ のこと

また, $P(X=0,\ Y=0)$, $P(X=0,\ Y=1)$, $P(X=1,\ Y=0)$, $P(X=1,$ $Y=1)$ は, もう既に計算してるけれど, ここに列挙しておくと,

$\cdot \ P(X=0,\ Y=0) = \dfrac{{}_2C_1}{{}_5C_1} \times \dfrac{{}_1C_1}{{}_4C_1} = \dfrac{2}{5} \times \dfrac{1}{4}$

> a が白, b が白を取り出す

$\qquad\qquad\qquad = \dfrac{1}{10} \ (=r_{11})$

$\cdot \ P(X=0,\ Y=1) = \dfrac{{}_2C_1}{{}_5C_1} \times \dfrac{{}_3C_1}{{}_4C_1} = \dfrac{2}{5} \times \dfrac{3}{4}$

> a が白, b が赤を取り出す

$\qquad\qquad\qquad = \dfrac{3}{10} \ (=r_{12})$

$\cdot \ P(X=1,\ Y=0) = \dfrac{{}_3C_1}{{}_5C_1} \times \dfrac{{}_2C_1}{{}_4C_1} = \dfrac{3}{5} \times \dfrac{2}{4}$

> a が赤, b が白を取り出す

$\qquad\qquad\qquad = \dfrac{3}{10} \ (=r_{21})$

$\cdot \ P(X=1,\ Y=1) = \dfrac{{}_3C_1}{{}_5C_1} \times \dfrac{{}_2C_1}{{}_4C_1} = \dfrac{3}{5} \times \dfrac{2}{4}$

> a が赤, b が赤を取り出す

$\qquad\qquad\qquad = \dfrac{3}{10} \ (=r_{22})$

X ＼ Y	y_1	y_2	計
x_1	r_{11}	r_{12}	p_1
x_2	r_{21}	r_{22}	p_2
計	q_1	q_2	1

> ここで,
> $p_1 = r_{11} + r_{12}$ $\quad$ $p_2 = r_{21} + r_{22}$
> $q_1 = r_{11} + r_{21}$ $\quad$ $q_2 = r_{12} + r_{22}$
> また,
> $p_1 + p_2 = q_1 + q_2 = 1$（全確率）
> $r_{11} + r_{12} + r_{21} + r_{22} = 1$（全確率）
> が成り立つことに要注意だ!

以上より, 右のような X と Y の同時確率分布表が得られる。

（Ⅰ）これから, 期待値 $E(X)$, $E(Y)$, $E(X+Y)$ を求めてみよう。

表4 X と Y の同時確率分布

X ＼ Y	0	1	計
0	$\dfrac{1}{10}$	$\dfrac{3}{10}$	$\dfrac{2}{5}$
1	$\dfrac{3}{10}$	$\dfrac{3}{10}$	$\dfrac{3}{5}$
計	$\dfrac{2}{5}$	$\dfrac{3}{5}$	1

$$E(X) = 0 \times \frac{2}{5} + 1 \times \frac{3}{5} = \frac{3}{5} \quad \cdots\cdots ① \quad \leftarrow \boxed{E(X) = x_1 p_1 + x_2 p_2}$$

$$E(Y) = 0 \times \frac{2}{5} + 1 \times \frac{3}{5} = \frac{3}{5} \quad \cdots\cdots ② \quad \leftarrow \boxed{E(Y) = y_1 q_1 + y_2 q_2}$$

新たな確率変数の和 $X+Y$ の取り得る値は,

$$X+Y = \underset{\uparrow}{0} \quad , \quad \underset{\uparrow}{1} \quad , \quad \underset{\uparrow}{2}$$

$\boxed{(X=0,\ Y=0)}\ \boxed{\begin{array}{l}(X=0,\ Y=1)\\(X=1,\ Y=0)\end{array}}\ \boxed{(X=1,\ Y=1)}$

の **3** 通りで,これに対応する確率は,

$$P(X+Y=0) = r_{11} = \frac{1}{10} \quad , \quad P(X+Y=1) = r_{12} + r_{21} = \frac{3}{10} + \frac{3}{10} = \frac{3}{5}$$

$$P(X+Y=2) = r_{22} = \frac{3}{10} \quad \text{となるので, 期待値 } E(X+Y) \text{ は,}$$

$$E(X+Y) = 0 \times \frac{1}{10} + 1 \times \frac{3}{5} + 2 \times \frac{3}{10} = \frac{3}{5} + \frac{3}{5} = \frac{6}{5} \cdots ③ \quad \text{となるね。}$$

よって,①,②,③より,公式 $E(X+Y) = E(X) + E(Y) \quad \cdots\cdots(*1)$

$$\left[\quad \frac{6}{5} \quad = \quad \frac{3}{5} \quad + \quad \frac{3}{5} \quad \right]$$

は成り立つ。

(Ⅱ) 次に,新たな確率変数の積 XY の取り得る値は,

$$XY = \underset{\uparrow}{0} \quad , \quad \underset{\uparrow}{1}$$

$\boxed{\begin{array}{l}(X=0,\ Y=0)\\(X=0,\ Y=1)\\(X=1,\ Y=0)\end{array}}\ \boxed{(X=1,\ Y=1)}$

の **2** 通りで,それぞれに対応する確率は,

$$\cdot \ P(XY=0) = r_{11} + r_{12} + r_{21} = \frac{1}{10} + \frac{3}{10} + \frac{3}{10} = \frac{7}{10}$$

$$\cdot \ P(XY=1) = r_{22} = \frac{3}{10} \quad \text{となるので, 期待値 } E(XY) \text{ は,}$$

$$E(XY) = 0 \times \frac{7}{10} + 1 \times \frac{3}{10} = \frac{3}{10} \quad \cdots\cdots④$$

よって①,②,④より,$E(XY) \neq E(X) \cdot E(Y)$ となるので,

$$\left[\quad \frac{3}{10} \quad \neq \quad \frac{3}{5} \quad \cdot \quad \frac{3}{5} \quad \right]$$

公式 $E(XY) = E(X) \cdot E(Y)$ …($*2$) は成り立たないことが分かったんだね。

● $E(XY) = E(X)E(Y)$ の成り立つ条件は !?

2 題の練習問題を解いて，公式：

$E(X+Y) = E(X) + E(Y)$ ……($*1$) が成り立つことは分かったと思う。

これと，前回学んだ公式 $E(aX+b) = aE(X) + b$ を組み合わせることにより，さらに次のような発展形の公式を導くこともできる。

$E(aX+bY) = aE(X) + bE(Y)$ ……($*1$)′ (a, b：定数)

さらに，同様に考えれば，3 つの確率変数 X, Y, Z に対して，

$E(X+Y+Z) = E(X) + E(Y) + E(Z)$ ……………($*1$)″ と

$E(aX+bY+cZ) = aE(X) + bE(Y) + cE(Z)$ ……($*1$)‴ も

導くことができる。($*1$)〜($*1$)‴ は常に成り立つ公式なので，シッカリ覚えて使いこなすことだね。

これに対して，$E(XY) = E(X) \cdot E(Y)$ …($*2$) は，練習問題 43 では成り立ったんだけれど，練習問題 44 では成り立たなかった。この原因は実は，2 つの同時確率分布の中にあったんだね。

右表に示すように，練習問題 43 の同時確率分布では，

$P(X = 0, \ Y = 0) = P(X = 0) \times P(Y = 0)$
$P(X = 0, \ Y = 1) = P(X = 0) \times P(Y = 1)$
$P(X = 1, \ Y = 0) = P(X = 1) \times P(Y = 0)$
$P(X = 1, \ Y = 1) = P(X = 1) \times P(Y = 1)$

となっているのが分かるね。

一般に，2 つの確率変数 X, Y について，

表 3　練習問題 43

X \ Y	0	1	計	
0	$\frac{2}{5} \times \frac{2}{5}$	$\frac{2}{5} \times \frac{3}{5}$	$\frac{2}{5}$	$P(X=0)$
1	$\frac{3}{5} \times \frac{2}{5}$	$\frac{3}{5} \times \frac{3}{5}$	$\frac{3}{5}$	$P(X=1)$
計	$\frac{2}{5}$	$\frac{3}{5}$	1	
	$P(Y=0)$	$P(Y=1)$		

$P(X = x_i, \ Y = y_j) = P(X = x_i) \times P(Y = y_j)$ ……($*$) が成り立つとき，確率変数 X と Y は "独立である" というんだね。そして，X と Y が独立な確率変数であれば，期待値の公式

$E(XY) = E(X) \cdot E(Y)$ …($*2$) が導けるんだね。

これに対して，練習問題 **44** の表 **4** の X と
Y の同時確率分布表から分かるように，

$$\underline{P(X = 0,\ Y = 0)} \not= \underline{P(X = 0)} \times \underline{P(Y = 0)}$$
$$\boxed{\frac{1}{10}} \qquad \boxed{\frac{2}{5}} \qquad \boxed{\frac{2}{5}}$$

など…，(∗) が明らかに成り立たないので，
X と Y は独立な確率変数でない。

表4 練習問題44

$\diagdown$ $\overset{Y}{}{}_{X}$	0	1	計
0	$\frac{1}{10}$	$\frac{3}{10}$	$\frac{2}{5}$
1	$\frac{3}{10}$	$\frac{3}{10}$	$\frac{3}{5}$
計	$\frac{2}{5}$	$\frac{3}{5}$	1

だから，$E(XY) = E(X) \cdot E(Y)$ …(∗ 2) も成り立たなかったんだね。

ここで，X と Y が独立な変数で，$E(XY) = E(X) \cdot E(Y)$ …(∗ 2) が成り立
つとき，$V(X + Y)$ の分散について，次の公式が導ける。

$$V(X + Y) = V(X) + V(Y) \quad \cdots\cdots (∗ 3)$$

(∗ 3) が成り立つことを証明しておこう。

(∗ 3) の左辺 $= V(X + Y)$

$$= \underline{E((X + Y)^2)} - \underline{\{E(X + Y)\}^2}$$

公式：
$V(X) = E(X^2) - \{E(X)\}^2$
を使った。

$$E(X^2 + 2XY + Y^2) = E(X^2) + 2E(XY) + E(Y^2)$$

$$\{E(X) + E(Y)\}^2 = \{E(X)\}^2 + 2E(X)E(Y) + \{E(Y)\}^2$$

(∗ 1) や (∗ 1)‴ を使った。

$$= E(X^2) + \underline{2E(XY)} + E(Y^2) - \{E(X)\}^2 - \underline{2E(X)E(Y)} - \{E(Y)\}^2$$
$$\underbrace{E(X) \cdot E(Y)((∗ 2) \, \text{より})}$$

$$= \underline{E(X^2) - \{E(X)\}^2} + \underline{E(Y^2) - \{E(Y)\}^2}$$
$$\boxed{V(X)} \qquad\qquad \boxed{V(Y)}$$

$$= V(X) + V(Y) = (∗ 3) \text{の右辺} \quad \text{となるんだね。}$$

また，(∗ 3) と公式 $V(aX + b) = a^2 V(X)$ を組み合わせることにより，

$$V(aX + bY) = a^2 V(X) + b^2 V(Y) \quad \cdots\cdots (∗ 3)' \quad (a,\ b：定数)$$

も導ける。さらに，(∗ 3), (∗ 3)′ は，3 つの独立な確率変数 X, Y, Z に
ついても拡張することができて，次の公式も導けるんだね。

$$E(XYZ) = E(X) \cdot E(Y) \cdot E(Z) \quad \cdots\cdots\cdots\cdots\cdots\cdots\cdots\cdots (∗ 2)'$$

$$V(X + Y + Z) = V(X) + V(Y) + V(Z) \quad \cdots\cdots\cdots\cdots (∗ 3)''$$

$$V(aX + bY + cZ) = a^2 V(X) + b^2 V(Y) + c^2 V(Z) \quad \cdots\cdots (∗ 3)'''$$

公式だらけで，ウンザリしたって!? そうだね。でも，役に立つ公式なので，

最後にスッキリまとめておこう。次の結果だけをシッカリ頭に入れておけ
ばいいんだよ。

$E(X+Y)$ や $V(X+Y)$ などの公式

（Ⅰ）3つの確率変数 X, Y, Z について，$(a, b, c：実数定数)$

$$E(X+Y) = E(X) + E(Y) \quad \cdots\cdots\cdots\cdots\cdots\cdots\cdots (*1)$$

$$E(aX+bY) = aE(X) + bE(Y) \quad \cdots\cdots\cdots\cdots\cdots\cdots (*1)'$$

$$E(X+Y+Z) = E(X) + E(Y) + E(Z) \quad \cdots\cdots\cdots (*1)''$$

$$E(aX+bY+cZ) = aE(X) + bE(Y) + cE(Z) \quad \cdots\cdots (*1)'''$$

（Ⅱ）3つの独立な確率変数 X, Y, Z について，$(a, b, c：実数定数)$

$$E(XY) = E(X) \cdot E(Y) \quad \cdots\cdots\cdots\cdots\cdots\cdots\cdots\cdots (*2)$$

$$E(XYZ) = E(X) \cdot E(Y) \cdot E(Z) \quad \cdots\cdots\cdots\cdots\cdots\cdots (*2)'$$

$$V(X+Y) = V(X) + V(Y) \quad \cdots\cdots\cdots\cdots\cdots\cdots\cdots (*3)$$

$$V(X+Y+Z) = V(X) + V(Y) + V(Z) \quad \cdots\cdots\cdots\cdots (*3)''$$

$$V(aX+bY+cZ) = a^2V(X) + b^2V(Y) + c^2V(Z) \quad \cdots (*3)'''$$

それでは，練習問題を解いておこう。

練習問題 45　　$E(X+Y)$, $V(X+Y)$　　CHECK *1*　　CHECK*2*　　CHECK*3*

3つの独立な確率変数 X, Y, Z について，

期待値 $E(X) = 3$, $E(Y) = 5$, $E(Z) = 7$ のとき，

新たな確率変数 $3X + 2Y + Z$ の期待値 $E(3X + 2Y + Z)$ を求めよ。

また，分散 $V(X) = 4$, $V(Y) = 2$, $V(3X + 2Y + Z) = 58$ のとき，

Z の分散 $V(Z)$ を求めよ。

X, Y, Z は独立な確率変数なので，公式 $E(aX + bY + cZ) = aE(X) + bE(Y) + cE(Z)$ や，$V(aX + bY + cZ) = a^2V(X) + b^2V(Y) + c^2V(Z)$ を使って解けばいいんだね。頑張ろう！

・$E(X) = 3$, $E(Y) = 5$, $E(Z) = 7$ より，

$$E(3X + 2Y + Z) = 3\underline{E(X)} + 2\underline{E(Y)} + \underline{E(Z)} = 9 + 10 + 7 = 26$$
$$\quad\quad\quad\quad\quad\quad\quad\quad\boxed{3}\quad\quad\boxed{5}\quad\boxed{7}$$

と，アッサリ答えが導ける。超簡単だね。

・X, Y, Z は独立な確率変数なので

$V(X) = 4$, $V(Y) = 2$, $V(3X + 2Y + Z) = 58$ より，

$V(3X + 2Y + Z) = 3^2 \cdot V(X) + 2^2 \cdot V(Y) + V(Z) = 58$　となる。

よって，$9 \times 4 + 4 \times 2 + V(Z) = 58$　より，

$V(Z) = 58 - 36 - 8 = 14$　となって答えだ！　大丈夫だった？

● **二項分布の $E(X)$, $V(X)$ はすぐ求まる！**

では次，新たなテーマ "**二項分布**" について解説しよう。二項分布とは "**反復試行の確率**" $P_r = {}_n C_r p^r q^{n-r}$ $(r = 0, 1, 2, \cdots, n)$ の r を確率変数 X とおいて得られる確率分布のことなんだね。反復試行の確率は数学 **A** で既に習っている人もいると思うけれど，ここで，もう 1 度復習しておこう。

a 君はサッカーで，1 回シュートして成功する確率は $\dfrac{1}{3}$ であるとする。a 君が 5 回シュートして，その内 2 回だけ成功する確率を求めてみよう。まず，成功する確率を p とおくと，$p = \dfrac{1}{3}$，失敗する確率を q とおくと，$q = 1 - p = 1 - \dfrac{1}{3} = \dfrac{2}{3}$ となるのはいいね。よって，5 回中 2 回だけ成功する確率を

$\underbrace{p \times p}_{\boxed{2\,回成功}} \times \underbrace{q \times q \times q}_{\boxed{3\,回失敗}} = p^2 \times q^3 = \left(\dfrac{1}{3}\right)^2 \cdot \left(\dfrac{2}{3}\right)^3 = \dfrac{8}{243}$　と求めた人，残念ながら

間違いだ。成功を "○"，失敗を "×" で表すと，5 回中 2 回だけ成功する場合の数は，右図に示すように ${}_5 C_2$ 通りあるわけだから，$p^2 q^3$ にこれをかけて，

(i) ○ ○ × × ×	5 回中 2 回
(ii) ○ × ○ × ×	だけ○とな
--------------------	る場合の数
(iii) × × × ○ ○	は ${}_5 C_2$ 通り だ！

求める確率は，${}_5 C_2 p^2 q^3 = \underbrace{\dfrac{5!}{2! \cdot 3!}}_{\boxed{10}} \times \dfrac{8}{243} = \dfrac{80}{243}$　となるんだね。

このように，独立な同じ試行を繰り返し行うことを "**反復試行**" という。"**反復試行の確率**" の求め方をもう 1 度次にまとめておこう。

反復試行の確率

ある試行を 1 回行って，事象 A の起こる確率を p とおく。

この試行を n 回行って，その内 r 回だけ事象 A の起こる確率を P_r

とおくと

$P_r = {}_nC_r p^r q^{n-r}$ $(r = 0, 1, 2, \cdots, n)$ となる。

(ここで，$p = P(A)$, $q = \underline{P(\overline{A})} = 1 - p$, $p + q = 1$)

これは，A の起こらない余事象の確率のことだ。

そして確率変数 X を $X = r = 0, 1, 2, \cdots, n$ とおき，これらに対応する確率を

$P_0 = {}_nC_0 p^0 q^n, P_1 = {}_nC_1 p^1 q^{n-1}, P_2 = {}_nC_2 p^2 q^{n-2}, \cdots, P_n = {}_nC_n p^n q^0$ とおくと，

①   ①

これが "二項分布" と呼ばれる確率分布のことで，一般には $B(n, p)$ で表す。

エッ，なんで二項分布を $B(n, p)$

で表すのかって？ $\underline{\underline{B}}$ は英語の

$\underline{\underline{binomial\ distribution}}$

(二項分布) の頭文字なんだ。

二項分布の確率分布表

変数 X	0	1	2	$\cdots$	n
確率 P_r	${}_nC_0 q^n$	${}_nC_1 pq^{n-1}$	${}_nC_2 p^2 q^{n-2}$	$\cdots$	${}_nC_n p^n$
	P_0	P_1	P_2		P_n

そして，この分布は n と p の値さえ与えられれば，確率変数 $X = r = 0, 1, 2,$

$\cdots, n$ に対して，確率 $P_r = {}_nC_r p^r \boxed{q}^{n-r}$ $(r = 0, 1, 2, \cdots, n)$ が，各 r に対して，

$(1-p)$

すべて決まってしまうからなんだね。納得いった？

エッ，"二項分布" って "二項定理" と何か関係あるのかって？ 大い

にあるよ。二項定理では

$(a + b)^n = {}_nC_0 a^n + {}_nC_1 a^{n-1}b + {}_nC_2 a^{n-2}b^2 + \cdots + {}_nC_n b^n$ となるんだったね。

これと同様に，P_0 から P_n までの和を求めてみると

$P_0 + P_1 + P_2 + \cdots + P_n = {}_nC_0 q^n + {}_nC_1 q^{n-1}p + {}_nC_2 q^{n-2}p^2 + \cdots + {}_nC_n p^n$

$= (q + p)^n = 1^n = 1$ (全確率) となって全確率 1 が導けるんだね。

$p + q = 1$

そして，この二項分布 $B(n, p)$ の最大の特徴は，この二項分布の期待値 $E(X)$，分散 $V(X)$，標準偏差 $D(X)$ を，これまでのような $\sum$ 計算を使わなくても，アッという間に計算できる便利な公式があるってことなんだ。

その公式を次に示すから，まず，シッカリ頭に入れてくれ。

■ 二項分布の $E(X)$, $V(X)$, $D(X)$

二項分布 $B(n, p)$ の期待値 $E(X)$，分散 $V(X)$，標準偏差 $D(X)$ は次の式で求められる。

(1) 期待値 $E(X) = m = np$　　　　(2) 分散 $V(X) = \sigma^2 = npq$

(3) 標準偏差 $D(X) = \sigma = \sqrt{npq}$

したがって，先程の a 君が 5 回シュートをする例を使うと，$n = 5$ 回中成功する回数を確率変数 X とおくと，$X = 0, 1, 2, 3, 4, 5$ だね。そして，1 回のシュートで成功する確率は $p = \dfrac{1}{3}$，失敗する確率は $q = \dfrac{2}{3}$ より，X は，二項分布 $B\left(5, \dfrac{1}{3}\right)$ にしたがうことになるんだね。よって，X の期待値 $E(X)$，分散 $V(X)$，標準偏差 $D(X)$ は，

$$E(X) = np = 5 \times \frac{1}{3} = \frac{5}{3} \qquad V(X) = npq = 5 \times \frac{1}{3} \times \frac{2}{3} = \frac{10}{9}$$

$$D(X) = \sqrt{V(X)} = \sqrt{\frac{10}{9}} = \frac{\sqrt{10}}{3}$$ とアッサリ求まってしまうんだね。

これを，従来の求め方でやると次のようになる。まず，二項分布 $B\left(5, \dfrac{1}{3}\right)$ の確率分布表を作ると次のようになるね。

二項分布 $B\left(5, \dfrac{1}{3}\right)$ の確率分布表

変数 X	0	1	2	3	4	5
確率 P_r	$\dfrac{32}{243}$	$\dfrac{80}{243}$	$\dfrac{80}{243}$	$\dfrac{40}{243}$	$\dfrac{10}{243}$	$\dfrac{1}{243}$

${}_5C_0 q^5 = q^5$ $= \left(\dfrac{2}{3}\right)^5$	${}_5C_1 p^1 q^4 = 5pq^4$ $= 5 \cdot \dfrac{1}{3} \cdot \left(\dfrac{2}{3}\right)^4$	${}_5C_2 p^2 q^3 = 10p^2 q^3$ $= 10 \cdot \left(\dfrac{1}{3}\right)^2 \cdot \left(\dfrac{2}{3}\right)^3$	${}_5C_3 p^3 q^2 = 10p^3 q^2$ $= 10 \cdot \left(\dfrac{1}{3}\right)^3 \cdot \left(\dfrac{2}{3}\right)^2$	${}_5C_4 p^4 q^1 = 5p^4 q^1$ $= 5 \cdot \left(\dfrac{1}{3}\right)^4 \cdot \dfrac{2}{3}$	${}_5C_5 p^5 = p^5$ $= \left(\dfrac{1}{3}\right)^5$

これを基に期待値 $E(X)$ を求めると，

$E(X) = 0 \times \dfrac{32}{243} + 1 \times \dfrac{80}{243} + 2 \times \dfrac{80}{243} + \cdots + 5 \times \dfrac{1}{243} = \dfrac{5}{3}$　となり，

分散 $V(X)$ は公式 $V(X) = E(X^2) - \{E(X)\}^2$ を使うことにより，

$$\overbrace{\left(\dfrac{5}{3}\right)^2}$$

$$V(X) = 0^2 \times \dfrac{32}{243} + 1^2 \times \dfrac{80}{243} + 2^2 \times \dfrac{80}{243} + \cdots + 5^2 \times \dfrac{1}{243} - \left(\dfrac{5}{3}\right)^2$$

$$= \dfrac{10}{9}$$　と求めることができる。

後は，この正の平方根をとって，標準偏差 $D(X)$ が求められるわけだけれど，このようにかなりメンドウな計算をしないといけないんだね。これに対して，二項分布 $B(n, p)$ の $E(X)$，$V(X)$，$D(X)$ を求める公式を使えば $E(X) = np$，$V(X) = npq$，$D(X) = \sqrt{npq}$ とアッという間に求められるわけだから，その威力を十分に分かってもらえたと思う。この証明は省くけれど，便利な公式として使いこなしていってくれたらいいんだよ。

　ではここで，練習問題を 1 題解いておこう。

■ 練習問題 **46**	二項分布	*CHECK 1*	*CHECK 2*	*CHECK 3*

あるゲームを **1** 回行って勝つ確率が p の人がいる。この人が n 回ゲームを行ってその内 r 回だけ勝つ確率を P_r とおく。ここで，確率変数 $X = r$ $(r = 0, 1, \cdots, n)$ とおいたとき，X の期待値 $E(X) = 4$，分散 $V(X) = \dfrac{4}{3}$ であった。このとき，n，p の値および確率 P_r $(r = 0, 1, \cdots, n)$ を求めよ。

X は，二項分布 $B(n, p)$ の確率変数なので，この期待値 $E(X) = np = 4$，分散 $V(X) = npq = \dfrac{4}{3}$ となる。これから n，p，q の値を求め，反復試行の確率 $P_r = {}_nC_r p^r q^{n-r}$ を求めればいいんだね。頑張ろう！

この確率変数 X は，二項分布 $B(n, p)$ に従うので，その期待値 $E(X)$ と分散 $V(X)$ は，

$$\begin{cases} E(X) = \boxed{np = 4} & \cdots\cdots ① \\ V(X) = \boxed{npq = \dfrac{4}{3}} & \cdots\cdots ② \quad (p + q = 1) \end{cases}$$

①を②に代入すると，$4q = \dfrac{4}{3}$　$\therefore q = \dfrac{4}{3} \times \dfrac{1}{4} = \dfrac{1}{3}$

よって，$p = 1 - q = 1 - \dfrac{1}{3} = \dfrac{2}{3}$ となる。

これを①に代入して，$n \cdot \dfrac{2}{3} = 4$　$\therefore n = 4 \times \dfrac{3}{2} = 6$

以上より，$n = 6$，$p = \dfrac{2}{3}$ $\left(q = \dfrac{1}{3} \right)$ となる。

よって，求める確率 P_r は，反復試行の確率より

$$P_r = {}_n C_r p^r q^{n-r} = {}_6 C_r \left(\dfrac{2}{3} \right)^r \cdot \left(\dfrac{1}{3} \right)^{6-r} \quad (r = 0,\ 1,\ 2,\ \cdots,\ 6) \text{ となる。}$$

これで，"**二項分布**" と "**反復試行の確率**" にも自信が付いただろう？

　以上で，今日の講義は終了です。同時確率分布や二項分布 $B(n,\ p)$ など，内容満載だったから疲れたって!? そうだね…，かなり骨のある内容だったからね。でも，最終的な結果は，$E(aX + bY) = aE(X) + bE(Y)$ とか，$B(n,\ p)$ の期待値 $E(X) = np$ とか，非常にシンプルなものばかりだから，あまり気負い過ぎずに，ウマク公式を利用していこうという心がけでいいと思う。「公式は便利な道具と考えて，まずドンドン使う！」ってことだね。

　それでは，次回は "**連続型の確率変数**" と "**正規分布**" について詳しく教えよう。レベルは上がるけれど，また分かりやすく教えるから，次回も楽しみにしてくれ。

それでは，次回の講義まで，みんな元気でな…。バイバイ！

14th day　連続型確率変数，正規分布

おはよう！ みんな元気か？今日で"**確率分布**"の講義も **3** 回目になるね。今日教える主なテーマは"**連続型確率変数**"と"**確率密度**"，それに"**正規分布**"と"**標準正規分布**"だ。エッ，言葉が難しすぎるって？そうだね。確率分布で出てくる用語って，確かに難解な感じがするね。でも，これらも **1** つ **1** つていねいに解説するから，心配しなくていいよ。

● 連続型確率変数って，何だろう!?

　一般に，確率変数には，"**離散型**"のものと，"**連続型**"のものの **2** 種類があるんだよ。"**離散型の確率変数**"とは，たとえば $X = 1, 2, 3, 4, 5$ のように，飛び飛びの値をとる確率変数のことで，前回まで勉強した確率分布の確率変数はすべてこの型のものだったんだ。これに対して，"**連続型の確率変数**"の確率分布もあるんだよ。この場合，たとえば，$1 \leqq X \leqq 5$ の範囲のように，確率変数 X は連続的に自由に値をとることができる。

　具体例で，この"**離散型**"と"**連続型**"の確率変数の確率分布を教えよう。まず，離散型の確率変数 X と，その確率分布の具体例を図 **1** に示そう。図 **1**（ⅰ）のように針が数直線上の **5** つの点 $1, 2, 3, 4, 5$ のみを，カチ，カチ，…と等確率で指す場合を考えよう。このときの確率変数を X とおくと，$X = 1, 2, 3, 4, 5$ となり，それぞれの値をとる確率はどれも等しいので，$X = k$ $(k = 1, 2, 3, 4, 5)$ となる確率を $P(X = k)$ とおくと，

$$P(X = k) = \frac{1}{5} \quad (k = 1, 2, 3, 4, 5)$$

となる。この式は具体的には，$P(X = 1) = \frac{1}{5}$，$P(X = 2) = \frac{1}{5}$，…，$P(X = 5) = \frac{1}{5}$ を意味しているんだね。よって，この確率分布のグラフは，図 **1**（ⅱ）のようになる。ここで，この $P(X = k)$ のことを"**確率関数**"と呼ぶ。

図 1　離散型の確率分布の例

（ⅰ）離散型の確率変数
$\quad X = 1, 2, 3, 4, 5$

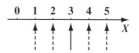

カチ，カチ…と，針が等確率で **1, 2, 3, 4, 5** のいずれかを指す。

206

表される数直線上を，$1 \leqq X \leqq 5$ の範囲の値を自由に連続的に指すことのできる針があったとする。しかも，この針は，スイスイと動いてこの範囲内のすべての点を同様に確からしく無作為に指すことができるものとする。

このとき，針の指す座標を x とおくと，X が "連続型の確率変数" で，x はその "実現値^{じつげん}" ということになる。

つまり，$X = x$　$(1 \leqq x \leqq 5)$ と表す。

連続型の確率変数	実現値 (X が具体的に取る値のこと) たとえば，1, $\sqrt{2}$, $\dfrac{7}{2}$, $2\sqrt{3}$, …など

このとき，図2に示すように，$X = 3$ となる確率が，どうなるか分かる？ ……　実現値 x が 3 だ。

難しい？ じゃ，ヒントをあげよう。$1 \leqq X \leqq 5$ の範囲に，針が連続的に指せる点は無限 (∞) にあるよ。だから，……，そうだね。$X = 3$ となる確率 $P(X = 3) = \dfrac{1}{\infty} = 0$ が正解だ。これは,$X = 3$ に限らず,$X = \sqrt{2}$, $\dfrac{5}{2}$, 3.18, 4, ……などなど,その値になる確率もすべて 0 になるんだね。エッ，じゃ，連続型の変数の場合，確率分布にならないじゃないかって？ 確かに，連続型の確率変数 X の場合，これがある・値をとる確率はすべて 0 だ。でも，図3に示すように，たとえば X が $2 \leqq X \leqq 3$ の・・・ようにある・値の範囲・・をとる確率 $P(2 \leqq X \leqq 3)$ ならば，0 ではないね。この確率はどうなる？ ……そうだね。針は $1 \leqq X \leqq 5$ の範囲をどこも同様に確からしく指すわけだから，線分の長さに比例して，

$$P(2 \leqq X \leqq 3) = \frac{1}{4}$$

これは，線分の比のイメージ

となるんだね。

（ⅱ）確率分布

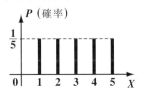

図2　連続型の確率変数の例
$1 \leqq X \leqq 5$

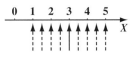

スイスイと針が $1 \leqq X \leqq 5$ の範囲の値を自由に連続的に動いて指す。

図3

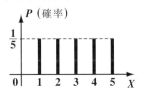

確率分布と統計的推測

207

ここで，$X = 2$ や $X = 3$ となる確率は当然 $P(X = 2) = P(X = 3) = 0$ だから，$X = 2$ や $X = 3$ の端点は含んでも，含まなくても同じ確率になる。つまり，

$$P(2 \leqq X \leqq 3) = P(2 < X \leqq 3) = P(2 \leqq X < 3) = P(2 < X < 3) = \frac{1}{4}$$

となることも，連続型の確率変数の確率の特徴だ。

一般に，連続型の確率変数 X の確率計算では，確率変数 X が $a \leqq X \leqq b$ の範囲に入る確率 $P(a \leqq X \leqq b)$ を，$\quad P(a \leqq X \leqq b) = \int_a^b f(x)dx \quad$ の定積分の形で表す。

> これだと，$X = a$ となる確率は $P(X = a) = P(a \leqq X \leqq a) = \int_a^a f(x)dx = 0$ となって，X がある値をとる確率が 0 の条件もみたすんだね。

エッ，被積分関数の $f(x)$ って，何なのかって？ この $f(x)$ は，"**確率密度**（かくりつみつど）" と呼ばれるもので，連続型の確率変数 X の確率計算に中心的な役割を果たす関数なんだよ。ここで，注意点が 1 つ。これまで，確率変数 X の実現値，すなわち，X がとる具体的な値のことを x と表すと言ってきたね。つまり，実現値 x は，定数と考えてよかったんだ。でも，確率密度 $f(x)$ の x に関しては，これを変数として扱い，$a \leqq x \leqq b$ での x の定積分の形で，確率 $P(a \leqq X \leqq b)$ を求めるということも，覚えておこう。

それじゃ，もう 1 度，話を具体例に戻そう。図 2 や図 3 で表される例における，確率密度 $f(x)$ を実際に求めてみよう。この場合，確率変数 X が，$1 \leqq X \leqq 5$ の範囲に入る確率が全確率 1 になるわけだから，

$$P(1 \leqq X \leqq 5) = \int_1^5 f(x)dx = 1 \quad （全確率）\cdots\cdots① \quad となる。$$

さらに，この範囲内のどの点に対しても，針は同様に確からしく指すので，今回の確率密度 $f(x)$ は，$1 \leqq x \leqq 5$ の範囲で一定の定数関数になるはずだ。よって，$f(x) = C \cdots\cdots②$（C：定数）とおける。

②を①に代入すると，（定積分した）

$$\int_1^5 \underset{f(x)}{\boxed{C}} dx = 1 \qquad [Cx]_1^5 = 1$$

$$C(5-1)=1 \qquad 4C=1$$

$\therefore C = \dfrac{1}{4}$ となるので,

今回の確率密度 $f(x)$ は, 図 **4** に示すように,

$$f(x) = \begin{cases} \dfrac{1}{4} & (1 \leqq x \leqq 5 \text{ のとき}) \\[2mm] 0 & (x < 1, \ 5 < x \text{ のとき}) \end{cases} \quad \text{となる。}$$

図 4 確率密度 $f(x) = \dfrac{1}{4}$

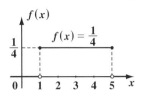

このように, 連続型の確率変数においては, **"確率関数"** ではなくて, **"確率密度"** $f(x)$ が確率分布を表すんだよ。

そして, いったん確率密度 $f(x)$ が求まると, たとえば, $2 \leqq X \leqq 4$ となる確率 $P(2 \leqq X \leqq 4)$ は, 定積分により,

図 5 確率密度 $f(x)$ と確率

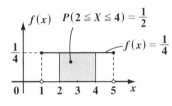

$$P(2 \leqq X \leqq 4) = \int_2^4 \underbrace{f(x)}_{\frac{1}{4}} dx$$

$$= \frac{1}{4}\left[x\right]_2^4 = \frac{1}{4}(4-2) = \frac{1}{2} \quad \text{と, 求まるんだね。}$$

図 **5** に示すように, この確率は, $2 \leqq x \leqq 4$ の範囲で, $y = f(x) = \dfrac{1}{4}$ と x 軸とで挟まれる網目部分の面積に等しいんだね。

それでは, 連続型確率変数と確率密度について, 下にまとめて示すよ。

連続型確率変数 X と確率密度 $f(x)$

連続型確率変数 X が $a \leqq X \leqq b$ となる確率 $P(a \leqq X \leqq b)$ は次式で表される。

$$P(a \leqq X \leqq b) = \int_a^b f(x)dx \quad (a < b)$$

このような関数 $f(x)$ が存在するとき, $f(x)$ を **"確率密度"** と呼び, 確率変数 X は確率密度 $f(x)$ の確率分布に従うという。

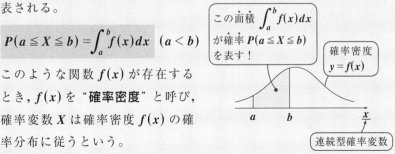

この面積 $\displaystyle\int_a^b f(x)dx$ が確率 $P(a \leqq X \leqq b)$ を表す!

確率密度 $y = f(x)$

連続型確率変数

このように，連続型の確率変数 X の場合，X が，$a \leqq X \leqq b$ の範囲に存在する確率は，この範囲で，$y = f(x)$ と x 軸とで挟まれる部分の面積で表されるんだね。面白いだろう？

では，ここで，連続型確率変数の確率分布の **4** つの性質を次に示そう。

連続型確率分布の性質

(i) $P(X = a) = 0$　　(ii) $f(x) \geqq 0$　　(iii) $\displaystyle\int_{-\infty}^{\infty} f(x)\,dx = 1$　（全確率）

$x = a$ となる
確率は **0**

$X = a$, $X = b$ となる
確率は **0** なので，等
号はあってもなくて
も同じになる。

(iv) $\displaystyle\int_{a}^{b} f(x)\,dx = P(a \leq X \leq b) = P(a < X \leq b)$

$\qquad\qquad = P(a \leq X < b) = P(a < X < b)$

(i) はいいね。(ii) については，もし $f(x) < 0$ となる部分があれば，その区間での定積分は $\ominus$ となって，負の確率が計算されることになって，明らかに矛盾する。よって，すべての x に対して確率密度 $f(x) \geqq 0$ の条件が付く。(iii) の $\displaystyle\int_{-\infty}^{\infty} f(x)\,dx = 1$ （全確率）となる条件は，離散型の確率変数の確率のすべての和が **1** となる，すなわち $\displaystyle\sum_{k=1}^{n} P_k = 1$ （全確率）の条件と同じものなんだね。(iv) の条件は，$X = a$ や $X = b$ となる確率が **0** だから，当然の性質だね。

サァ，それでは，次の練習問題で，確率密度 $f(x)$ を決定してごらん。ポイントは，(iii) の性質 $\displaystyle\int_{-\infty}^{\infty} f(x)\,dx = 1$ だよ。

練習問題 47　　確率密度 $f(x)$　　CHECK 1　CHECK 2　CHECK 3

連続型の確率変数 X が，確率密度 $f(x) = \begin{cases} ax & (0 \leqq x \leqq 2 \text{ のとき}) \\ 0 & (x < 0,\ 2 < x \text{ のとき}) \end{cases}$

の確率分布に従うとき，a の値を求めよ。また，確率 $P(-1 \leqq X \leqq 1)$
を求めよ。

$\displaystyle\int_{-\infty}^{\infty} f(x)\,dx = 1$ （全確率）の条件から，a の値が分かる。また，確率 $P(-1 \leqq X \leqq 1)$ は $\displaystyle\int_{-1}^{1} f(x)\,dx$ として計算できるんだね。サァ，頑張ろう！

確率密度 $f(x) = \begin{cases} ax & (0 \leqq x \leqq 2) \\ 0 & (x < 0, \ 2 < x) \end{cases}$

は，条件 $\displaystyle\int_{-\infty}^{\infty} f(x)dx = 1$ をみたすので，　　【全確率】

$$\int_{-\infty}^{\infty} f(x)dx = \underbrace{\int_{-\infty}^{0} 0\, dx}_{\boxed{0}} + \int_{0}^{2} ax\, dx + \underbrace{\int_{2}^{\infty} 0\, dx}_{\boxed{0}}$$

> $0 \leqq x \leqq 2$ のとき $f(x) = ax$ で，それ以外では $f(x) = 0$ なので，結局この定積分のみが残る。

$$= a\int_{0}^{2} x\, dx = a\left[\frac{1}{2}x^2\right]_{0}^{2} = \frac{a}{2}(2^2 - 0^2)$$

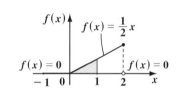

$\displaystyle\int x\, dx = \frac{1}{2}x^2 + C$ だからね。

$$= \boxed{2a = 1}\ \ （全確率）$$

$\therefore a = \dfrac{1}{2}$ となる。これから，

$$f(x) = \begin{cases} \dfrac{1}{2}x & (0 \leqq x \leqq 2) \\ 0 & (x < 0, \ 2 < x) \end{cases}$$

が分かったので，確率 $P(-1 \leqq X \leqq 1)$ は，

$$P(-1 \leqq X \leqq 1) = \int_{-1}^{1} f(x)dx$$
$$= \underbrace{\int_{-1}^{0} 0\, dx}_{\boxed{0}} + \int_{0}^{1} \frac{1}{2}x\, dx$$

> この確率密度 $f(x)$ から，$-1 \leqq x \leqq 0$ のとき $f(x) = 0$，だから，$-1 \leqq X \leqq 0$ となる確率 $P(-1 \leqq X \leqq 0) = 0$ となるのが分かるね。

$$\left[\ \begin{matrix}\ \rule{1cm}{0pt}\ \\ -1\ \ \ 0\end{matrix} + \begin{matrix}\\ 0\ \ \ 1\end{matrix}\ \right]$$

$$= \frac{1}{2}\left[\frac{1}{2}x^2\right]_{0}^{1} = \frac{1}{4}\left[x^2\right]_{0}^{1} = \frac{1}{4}(1^2 - 0^2) = \frac{1}{4}\ \ \ となって答えだ。$$

大丈夫だった？面白かっただろう？

● 連続型確率分布の期待値と分散を求めよう！

それでは次，確率密度 $f(x)$ に従う確率変数 X の期待値（平均）$m = E(X)$，分散 $\sigma^2 = V(X)$，標準偏差 $\sigma = D(X)$ の求め方を示そう。エッ，難しそうだって？ そうでもないよ。これらの値を，離散型の確率変数では $\dot{\Sigma}$ 計算で求めたけれど，連続型の確率変数の場合は，定積分で求めることになるんだ。その公式を下にまとめて示そう。

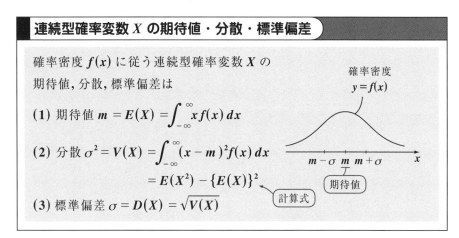

連続型確率変数 X の期待値・分散・標準偏差

確率密度 $f(x)$ に従う連続型確率変数 X の
期待値，分散，標準偏差は

(1) 期待値 $m = E(X) = \displaystyle\int_{-\infty}^{\infty} x f(x)\, dx$

(2) 分散 $\sigma^2 = V(X) = \displaystyle\int_{-\infty}^{\infty} (x - m)^2 f(x)\, dx$

$= E(X^2) - \{E(X)\}^2$ ←計算式

(3) 標準偏差 $\sigma = D(X) = \sqrt{V(X)}$

確率密度 $y = f(x)$

$m - \sigma \quad m \quad m + \sigma$ ←期待値

(1) 連続型確率変数の期待値の公式 $m = E(X) = \displaystyle\int_{-\infty}^{\infty} x f(x) dx$ を離散型

の期待値の公式 $E(X) = \displaystyle\sum_{k=1}^{n} x_k P_k$ と比較すると，(ⅰ) $\displaystyle\int_{-\infty}^{\infty}$ と $\displaystyle\sum_{k=1}^{n}$ が，

(ⅱ) x と x_k が，そして，(ⅲ) $f(x)dx$ と P_k がキレイに対応し

ているのが分かると思う。ここで，E の記号法も，離散型のときと同

様に，たとえば，$E(Y) = \displaystyle\int_{-\infty}^{\infty} y f(y) dy$ や $E(X^2) = \displaystyle\int_{-\infty}^{\infty} x^2 f(x) dx$ などと

なる。

(2) だから，分散の公式も定義式：

$\sigma^2 = V(X) = E\big((X - m)^2\big) = \displaystyle\int_{-\infty}^{\infty} (x - m)^2 f(x) dx$ を変形して，計算式

$E(X^2) - \{E(X)\}^2$ を導くこともできる。これも，離散型のときと同様だね。

$$分散\ \sigma^2 = V(X) = E\big((X-m)^2\big) = \int_{-\infty}^{\infty}(x-m)^2 f(x)dx \ \xleftarrow{\boxed{\text{これが定義式だ！}}}$$

$$\boxed{(x^2 - 2mx + m^2)}$$

$$= \int_{-\infty}^{\infty}\overbrace{(x^2 - 2mx + m^2)}f(x)dx$$

$$= \underbrace{\int_{-\infty}^{\infty}x^2 f(x)dx}_{\boxed{E(X^2)}} - 2m\underbrace{\int_{-\infty}^{\infty}x f(x)dx}_{\boxed{m = E(X)}} + m^2\underbrace{\int_{-\infty}^{\infty}f(x)dx}_{\boxed{1\,(全確率)}}$$

$$= E(X^2)\underbrace{-2m\cdot m + m^2}$$

$$\boxed{-2m^2 + m^2 = -m^2 = -\{E(X)\}^2}$$

$$= E(X^2) - \{E(X)\}^2 \ \xleftarrow{\boxed{\text{これは，計算式だ！}}}$$

と，分散の計算式が導けた！ 納得いった？

(3) そして，標準偏差 $\sigma = D(X)$ は，分散 $V(X)$ の正の平方根をとるだけなので，

$$\sigma = D(X) = \sqrt{V(X)} \quad と求まるんだね。$$

エッ，公式は分かったので，実際に計算してみたいって？ いいよ，次の練習問題を解いてみるといい。

練習問題 48	連続型確率変数の $E(X),\ V(X),\ D(X)$	CHECK 1	CHECK 2	CHECK 3

確率密度 $f(x) = \begin{cases} \dfrac{1}{2}x & (0 \leqq x \leqq 2\ のとき) \\[2mm] 0 & (x < 0,\ 2 < x\ のとき) \end{cases}$ に従う確率変数 X の

期待値 $E(X)$，分散 $V(X)$，標準偏差 $D(X)$ を求めよ。

この確率密度 $f(x)$ は，練習問題 **47** で求めたものだね。後は公式通り，期待値 $E(X)$ $= \int_{-\infty}^{\infty} x f(x)dx$，分散 $V(X) = E(X^2) - \{E(X)\}^2$，標準偏差 $D(X) = \sqrt{V(X)}$ を求めればいいよ。頑張ろう！

確率密度 $f(x) = \begin{cases} \dfrac{1}{2}x & (0 \leqq x \leqq 2) \\[2mm] 0 & (x < 0,\ 2 < x) \end{cases}$

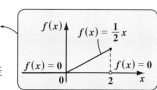

に従う確率変数 X の期待値，分散，標準偏差を求めると，

（ⅰ）期待値 $m = E(X) = \displaystyle\int_{-\infty}^{\infty} x f(x) dx$

$$= \underbrace{\int_{-\infty}^{0} x \cdot 0 \, dx}_{\boxed{0}} + \int_{0}^{2} x \cdot \frac{1}{2} x \, dx + \underbrace{\int_{2}^{\infty} x \cdot 0 \, dx}_{\boxed{0}}$$

$$= \frac{1}{2} \int_{0}^{2} x^2 dx = \frac{1}{2} \Big[\frac{1}{3} x^3 \Big]_{0}^{2} = \frac{1}{6} \Big[x^3 \Big]_{0}^{2}$$

$$= \frac{1}{6}(2^3 - \cancel{0^3}) = \frac{8}{6} = \frac{4}{3} \quad \text{となる。}$$

（ⅱ）分散 $\sigma^2 = V(X) = \underbrace{E(X^2)}_{\boxed{\int_{-\infty}^{\infty} x^2 f(x) dx}} - \underbrace{m^2}_{\boxed{\left(\frac{4}{3}\right)^2}}$

$$= \underbrace{\int_{-\infty}^{\infty} x^2 f(x) dx}_{\boxed{\int_{-\infty}^{0} x^2 \cdot 0 \, dx + \int_{0}^{2} x^2 \cdot \frac{1}{2} x \, dx + \int_{2}^{\infty} x^2 \cdot 0 \, dx}} - \frac{16}{9}$$

$$\boxed{\int x^3 dx = \frac{1}{4} x^4 + C}$$
を使った。

$$= \frac{1}{2} \int_{0}^{2} x^3 dx - \frac{16}{9} = \frac{1}{2} \Big[\frac{1}{4} x^4 \Big]_{0}^{2} - \frac{16}{9}$$

$$= \frac{1}{8} \Big[x^4 \Big]_{0}^{2} - \frac{16}{9} = \frac{1}{8}(2^4 - \cancel{0^4}) - \frac{16}{9}$$

$$= \frac{16}{8} - \frac{16}{9} = 2 - \frac{16}{9} = \frac{18 - 16}{9} = \frac{2}{9} \quad \text{となる。}$$

（ⅲ）標準偏差 $\sigma = \sqrt{V(X)} = \sqrt{\frac{2}{9}} = \frac{\sqrt{2}}{3}$ となって，答えだ！

それでは，もう1題，連続型確率分布の問題を解いておこう。

■ 練習問題 49	連続型確率変数の $E(X)$, $V(X)$, $D(X)$	CHECK 1	CHECK 2	CHECK 3

連続型の確率変数 X が，確率密度 $f(x) = \begin{cases} -\dfrac{1}{4} x + a & (0 \leqq x \leqq 2) \\ 0 & (x < 0,\ 2 < x) \end{cases}$

の確率分布に従うとき，a の値を求めよ。また，変数 X の期待値 $m = E(X)$，分散 $\sigma^2 = V(X)$，標準偏差 $\sigma = D(X)$ を求めよ。

まず，$\displaystyle\int_{-\infty}^{\infty}f(x)dx=1$（全確率）の条件から，$a$ の値を求めよう。そして，期待値，分散，標準偏差は，それぞれの公式：$E(X)=\displaystyle\int_{-\infty}^{\infty}xf(x)dx$, $V(X)=\displaystyle\int_{-\infty}^{\infty}x^2f(x)dx-\{E(X)\}^2$, $D(X)=\sqrt{V(X)}$ から求めればいいんだね。頑張ろう！

確率密度 $f(x)=\begin{cases}-\dfrac{1}{4}x+a & (0\le x\le 2)\\[2mm] 0 & (x<0,\ 2<x)\end{cases}$

は，条件 $\displaystyle\int_{-\infty}^{\infty}f(x)dx=1$（全確率）をみたすので，

$$\int_{-\infty}^{\infty}f(x)dx$$

$$=\underbrace{\int_{-\infty}^{0}0\cdot dx}_{\boxed{0}}+\int_{0}^{2}\left(-\frac{1}{4}x+a\right)dx+\underbrace{\int_{2}^{\infty}0\cdot dx}_{\boxed{0}}$$

$$=\left[-\frac{1}{8}x^2+ax\right]_{0}^{2}=-\frac{1}{8}\cdot 2^2+a\cdot 2-0=\boxed{2a-\frac{1}{2}=1}\ (全確率)$$

$\therefore a=\dfrac{1}{2}\left(1+\dfrac{1}{2}\right)=\dfrac{3}{4}$　となる。

これから，
$f(x)=\begin{cases}-\dfrac{1}{4}x+\dfrac{3}{4} & (0\le x\le 2)\\[2mm] 0 & (x<0,\ 2<x)\end{cases}$
となる。

よって，この確率密度 $f(x)$ に従う確率変数 X の期待値，分散，標準偏差を求めると，

（ⅰ）期待値 $m=E(X)=\displaystyle\int_{-\infty}^{\infty}xf(x)dx$

$$=\underbrace{\int_{-\infty}^{0}x\cdot 0\,dx}_{\boxed{0}}+\int_{0}^{2}x\left(-\frac{1}{4}x+\frac{3}{4}\right)dx+\underbrace{\int_{2}^{\infty}x\cdot 0\,dx}_{\boxed{0}}$$

$$=\frac{1}{4}\int_{0}^{2}(-x^2+3x)dx=\frac{1}{4}\left[-\frac{1}{3}x^3+\frac{3}{2}x^2\right]_{0}^{2}$$

$$=\frac{1}{4}\cdot\left(-\frac{1}{3}\cdot 2^3+\frac{3}{2}\cdot 2^2-0\right)=\frac{1}{4}\left(-\frac{8}{3}+6\right)$$

$$=\frac{1}{4}\cdot\frac{18-8}{3}=\frac{10}{12}=\frac{5}{6}$$ となるんだね。では次，

(ⅱ) 分散 $\sigma^2 = V(X) = \underline{E(X^2)} - \underline{m^2}$

$\boxed{\int_{-\infty}^{\infty} x^2 f(x)dx}$　$\boxed{\{E(X)\}^2 = \left(\dfrac{5}{6}\right)^2}$

$\boxed{f(x) = \begin{cases} -\dfrac{1}{4}x + \dfrac{3}{4} & (0 \leqq x \leqq 2) \\ 0 & (x < 0,\ 2 < x) \end{cases}}$

$= \displaystyle\int_{-\infty}^{\infty} x^2 f(x)dx - \dfrac{25}{36}$

$= \underbrace{\displaystyle\int_{-\infty}^{0} x^2 \cdot 0\ dx}_{\boxed{0}} + \displaystyle\int_{0}^{2} x^2\left(-\dfrac{1}{4}x + \dfrac{3}{4}\right)dx + \underbrace{\displaystyle\int_{2}^{\infty} x^2 \cdot 0\ dx}_{\boxed{0}} - \dfrac{25}{36}$

$= \dfrac{1}{4}\displaystyle\int_{0}^{2}(-x^3 + 3x^2)dx - \dfrac{25}{36}$

$\boxed{\displaystyle\int x^3 dx = \dfrac{1}{4}x^4 + C \\ \text{を使った}}$

$= \dfrac{1}{4}\left[-\dfrac{1}{4}x^4 + x^3\right]_{0}^{2} - \dfrac{25}{36}$

$= \dfrac{1}{4}\left(-\dfrac{1}{4}\cdot 2^4 + 2^3 - 0\right) - \dfrac{25}{36}$

$= \dfrac{1}{4}(-4 + 8) - \dfrac{25}{36} = 1 - \dfrac{25}{36}$

$= \dfrac{36 - 25}{36} = \dfrac{11}{36}$　となって，分散も求まった！　そして，

(ⅲ) 標準偏差 $\sigma = D(X) = \sqrt{V(X)} = \sqrt{\dfrac{11}{36}} = \dfrac{\sqrt{11}}{6}$　となるんだね。大丈夫？

これで，連続型確率分布の計算にもずい分慣れたと思う。

● **新たな確率変数の期待値，分散も求めよう！**

離散型の変数のときと同様に，連続型の確率変数 X についても，これを使って新たな確率変数 Y を，$Y = aX + b$ （a, b：実数定数）と定義したとき，Y の期待値 $E(Y)$，分散 $V(Y)$，そして標準偏差 $D(Y)$ を次のように求めることができる。これらの公式も，離散型のときのものとまったく同様だから，スグにマスターできると思うよ。

Y の期待値・分散・標準偏差

$Y = aX + b \ (a, b : 実数定数)$ により, Y を新たに定義すると,

(1) 期待値 $E(Y) = E(aX + b) = aE(X) + b$

(2) 分散 $V(Y) = V(aX + b) = a^2 V(X)$

(3) 標準偏差 $D(Y) = \sqrt{V(Y)} = \sqrt{a^2 V(X)} = |a|\sqrt{V(X)} = |a|D(X)$

(1) Y の期待値 $E(Y)$ は,

$$E(Y) = E(aX + b) = \int_{-\infty}^{\infty} \widehat{(ax + b)} f(x) dx$$

$$= a\underbrace{\int_{-\infty}^{\infty} x f(x) dx}_{m = E(X)} + b\underbrace{\int_{-\infty}^{\infty} f(x) dx}_{1\,(全確率)} = aE(X) + b \cdot 1$$

∴ $E(Y) = E(aX + b) = aE(X) + b$ が導かれる。

(2) $E(Y) = m'$ とおくと, 分散 $V(Y)$ は,

$$V(Y) = E\big(\underset{\underset{aX+b}{\uparrow}}{(Y} - \underset{\underset{am+b\,(m=E(X))}{\uparrow}}{m')^2}\big) = E\Big(\big\{aX + \cancel{b} - (am + \cancel{b})\big\}^2\Big)$$

$$= E\big((aX - am)^2\big) = E\big(a^2(X - m)^2\big)$$

$$= a^2 E\big((X - m)^2\big) = a^2 V(X) \quad \therefore V(Y) = a^2 V(X) \quad も導けた！$$

(3) 標準偏差 $D(Y)$ は, $D(Y) = \sqrt{V(Y)} = \sqrt{a^2 V(X)} = |a|D(X)$ となる。

それでは, 次の練習問題で, 練習しておこう。

| 練習問題 50 | 新たな確率変数の $E(Y), V(Y), D(Y)$ | CHECK 1 | CHECK 2 | CHECK 3 |

ある確率密度に従う連続型の確率変数 X の期待値 $E(X) = \dfrac{4}{3}$,

分散 $V(X) = \dfrac{2}{9}$, 標準偏差 $D(X) = \dfrac{\sqrt{2}}{3}$ がある。ここで, 新たな確率変数 Y を $Y = 3X + 2$ で定義する。このとき, Y の期待値 $E(Y)$, 分散 $V(Y)$, 標準偏差 $D(Y)$ を求めよ。

公式通り計算すればいい。スグに結果は出せるはずだ。

X を使って, 新たに Y を $Y = 3X + 2$ と定義しているので, Y の期待値,

分散，標準偏差は次のように求まる。

・期待値 $E(Y) = E(3X + 2) = 3E(X) + 2 = \not{3} \cdot \dfrac{4}{\not{3}} + 2 = 6$

・分散 $V(Y) = V(3X + 2) = 3^2 \cdot V(X) = \not{9} \cdot \dfrac{2}{\not{9}} = 2$

・標準偏差 $D(Y) = \sqrt{V(Y)} = \sqrt{2}$　　　超簡単だね！大丈夫だった？

● まず，正規分布の確率密度に慣れよう！

では，これから"正規分布"の解説に入ろう。これは最も典型的な連続型の確率分布で，離散型の二項分布と関連している。

まず，二項分布 $B(n,\ p)$ を表す確率分布の確率関数を $P_B(x)$ とおくと，
$P_B(x) = {}_nC_x \, p^x q^{n-x}\ (x = 0, 1, 2, \cdots,\ n, q = 1 - p)$ となるのは大丈夫だね。

> 反復試行の確率 ${}_nC_r p^r q^{n-r}$ の r を x とおいただけだからね。

そして，この期待値 $E(X) = np$，
分散 $V(X) = npq$ となることも
既に勉強した。

当然，この二項分布 $B(n,\ p)$
の確率変数 $X = x$ は，$x = 0,\ 1,$
$2, \cdots, n$ の離散型の変数なんだ

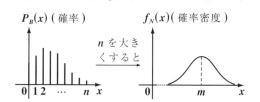

図1 二項分布 $B(n,\ p)$ →正規分布 $N(m,\ \sigma^2)$
（ ⅰ ）二項分布 $B(n,\ p)$　（ ⅱ ）正規分布 $N(m,\ \sigma^2)$

n を大きくすると

ね。でも，ここで，この n を $50,\ 100,\ \cdots$ と十分に大きな値にとり，x も連続型の確率変数とみなすと，図1(ⅰ)(ⅱ)に示すように，キレイなすり鉢型の"正規分布"と呼ばれる確率分布に近づくことが分かっている。

この正規分布は連続型の確率分布だから，当然，正規分布の確率密度
$f_N(x)$ をもつ。そして，この正規分布は，期待値（ 平均 ）m と分散 σ^2 の2
つの値が与えられれば，その分布が完全に決まってしまうので，一般には
$\underline{N(m,\ \sigma^2)}$ と表す。

> この $\underline{N}$ は，"normal distribution"（ 正規分布 ）の頭文字だ！

それでは，正規分布 $N(m,\ \sigma^2)$ の確率密度 $f_N(x)$ を具体的に次に示そう。

正規分布 $N(m,\ \sigma^2)$

正規分布 $N(m,\ \sigma^2)$ の確率密度 $f_N(x)$ は，

$f_N(x) = \dfrac{1}{\sqrt{2\pi}\ \sigma}\ e^{-\frac{(x-m)^2}{2\sigma^2}}$ であり，

(x：連続型の確率変数， $-\infty < x < \infty$)

その期待値と分散は，

$E(X) = m,\ \ V(X) = \sigma^2$ である。

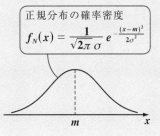

正規分布の確率密度

$f_N(x) = \dfrac{1}{\sqrt{2\pi}\ \sigma}\ e^{-\frac{(x-m)^2}{2\sigma^2}}$

ヒェ〜，複雑すぎて，やる気なくしたって？ 初めて，正規分布の確率密度 $f_N(x)$ を見た人の正直な感想だろうね。でも，身近なところでは，大人数の人がテストを受けたときの得点分布がこの正規分布に近い形になることも経験的に知られていて，偏差値と順位の関係もこれから求まるんだ。

少し，気を取り直した？ よかった (^o^)

それでは，もう一度，正規分布の確率密度 $f_N(x)$ を書いてみると，

$f_N(x) = \dfrac{1}{\sqrt{2\pi}\ \sigma}\ e^{-\frac{(x-m)^2}{2\sigma^2}}$ で，π は円周率，e はネイピア数 (約 2.72 の定数)，x は，$-\infty < x < \infty$ の範囲を動く連続型の確率変数だから，結局，平均 m の値と，分散 σ^2 (または標準偏差 σ) の値が分かれば，完全に確率密度が決定されるんだね。ネイピア数 $e(\fallingdotseq 2.72)$ については，微分・積分で非常に重要な定数なんだけど，ここでは，円周率 $\pi(\fallingdotseq 3.14)$ と同様に約 2.72 の定数と覚えておいてくれたら十分だ。では，正規分布 $N(m,\ \sigma^2)$ の練習をやってみよう！

| 練習問題 51 | 正規分布 $N(m,\ \sigma^2)$ | CHECK 1 | CHECK 2 | CHECK 3 |

次の正規分布 $N(m,\ \sigma^2)$ の確率密度 $f_N(x)$ を求めよ。

(1) $N(20,\ 2)$ (2) $N\left(15,\ \dfrac{1}{2}\right)$

正規分布 $N(m,\ \sigma^2)$ の確率密度 $f_N(x) = \dfrac{1}{\sqrt{2\pi}\ \sigma}\ e^{-\frac{(x-m)^2}{2\sigma^2}}$ であることから，これに，m や $\sigma^2 (\sigma)$ の値を代入していけばいいんだね。

(1) 正規分布 $N(\underset{\boxed{m}}{20},\ \underset{\boxed{\sigma^2}}{2})$ より，平均 $m = 20$, 分散 $\sigma^2 = 2$ (標準偏差 $\sigma = \sqrt{2}$)

であることが分かるので，この確率密度 $f_N(x)$ は，

$$f_N(x) = \frac{1}{\sqrt{2\pi}\,\underset{\boxed{\sigma}}{\boxed{\sqrt{2}}}} e^{-\frac{(x-\overset{\boxed{m}}{20})^2}{2\cdot\underset{\boxed{\sigma^2}}{2}}} = \frac{1}{2\sqrt{\pi}} e^{-\frac{(x-20)^2}{4}}$$ となる。

(2) 正規分布 $N\left(\underset{\boxed{m}}{15},\ \underset{\boxed{\sigma^2}}{\frac{1}{2}}\right)$ より，平均 $m = 15$, 分散 $\sigma^2 = \frac{1}{2}$ (標準偏差 $\sigma = \frac{1}{\sqrt{2}}$)

であることが分かるので，この確率密度 $f_N(x)$ は，

$$f_N(x) = \frac{1}{\sqrt{2\pi}\,\underset{\boxed{\sigma}}{\boxed{\frac{1}{\sqrt{2}}}}} e^{-\frac{(x-\overset{\boxed{m}}{15})^2}{2\cdot\underset{\boxed{\sigma^2}}{\frac{1}{2}}}} = \frac{1}{\sqrt{\pi}} e^{-(x-15)^2}$$ となる。

初め複雑そうに見えた正規分布の確率密度も，このように具体的に求めてみると，なじみがもてるようになってきただろう。

正規分布 $N(m,\ \sigma^2)$ の確率密度 $f_N(x)$ は，$x = m$ に関して左右対称なグラフで，しかも，m の値を中心に $\pm\sigma$ の範囲に変数 x が入る確率，すなわち $P(m - \sigma \leqq X \leqq m + \sigma)$ が約 0.68 (68%) であることも分かっている。だから，練習問題 **51** の **(1)** $N(20,\ 2)$ と，**(2)** $N\left(15,\ \frac{1}{2}\right)$ の正規分布の確率密度のグラフは，それぞれ図 **2**(ⅰ),(ⅱ)のようになるのが分かると思う。このように，正規分布といっ

図2 正規分布のグラフ

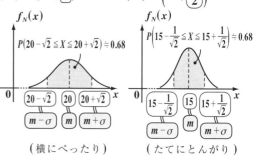

ても，平均 m の値によって左右に動き，また，分散 σ^2 (または標準偏差 σ)

の値によって，横に平べったくなったり，たてにとんがったりすることが

$\boxed{\sigma^2\,(\sigma)\ \text{が大きいとき}}$ $\boxed{\sigma^2\,(\sigma)\ \text{が小さいとき}}$

分かったと思う。

● 標準正規分布は，正規分布のスタンダード・ヴァージョンだ！

それでは次，"**標準正規分布**"について解説しよう。標準正規分布とは，

平均 $m=0$，分散 $\sigma^2=1$（標準偏差 $\sigma=1$）の正規分布 $N(0,\ 1)$ のことなんだ。

$\boxed{m}$ $\boxed{\sigma^2}$

この標準正規分布の確率密度は特に $f_S(x)$ と表し，これは，

$\boxed{\text{"}standard\ normal\ distribution\text{"（標準正規分布）の頭文字 }\underline{s}\text{ を使って，}f_S(x)\text{ と表す。}}$

$f_S(x)=\dfrac{1}{\sqrt{2\pi}}\,e^{-\frac{x^2}{2}}$ となるんだね。何故って，$m=0$，$\sigma^2=1\ (\sigma=1)$ より，

$f_N(x)$ の m に 0，$\sigma^2\,(\sigma)$ に 1 を代入したものが $f_S(x)$ で，

$f_S(x)=\dfrac{1}{\sqrt{2\pi\cdot\underset{\boxed{\sigma}}{\boxed{1}}}}\,e^{-\frac{(x-\overset{\boxed{m}}{\boxed{0}})^2}{2\cdot\underset{\boxed{\sigma^2}}{\boxed{1}}}}=\dfrac{1}{\sqrt{2\pi}}\,e^{-\frac{x^2}{2}}$ となるからだ。大丈夫？

後で理由は話すけど，標準正規分布の確率変数は $\underline{Z=z}$ で表すことが多い

$\boxed{\text{確率変数}}$ $\boxed{\text{実現値}}$ $\boxed{\substack{\text{確率密度}\\\text{では変数}}}$

ので，この変数を用いて基本事項を下にまとめておくよ。

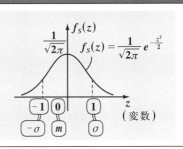

標準正規分布

平均 $m=0$，分散 $\sigma^2=1$（標準偏差 $\sigma=1$）

の正規分布 $N(0,\ 1)$ を特に，標準正規

分布と呼び，その確率密度 $f_S(z)$ は，

$f_S(z)=\dfrac{1}{\sqrt{2\pi}}\,e^{-\frac{z^2}{2}}$ である。

この標準正規分布 $N(0,\ 1)$ こそ，すべての正規分布 $N(m,\ \sigma^2)$ をたばねるスタンダード・ヴァージョンなんだ。エッ，意味がよく分からんって？ いいよ，詳しく話そう。

平均 m，分散 σ^2 の任意の正規分布 $N(m, \sigma^2)$ に使う確率変数 X を使って，

"すべての" という意味

新たな確率変数 $Z = \dfrac{X - m}{\sigma}$ を定義すると，Z は必ず標準正規分布 $N(0, 1)$ に従う確率変数になるんだ。

ポイントは，新たな確率変数 $Z = aX + b$ （a, b：実数定数）の期待値 $E(Z)$ と分散 $V(Z)$ の公式：

$$\cdot\ E(Z) = E(aX + b) = aE(X) + b \quad \text{と}$$
$$\cdot\ V(Z) = V(aX + b) = a^2 V(X) \quad \text{の 2 つだよ。}$$

今回，$N(m, \sigma^2)$ に従う変数 X を使って，新たに $Z = \dfrac{X - m}{\sigma} = \overset{a}{\left(\dfrac{1}{\sigma}\right)} X \overset{b}{\left(-\dfrac{m}{\sigma}\right)}$ と定義しているので，

$$E(Z) = E\left(\overset{a}{\dfrac{1}{\sigma}} X \overset{b}{\left(-\dfrac{m}{\sigma}\right)}\right) = \dfrac{1}{\sigma} \underset{m}{E(X)} \left(-\dfrac{m}{\sigma}\right) = \dfrac{m}{\sigma} - \dfrac{m}{\sigma} = 0 \text{ となり，}$$

$$\cdot\ V(Z) = V\left(\overset{a}{\dfrac{1}{\sigma}} X \overset{b}{\left(-\dfrac{m}{\sigma}\right)}\right) = \overset{a^2}{\dfrac{1}{\sigma^2}} \underset{\sigma^2}{V(X)} = \dfrac{\sigma^2}{\sigma^2} = 1 \quad \text{となるね。よって，新たに定}$$

義された変数 $Z \left(= \dfrac{X - m}{\sigma}\right)$ の期待値（平均）$E(Z) = 0$，分散 $V(Z) = 1$ から，Z は標準正規分布 $N(0, 1)$ に従う確率変数であることが分かり，その確率密度は，当然 $f_S(z) = \dfrac{1}{\sqrt{2\pi}} e^{-\frac{z^2}{2}}$ になる。

これって，スゴイことなんだ！ 何故だかわかる？ 図 3 に示すような，確率変数 X の様々な正規分布 $N(m_1, \sigma_1{}^2), N(m_2, \sigma_2{}^2), N(m_3, \sigma_3{}^2)$ などなど…，に対して，新たに確率変数 Z を $Z = \dfrac{X - m_1}{\sigma_1}$，$Z = \dfrac{X - m_2}{\sigma_2}$，$Z = \dfrac{X - m_3}{\sigma_3}$ などなど…，と定義すれば，すべて Z は標準正規分布 $N(0, 1)$

に従う確率変数になってしまうからなんだね。これで標準正規分布がすべての正規分布をたばねるスタンダード・ヴァージョンなのも分かったね。

図3　正規分布→標準正規分布への変換

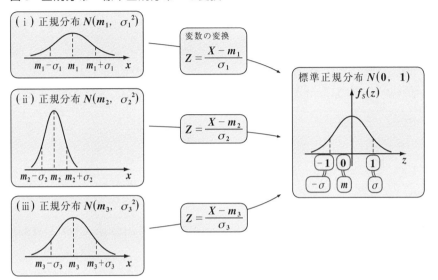

また，一般の正規分布の変数 X を変換して標準正規分布にする際に新たに定義する変数は慣例として Y ではなく $\overset{\cdots}{Z}$ を用いるので，標準正規分布の確率変数は Z（$= z$）で表したんだ。納得いった？

そして，$f_S(z)$ は確率密度だから，

確率密度の条件：

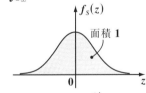

この積分は高校数学ではムリ

$$\int_{-\infty}^{\infty} f_S(z)dz = \frac{1}{\sqrt{2\pi}} \int_{-\infty}^{\infty} e^{-\frac{z^2}{2}} dz$$

$$\boxed{\frac{1}{\sqrt{2\pi}} e^{-\frac{z^2}{2}}} = 1 \ (\text{全確率})$$

をみたす。これをグラフにして図4（i）に示しておいた。

また，Z が $a \leqq Z \leqq b$ となる確率 $P(a \leqq Z \leqq b)$ も，図4（ii）に示すように，

$$P(a \leqq Z \leqq b) = \int_a^b f_S(z)dz$$

図4　標準正規分布 $N(0,\ 1)$

（i）$\displaystyle\int_{-\infty}^{\infty} f_S(z)dz = 1$（全確率）

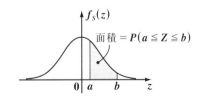

面積 1

（ii）$P(a \leqq Z \leqq b) = \displaystyle\int_a^b f_S(z)dz$

面積 $= P(a \leqq Z \leqq b)$

223

$$=\frac{1}{\sqrt{2\pi}}\int_a^b e^{-\frac{z^2}{2}}dz \quad \text{となる。でも，ここで困ったことに，この定積分}$$

<u>この定積分も高校数学ではムリ</u>

$\int_a^b e^{-\frac{z^2}{2}}dz$ は高校数学の範囲では計算できないんだ。

だけど，ここで残念って思う必要は
ないよ。このように重要な標準正規
分布の確率計算を自由に行うことが

<u>具体的には，定積分による面積計算</u>

できるように，図5に示すように，
0以上の定数aに対して$a \leq Z$とな
る確率 $\alpha = P(a \leq Z)$ を予め求めた
数表が与えられているんだ。

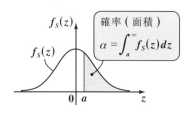

図5　$\alpha = \int_a^\infty f_S(z)dz$

その数表の一部を表1に示すよ。たとえば，

・ $a = 0$ のとき，
$f_S(z)$ は，$z = 0$ に関
して左右対称なグラ
フになるので，この
ときの確率 α は全確
率1の半分になるはずだ。よって，
$\alpha = P(0 \leq Z) = 0.5$ となるんだね。

・ $a = 0.6$ のとき，
確率 $\alpha = P(0.6 \leq Z)$
は表1より，
$\alpha = P(0.6 \leq Z)$
　　$= 0.2743$
となることが分かる。

表1　標準正規分布の
　　　確率の表

$\alpha = \int_a^\infty f_S(z)dz$

a	確率 α
0.0	0.5000
0.1	0.4602
0.2	0.4207
0.3	0.3821
0.4	0.3446
0.5	0.3085
0.6	0.2743
0.7	0.2420
0.8	0.2119
0.9	0.1841
1.0	0.1587
…	…

どう？　数表の使い方は分かった？　（標準）正規分布の確率計算の問題に
は，必ずこの"**確率の表**"が与えられるから，この使い方さえマスターし
ておけば，恐いものは何もないんだよ。

224

それでは次の練習問題で，実際に標準正規分布の確率計算をやってみよう。

| 練習問題 52 | 標準正規分布の確率計算 | CHECK 1 | CHECK 2 | CHECK 3 |

標準正規分布 $N(0, 1)$ に従う確率変数 Z について，次の確率を求めよ。
（ただし，表 1 の確率の表を利用してよいものとする。）

(1) $P(0.4 \leq Z)$　　(2) $P(0.1 \leq Z \leq 0.5)$　　(3) $P(-0.2 \leq Z \leq 0.2)$

(1)は簡単だね。(2)は，$P(0.1 \leq Z) - P(0.5 \leq Z)$, (3)は，$2\{P(0 \leq Z) - P(0.2 \leq Z)\}$ となるんだよ。これらは，確率密度 $f_S(z)$ のイメージからその意味が分かると思う。

確率変数 Z は，標準正規分布 $N(0, 1)$ に従うので，表 1 の確率の表を利用して，それぞれの確率を求める。

(1) $P(0.4 \leq Z) = 0.3446$

∵表 1 より，$a = 0.4$ のとき $\alpha = 0.3446$

$\alpha = P(0.4 \leq Z)$
$= 0.3446$

(2) $P(0.1 \leq Z \leq 0.5)$

　　$= P(0.1 \leq Z) - P(0.5 \leq z)$

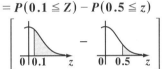

　　$= 0.4602 - 0.3085$

　　$= 0.1517$

$P(0.1 \leq Z \leq 0.5)$

∵表 1 より，
$a = 0.1$ のとき，$\alpha = 0.4602$
$a = 0.5$ のとき，$\alpha = 0.3085$

(3) $P(-0.2 \leq Z \leq 0.2)$

　　$= 2 \times P(0 \leq Z \leq 0.2)$　　$P(0 \leq Z \leq 0.2)$

　　$= 2 \times \{P(0 \leq Z) - P(0.2 \leq Z)\}$

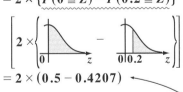

　　$= 2 \times (0.5 - 0.4207)$

　　$= 0.1586$

$P(-0.2 \leq Z \leq 0.2)$

$f_S(z)$ は $z = 0$ に関して左右対称より，これは
$2 \times P(0 \leq Z \leq 0.2)$ となる。

∵表 1 より，$a = 0$ のとき，$\alpha = 0.5000$
$a = 0.2$ のとき，$\alpha = 0.4207$

どう？　標準正規分布の確率密度 $f_S(z)$ と表 1 の "**確率の表**" の使い方も分かっただろう？　連続型の確率変数の場合，確率は面積で表されるわけだから，$f_S(z)$ の対称性などを利用して，解いていけばいいんだよ。

225

次の各確率を求めよ。(ただし、右の標準
正規分布の確率の表を利用してよい。)

(1) 正規分布 $N(2, 100)$ に従う確率変数 X
　　が、$5 \leqq X \leqq 8$ となる確率 $P(5 \leqq X \leqq 8)$

(2) 正規分布 $N(6, 25)$ に従う確率変数 X
　　が、$4 \leqq X$ となる確率 $P(4 \leqq X)$

標準正規分布の確率の表

$$\alpha = \int_a^\infty f_S(z)\,dz$$

a	確率 α
0.3	0.3821
0.4	0.3446
0.5	0.3085
0.6	0.2743

$\left(\begin{array}{l} f_S(z): \text{標準正規分布の} \\ \qquad\quad \text{確率密度} \end{array}\right)$

---

(1) $N(2, 10^2)$ より、平均 $m = 2$、標準偏差 $\sigma = 10$ の正規分布だね。よって、新た
に変数 Z を $Z = \dfrac{X-2}{10}$ と定義すれば、Z は標準正規分布 $N(0, 1)$ に従う確率変数
となるので、与えられた確率の表が使えるようになる。

(1) 正規分布 $N(\underset{\boxed{m}}{2}, \underset{\boxed{\sigma^2}}{10^2})$ の平均 $m = 2$、標準偏差 $\sigma = 10$ より、これに従う

確率変数 X を使って、新たな確率変数 Z を $Z = \dfrac{X-m}{\sigma} = \dfrac{X-2}{10}$ と定

義すれば、Z は標準正規分布 $N(0, 1)$ に従う確率変数になる。よって、

$5 \leqq X \leqq 8$ を変形すると、　←─ これを、Z の範囲の式に書き換える！

$3 \leqq X - 2 \leqq 6$ ←─ 各辺から $2\,(= m)$ を引いた。

$\dfrac{3}{10} \leqq \underset{\boxed{Z}}{\dfrac{X-2}{10}} \leqq \dfrac{6}{10}$ ←─ 各辺を $10\,(= \sigma)$ で割った。

$\therefore 0.3 \leqq Z \leqq 0.6$ となる。←─ これで、標準正規分布が使える形になった！

よって、求める確率 $P(5 \leqq X \leqq 8)$ は、

$P(5 \leqq X \leqq 8) = P(0.3 \leqq Z \leqq 0.6)$

$\qquad\qquad\qquad = P(0.3 \leqq Z) - P(0.6 \leqq Z)$

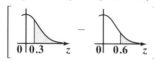

確率の表より
・$a = 0.3$ のとき、$\alpha = 0.3821$
・$a = 0.6$ のとき、$\alpha = 0.2743$

$\qquad\qquad\qquad = 0.3821 - 0.2743$

$\qquad\qquad\qquad = 0.1078$ となって、答えだ。

226

(2) 正規分布 $N(6, 5^2)$ の平均 $m = 6$，標準偏差 $\sigma = 5$ より，これに従う確率

$\underset{\boxed{m}}{} \underset{\boxed{\sigma^2}}{}$

変数 X を使って，新たな確率変数 Z を $Z = \dfrac{X-6}{5}$ と定義すると，Z は

標準正規分布 $N(0, 1)$ に従う確率変数になる。よって，

$4 \leqq X$ を変形すると， ← 〔 Z の式に書き換える！〕

$-2 \leqq X - 6$ ← 〔両辺から 6（$= m$）を引いた。〕

$-\dfrac{2}{5} \leqq \boxed{\dfrac{X-6}{5}}$ ← 〔両辺を 5（$= \sigma$）で割った。〕

$\underset{\boxed{Z}}{}$

〔$f_s(z)$ の $z = 0$ に関する対称性から，こんな計算ができる！〕

$\therefore -0.4 \leqq Z$ となる。

よって，求める確率 $P(4 \leqq X)$ は，

〔全確率〕

$$P(4 \leqq X) = P(-0.4 \leqq Z) = \underset{\text{全確率}}{1} - P(0.4 \leqq Z)$$

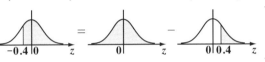

$= 1 - 0.3446$ ← 〔確率の表より $a = 0.4$ のとき，$\alpha = 0.3446$〕

$= 0.6554$ となって，答えだ。

次の各確率を求めよ。(ただし, 右の標準正
規分布の確率の表を利用してよい。)

標準正規分布の確率の表

$$\alpha = \int_0^a f_S(z)\,dz$$

(1) 正規分布 $N(4, 400)$ に従う確率変数 X

   が, $8 \leq X \leq 12$ となる確率

   $P(8 \leq X \leq 12)$

(2) 正規分布 $N(10, 9)$ に従う確率変数 X

   が, $X \leq 8.2$ となる確率

   $P(X \leq 8.2)$

a	確率 α
0.2	0.0793
0.3	0.1179
0.4	0.1554
0.5	0.1915
0.6	0.2257

$\left(\begin{array}{l} f_S(z)：標準正規分布の \\ \qquad 確率密度 \end{array}\right)$

練習問題 **53(P226)** と同様の問題なんだけれど,

利用する標準正規分布の確率の表の確率 α が,

$\alpha = \int_0^a f_S(z)\,dz$ となっていて, 右図に示すように,

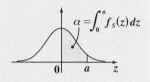

z が, $0 \leq z \leq a$ の範囲となる確率になっていること

に気を付けよう。この形の確率の表は, 共通テスト数学Ⅱ・Bでも採用されることが

あるので, ここでよく練習しておくといいんだね。

(1) 正規分布 $N(\underset{(m)}{4}, \underset{(\sigma^2)}{400})$ の平均 $m = 4$, 標準偏差 $\sigma = \sqrt{400} = 20$ より,

これに従う確率変数 X を使って, 新たな確率変数 Z を $Z = \dfrac{X-m}{\sigma} =$

$\dfrac{X-4}{20}$ で定義する。すると, Z は標準正規分布 $N(0, 1)$ に従う確率

変数になる。よって,

$8 \leq X \leq 12$ を変形すると, ← これを, Z の値の範囲に書き換える。

$4 \leq X - 4 \leq 8$ ← 各辺から $4(=m)$ を引いた。

$\underset{(0.2)}{\dfrac{4}{20}} \leq \underset{(Z)}{\dfrac{X-4}{20}} \leq \underset{(0.4)}{\dfrac{8}{20}}$ ← 各辺を $20(=\sigma)$ で割った。

$\therefore 0.2 \leq Z \leq 0.4$ となる。よって, 求める確率 $P(8 \leq X \leq 12)$ は,

$$P(8 \leqq X \leqq 12) = P(0.2 \leqq Z \leqq 0.4)$$

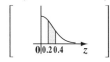

$$= P(0 \leqq Z \leqq 0.4) - P(0 \leqq Z \leqq 0.2)$$

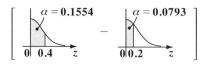

$= 0.1554 - 0.0793 = 0.0761$　となって，答えだ。

(2) 正規分布 $N(\underbrace{10}_{m}, \underbrace{9}_{\sigma^2})$ の平均 $m = 10$，標準偏差 $\sigma = \sqrt{9} = 3$ より，

これに従う確率変数 X を使って，新たな確率変数 Z を $Z = \dfrac{X - m}{\sigma} = \dfrac{X - 10}{3}$ で定義すると，Z は標準正規分布 $N(0, 1)$ に従う確率変数となる。よって，

$X \leqq 8.2$ を変形すると，　◁───[これを，Z の値の範囲に書き換える。]

$X - 10 \leqq \underbrace{-1.8}_{8.2-10}$　◁───[両辺から $10 (= m)$ を引いた。]

$\underbrace{\dfrac{X - 10}{3}}_{Z} \leqq \underbrace{-\dfrac{1.8}{3}}_{(-0.6)}$　◁───[両辺を $3 (= \sigma)$ で割った。]

$\therefore Z \leqq -0.6$ となる。よって，求める確率 $P(X \leqq 8.2)$ は，

$$P(X \leqq 8.2) = P(Z \leqq -0.6)$$

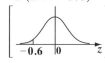

$$= \quad 0.5 \quad - \quad P(0 \leqq Z \leqq 0.6)$$

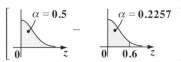

$= 0.5 - 0.2257 = 0.2743$　と答えが求まるんだね。

どう？これで，$\alpha = \displaystyle\int_0^a f_S(z)dz$ の確率の表の利用の仕方もマスターできたと思う。

$\alpha = \displaystyle\int_a^\infty f_S(z)dz$ の確率の表と同様に，うまく使いこなせるように練習しよう！

二項分布 $B(n,\ p)$ の平均 m と分散 σ^2 は，$m = np$，$\sigma^2 = npq$ $(q = 1-p)$ である。ここで，n が十分に大きいとき，二項分布は連続型の正規分布 $N(np,\ npq)$ で近似的に表すことができる。

$B\left(288,\ \dfrac{1}{3}\right)$ のとき，次の各確率の近似値を，右の標準正規分布の確率の表を用いて求めよ。

標準正規分布の確率の表

$$\alpha = \int_a^\infty f_S(z)\,dz$$

a	確率 α
0.5	0.3085
0.75	0.2266
1	0.1587

(i) $P(100 \leqq X \leqq 104)$　　　　(ii) $P(90 \leqq X \leqq 100)$

二項分布 $B\left(288,\ \dfrac{1}{3}\right)$ は，$n = 288$，$p = \dfrac{1}{3}$，$q = 1-p = 1 - \dfrac{1}{3} = \dfrac{2}{3}$ で，n は十分に大きな数と考えていいんだね。よって，この二項分布は，その平均 $m = np$ と分散 $\sigma^2 = npq$ をもつ正規分布 $N(\underset{\boxed{m}}{np},\ \underset{\boxed{\sigma^2}}{npq})$ で近似することができる。これから，変数 X を

新たな確率変数 $Z = \dfrac{X-m}{\sigma}$ に置き換えて，標準正規分布の確率の表を使って解いていけばいいんだね。頑張ろう！

二項分布 $B\left(\underset{\boxed{n}}{288},\ \underset{\boxed{p}}{\dfrac{1}{3}}\right)$ の平均 m と分散 σ^2 は，

$n = 288$，$p = \dfrac{1}{3}$，$q = 1-p = \dfrac{2}{3}$ より，

$m = np = 288 \times \dfrac{1}{3} = 96$，$\sigma^2 = npq = 288 \times \dfrac{1}{3} \times \dfrac{2}{3} = 64 = 8^2$ となる。

ここで，$n = 288$ は十分に大きな数と考えてよいので，この二項分布は，正規分布 $N(\underset{\boxed{m=np}}{96},\ \underset{\boxed{\sigma^2=npq}}{8^2})$ で近似的に表すことができる。

よって，正規分布 $N(\underset{\boxed{m}}{96},\ \underset{\boxed{\sigma^2}}{8^2})$ の平均 $m = 96$，標準偏差 $\sigma = 8$ より，これに

従う確率変数 X を使って，新たな確率変数 Z を，

$Z = \dfrac{X - m}{\sigma} = \dfrac{X - 96}{8}$ で定義すれば，Z は標準正規分布 $N(0, 1)$ に従う確率変数になるんだね。これから，各確率を求めよう。

(1) $100 \leqq X \leqq 104$ のとき，$\dfrac{100 - 96}{8} \leqq \dfrac{X - 96}{8} \leqq \dfrac{104 - 96}{8}$ より，

> 各辺から $m = 96$ を引いて，$\sigma = 8$ で割る。

$\dfrac{4}{8} = 0.5$ $\quad$ (Z) $\quad$ $\dfrac{8}{8} = 1$

求める確率 $P(100 \leqq X \leqq 104)$ は，確率の表より，

$P(100 \leqq X \leqq 104) = P(0.5 \leqq Z \leqq 1)$

$= P(0.5 \leqq Z) - P(Z \leqq 1) = 0.3085 - 0.1587$

$\left[\; 0.3085 \quad - \quad 0.1587 \;\right]$

$= 0.1498$ となる。

(2) $90 \leqq X \leqq 100$ のとき，$\dfrac{90 - 96}{8} \leqq \dfrac{X - 96}{8} \leqq \dfrac{100 - 96}{8}$ より，

$-\dfrac{6}{8} = -0.75$ $\quad$ (Z) $\quad$ $\dfrac{4}{8} = 0.5$

求める確率 $P(90 \leqq X \leqq 100)$ は，

$P(90 \leqq X \leqq 100) = P(-0.75 \leqq Z \leqq 0.5)$

> $f_S(z)$ の $z = 0$ に関する対称性から，こんな計算ができるんだね。

$= \quad 1 \quad - \quad P(0.5 \leqq Z) \quad - \quad P(0.75 \leqq Z)$

$\left[\quad - \quad 0.3085 \quad - \quad 0.2266 \quad\right]$

$= 1 - 0.3085 - 0.2266 = 0.4649$ となって，答えだ！

以上で，今日の講義は終了です！ みんな，よく頑張ったね。お疲れ様！
次回は，"**統計的推測**" について講義しよう。また，分かりやすく教えるから，楽しみに待っていてくれ！

15th day　統計的推測

みんな,おはよう! 今日で,「初めから始める数学 B」の講義も最終回だ。最後に教えるテーマは "統計的推測(とうけいてきすいそく)" だよ。"統計(とうけい)" とは, あるクラスの生徒の身長などの複数の数値で表されたデータの集まりを, 表やグラフにしたり, その平均や分散などの値を求めたりすることなんだね。

ある集団 (母集団(ぼしゅうだん)) について, ある変量 (身長や得点など…) の統計調査を行うとき, 集団全体をすべて調べる "全数調査(ぜんすうちょうさ)" と, 集団の1部を標本(ひょうほん)として抽出(ちゅうしゅつ)して調べ, その結果から集団全体の状態を推測する "標本調査(ひょうほんちょうさ)" があるんだね。

ここでは, 標本調査による統計的な推測法について, 詳しく解説するつもりだ。それでは, 講義を始めよう!

● 統計には,"記述" と "推測" の2種類がある!

"統計" とは, 数値で表された "データの集まり" を, 表やグラフにしたり, 平均や分散などの数値を計算する手法のことなんだ。ここで, この "データの集まり" のことを "母集団(ぼしゅうだん)" と呼ぶんだよ。そして,

(ⅰ) この母集団のデータの個数が比較的小さいとき, 母集団そのものを直接調べることができる。これを "記述統計(きじゅつとうけい)" という。

(ⅱ) これに対して, 10 万個とか 100 万個などのように母集団のデータの個数が膨大なとき, 母集団全体を直接調べることは実質問題として

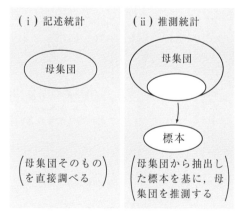

図1 記述統計と推測統計

(ⅰ) 記述統計	(ⅱ) 推測統計
母集団	母集団 標本
(母集団そのものを直接調べる)	(母集団から抽出した標本を基に, 母集団を推測する)

難しい。こんなときは母集団から無作為に適当な数の**標本 (サンプル)** を抽出し, これを基にして, 母集団の分布の特徴を間接的に推測することを "推測統計(すいそくとうけい)" というんだ。この (ⅰ) 記述統計と (ⅱ) 推

232

測統計のイメージを，図1の（ⅰ）と（ⅱ）に示しておいた。

ここで，母集団から標本を無作為に抽出する方法として，

> 無作為に標本抽出するために，"乱数表"や"疑似乱数プログラム"が使われる。

- （ⅰ）要素を1個取り出したら元に戻し，また新たに1個を取り出すことを繰り返す"復元抽出"と，
- （ⅱ）取り出した要素を元に戻すことなしに，次々と要素を取り出す"非復元抽出"の，2通りがあるんだね。

でも，標本の大きさ n に対して，母集団の大きさ N が $N \gg n$，すなわち，N の方が n より十分大きければ，非復元抽出であっても，復元抽出とみなしても構わないので，この講義ではすべて復元抽出と考えることにしよう。

ここで，母集団の分布を特徴づける数値は，もちろん平均と分散なんだけど，ここではそれらが母集団のものであることを明記するために特に"母平均"，"母分散"と呼ぶ。母平均は母集団の中心的な数値を表し，母分散は母集団の散らばり具合を表すんだね。そして，母平均や母分散などの，母集団を特徴づける数値をまとめて"母数"という。

また，推測統計では，抽出した標本を基に平均や分散を計算するけれど，これはそれぞれ"標本平均"，"標本分散"と呼び，これらは元の母集団の母平均と母分散を推定する値として使われるんだ。

エッ，いろんな言葉が出てきて混乱しそうだって？　いいよ，以上のことを図2にまとめて示しておこう。

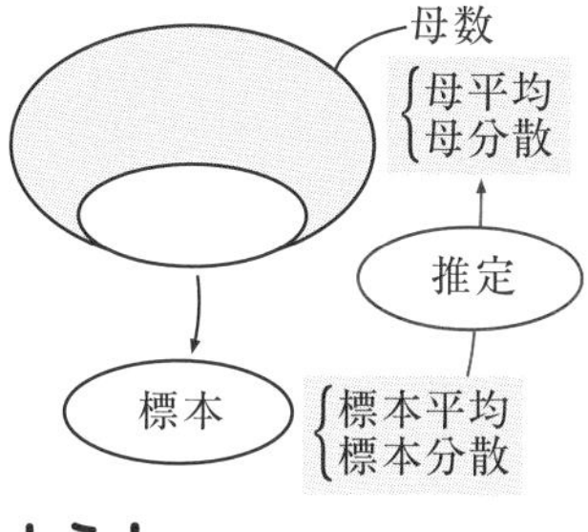

これで，用語の解説も終わったので，これから，母集団と標本との関係を具体例を使って解説することにしよう。

図2　母平均・母分散と標本平均・標本分散

● 母集団と標本との関係を考えてみよう！

ある地域に400万組の夫婦がいるものとする。これを母集団として，すべての夫婦の子供の数を調べたところ，子供が0人，1人，2人の夫婦の数はそれぞれ順に100万組，200万組，100万組であった。

ここで，子供の数を確率変数 X とおくと，$X=0$, 1, 2 であり，それぞれの確率が，

$$P(X=0)=\frac{100\,万}{400\,万}=\frac{1}{4}\quad\cdots\cdots①\qquad P(X=1)=\frac{200\,万}{400\,万}=\frac{1}{2}\quad\cdots\cdots②$$

$$P(X=2)=\frac{100\,万}{400\,万}=\frac{1}{4}\quad\cdots\cdots③\quad\text{となるのはいいね。}$$

これから，表1に示すような母集団の確率
変数 X の確率分布が得られる。この確率
分布を特に"**母集団分布**"と呼ぶんだね。

表1　母集団分布

変 数 X	0	1	2
確 率 P	$\frac{1}{4}$	$\frac{1}{2}$	$\frac{1}{4}$

　そして，この母集団分布から平均 $E(X)$,
分散 $V(X)$, 標準偏差 $D(X)$ を求めることができる。これらはみんな母集団
のものだから，それぞれ"**母平均 $E(X)$**", "**母分散 $V(X)$**", "**母標準偏差 $D(X)$**"
という。これらを実際に求めてみよう。

$$\text{母平均 } E(X)=0\times\frac{1}{4}+1\times\frac{1}{2}+2\times\frac{1}{4}=\frac{1+1}{2}=\underline{\underline{1}}\quad\cdots\cdots\cdots\cdots\cdots④$$

$$\text{母分散 } V(X)=\underset{\fbox{1}}{\underline{E(X^2)}-\{E(X)\}^2}$$

$$=0^2\times\frac{1}{4}+1^2\times\frac{1}{2}+2^2\times\frac{1}{4}-1^2=\frac{1}{2}+2-2=\underline{\underline{\frac{1}{2}}}\quad\cdots\cdots⑤$$

$$\text{母標準偏差 } D(X)=\sqrt{V(X)}=\sqrt{\frac{1}{2}}=\frac{\sqrt{2}}{2}\quad\cdots\cdots\cdots\cdots\cdots\cdots⑥$$

　ここで，この**400**万組という非常に大きな母集団から，たかだか

1000組か，**5000**組程度の標本を無作為に非復元抽出したとしても，①，

　これでも，標本(サンプル)としては，かなり大きな数だけどね。

②，③の分母の**400**万が，**399**万**9**千や，**399**万**5**千になるだけなので，
母集団分布の確率の変化はほとんどない。つまり，母集団の大きさ N が
標本の大きさ n より十分大きければ，非復元抽出も，復元抽出と同じと考
えていいという意味が，これでよく分かったと思う。

　では，話をさらに進めよう。表1で与えられる母集団分布に従う母集団

から n 個の標本を抽出するという操作は，これを抽象化すれば，数字 0, 1,

> これは，復元抽出，非復元抽出のいずれでもいい。

2 が書かれたカードがそれぞれ順に 1 枚，2 枚，1 枚あるものとし，この 4 枚のカードから 1 枚抜きとって数字を記録し，これを元に戻して，また 1 枚抜きとった数字を記録するという試行を n 回繰り返すことと同様なんだね。カードはたった 4 枚しかないから，この場合，元に戻す，つまり復元することが必要だけれど，母集団から n 個の標本を抽出する作業が，同じ確率分布をもつ数字のついたカードから 1 枚を抜き取る試行を n 回繰り返すことと同様であることが分かったと思う。

では，ここで，標本の大きさ $n = 2$ として，抽出された確率変数 (カードの数字) を X_1, X_2 とおき，この平均 $\overline{X} = \dfrac{X_1 + X_2}{2}$ について，確率分布を求めてみよう。X_1 も X_2 も，当然表 1 の確率分布に従い，

$X_1 = 0$, 1, 2，$X_2 = 0$, 1, 2 の 3 通りずつの値を取るので，その平均 $\overline{X}$ の取り得る値は $\overline{X} = \underline{0}$, $\underline{0.5}$, $\underline{1}$, $\underline{1.5}$, $\underline{2}$ となるのはいいね。

> $(X_1, X_2) = (0, 0)$　　　$(X_1, X_2) = (2, 2)$
> $(X_1, X_2) = (0, 1) = (1, 0)$　　$(X_1, X_2) = (1, 2) = (2, 1)$
> $(X_1, X_2) = (1, 1) = (0, 2) = (2, 0)$

よって，それぞれの確率を求めてみると

$P(\overline{X} = 0) = \dfrac{1}{4} \times \dfrac{1}{4} = \dfrac{1}{16}$ ← $(X_1, X_2) = (0, 0)$ に対応

$P(\overline{X} = 0.5) = \dfrac{1}{4} \times \dfrac{1}{2} + \dfrac{1}{2} \times \dfrac{1}{4} = \dfrac{1}{4} \left(= \dfrac{4}{16} \right)$

> $(X_1, X_2) = (0, 1)$　　$(X_1, X_2) = (1, 0)$ に対応

$P(\overline{X} = 1) = \dfrac{1}{2} \times \dfrac{1}{2} + \dfrac{1}{4} \times \dfrac{1}{4} + \dfrac{1}{4} \times \dfrac{1}{4} = \dfrac{3}{8} \left(= \dfrac{6}{16} \right)$

> $(X_1, X_2) = (1, 1)$　　$(X_1, X_2) = (0, 2), (2, 0)$ に対応

$P(\overline{X} = 1.5) = \dfrac{1}{2} \times \dfrac{1}{4} + \dfrac{1}{4} \times \dfrac{1}{2} = \dfrac{1}{4} \left(= \dfrac{4}{16} \right)$

> $(X_1, X_2) = (1, 2), (2, 1)$ に対応

$$P(\overline{X} = 2) = \frac{1}{4} \times \frac{1}{4} = \frac{1}{16}$$

$(X_1, X_2) = (2, 2)$ に対応

母平均と母分散
$E(X) = 1$ ……④
$V(X) = \dfrac{1}{2}$ ……⑤
$D(X) = \dfrac{1}{\sqrt{2}}$ ……⑥

よって，$n = 2$ の標本 X_1, X_2

の平均 $\overline{X}\left(= \dfrac{X_1 + X_2}{2}\right)$ の確率分

布が表 **2** のように表せるんだね。

これから，$\overline{X}$ の平均 $E(\overline{X})$，

分散 $V(\overline{X})$，標準偏差 $D(\overline{X})$ が

これらはそれぞれ "**標本平均**" $\overline{X}$ の平均，分散，標準偏差と呼ばれる。

表 2　$n = 2$ の標本の平均 $\overline{X}$ の確率分布表

変 数 $\overline{X}$	0	0.5	1	1.5	2
確 率 P	$\dfrac{1}{16}$	$\dfrac{4}{16}$	$\dfrac{6}{16}$	$\dfrac{4}{16}$	$\dfrac{1}{16}$

次のように求められるんだね。

$$E(\overline{X}) = 0 \times \frac{1}{16} + 0.5 \times \frac{4}{16} + 1 \times \frac{6}{16} + 1.5 \times \frac{4}{16} + 2 \times \frac{1}{16}$$

$$= \frac{2 + 6 + 6 + 2}{16} = \frac{16}{16} = 1 \quad \text{……⑦}$$

$\leftarrow$ $E(X) = 1$ …④ と等しい！

$$V(\overline{X}) = E(\overline{X}^2) - \{E(\overline{X})\}^2$$

①

$$= 0^2 \times \frac{1}{16} + 0.5^2 \times \frac{4}{16} + 1^2 \times \frac{6}{16} + 1.5^2 \times \frac{4}{16} + 2^2 \times \frac{1}{16} - 1^2$$

$$= \frac{1 + 6 + 9 + 4}{16} - 1 = \frac{1}{4} \quad \text{……⑧}$$

$$D(\overline{X}) = \sqrt{V(\overline{X})} = \sqrt{\frac{1}{4}} = \frac{1}{2} \quad \text{…………⑨}$$

$\leftarrow$ $V(X) = \dfrac{1}{2}$ …⑤ を $n = 2$ で割ったものだ！

そして，④と⑦から，$E(\overline{X}) = E(X)$ ……(＊1) が成り立ち，また

標本平均の平均は，母平均と等しい

⑤と⑧から，$V(\overline{X}) = \dfrac{V(X)}{n}$ ……(＊2) が成り立つことも分かったんだね。

標本平均の分散は，母分散を n で割ったものに等しい。

この (＊1), (＊2)はたまたまこうなったのではなく，一般論としても成り立つ。以上をまとめて，次に示そう。

母集団と標本平均との関係

大きさ N の母集団における変量 $X = x_1,\ x_2,\ \cdots,\ x_m$ に対して，それぞれの値のとる度数を $f_1,\ f_2,\ \cdots,\ f_m$ とすると，$X = x_k$ となる確率

$P(X = x_k) = P_k$ は

$P(X = x_k) = P_k = \dfrac{f_k}{N}$

$\quad (k = 1, 2, \cdots, m)$

母集団分布

変　数 X	x_1	x_2	$\cdots$	x_m
確　率	P_1	P_2	$\cdots$	P_m

となる。よって，右上のような母集団分布から得られ，これから，母平均 $m = E(X)$，母分散 $\sigma^2 = V(X)$，母標準偏差 $\sigma = D(X)$ が，次のように計算できる。

$$\begin{cases} \text{母平均 } m = E(X) = \displaystyle\sum_{k=1}^{m} x_k P_k = x_1 P_1 + x_2 P_2 + \cdots + x_m P_m \\[2mm] \text{母分散 } \sigma^2 = V(X) = E(X^2) - \{E(X)\}^2 \\[1mm] \qquad\qquad = \displaystyle\sum_{k=1}^{m} x_k{}^2 P_k - m^2 = x_1{}^2 P_1 + x_2{}^2 P_2 + \cdots + x_m{}^2 P_m - m^2 \\[2mm] \text{母標準偏差 } \sigma = D(X) = \sqrt{V(X)} \end{cases}$$

次に，この母集団から無作為に抽出した大きさ n の標本を $X_1,\ X_2,\ \cdots,\ X_n$ とすると，これらの平均 $\overline{X}$ は，標本平均と呼ばれ，

$\overline{X} = \dfrac{X_1 + X_2 + \cdots + X_n}{n}\quad \cdots\cdots(\mathcal{T})\quad$ で表される。

この標本平均 $\overline{X}$ も確率変数と考えることができるので，この標本平均の平均を $E(\overline{X}) = m(\overline{X})$，分散を $V(\overline{X}) = \sigma^2(\overline{X})$，また標準偏差を $D(\overline{X}) = \sigma(\overline{X})$ とおくと，これらは，

$$E(\overline{X}) = m(\overline{X}) = m \cdots\cdots\cdots\cdots(*1)$$

$$V(\overline{X}) = \sigma^2(\overline{X}) = \dfrac{\sigma^2}{n} \cdots\cdots\cdots\cdots(*2)$$

$$D(\overline{X}) = \sigma(\overline{X}) = \sqrt{\dfrac{\sigma^2}{n}} = \dfrac{\sigma}{\sqrt{n}} \cdots(*3)\quad \text{となる。}$$

ウンザリする程長〜い基本事項だけれど，この前に具体例を示しておいたので，なんとか理解できたと思う。ここで，一般論として，$(*1)$，$(*2)$ が成り立つ

237

ことを示しておこう。証明のポイントは，**P200** で解説した公式：

$$\begin{cases} E(aX + bY + cZ) = aE(X) + bE(Y) + cE(Z) \\ V(aX + bY + cZ) = a^2V(X) + b^2V(Y) + c^2V(Z) \end{cases} \quad だよ。$$

これには **X，Y，Z** が独立であるという条件が付く！

この公式は，一般化されて，**n** 個の独立な変数 X_1，X_2，$\cdots$，X_n にまで拡張できるんだね。つまり，a_1，a_2，$\cdots$，a_n を実数定数とすると，

$$\begin{cases} E(a_1X_1 + a_2X_2 + \cdots + a_nX_n) = a_1E(X_1) + a_2E(X_2) + \cdots + a_nE(X_n) \\ V(a_1X_1 + a_2X_2 + \cdots + a_nX_n) = a_1{}^2V(X_1) + a_2{}^2V(X_2) + \cdots + a_n{}^2V(X_n) \end{cases}$$

が成り立つんだね。では，証明に入るよ。

n 個の標本変数 X_1，X_2，$\cdots$，X_n は，すべて母集団分布に従うので，それぞれの平均と分散は，当然それぞれ母平均 **m**，母分散 σ^2 と等しい。よって，次のようになる。

$$\begin{cases} E(X_1) = E(X_2) = \cdots = E(X_n) = m\,(\,母平均\,) \quad \cdots\cdots(イ) \\ V(X_1) = V(X_2) = \cdots = V(X_n) = \sigma^2\,(\,母分散\,) \quad \cdots\cdots(ウ) \end{cases}$$

ここで，標本平均 $\overline{X}$ は，$\overline{X} = \dfrac{X_1 + X_2 + \cdots + X_n}{n}$ $\cdots\cdots(ア)$ より，

$\overline{X}$ の平均 $m(\overline{X}) = E(\overline{X})$ を求めると，

$$m(\overline{X}) = E(\overline{X}) = E\left(\frac{X_1 + X_2 + \cdots + X_n}{n}\right)$$

$$= E\left(\frac{1}{n}X_1 + \frac{1}{n}X_2 + \cdots + \frac{1}{n}X_n\right)$$

公式：
$E(a_1X_1 + a_2X_2 + \cdots + a_nX_n)$
$= a_1E(X_1) + a_2E(X_2) + \cdots + a_nE(X_n)$
を使った。

$$= \frac{1}{n}\underset{m}{E(X_1)} + \frac{1}{n}\underset{m}{E(X_2)} + \cdots + \frac{1}{n}\underset{m}{E(X_n)}$$

$$= \underset{n\,項の和}{\underbrace{\frac{m}{n} + \frac{m}{n} + \cdots + \frac{m}{n}}} = n \times \frac{m}{n} = m\,(\,母平均\,) \quad \cdots\cdots(*1)$$

となって，$(*1)$ が導けるんだね。

次，$\overline{X}$ の分散 $\sigma^2(\overline{X}) = V(\overline{X})$ を求めると，

$$\sigma^2(\overline{X}) = V(\overline{X}) = V\left(\frac{X_1 + X_2 + \cdots + X_n}{n}\right)$$

$$= V\left(\frac{1}{n}X_1 + \frac{1}{n}X_2 + \cdots + \frac{1}{n}X_n\right) \longrightarrow$$

公式:
$V(a_1X_1 + a_2X_2 + \cdots + a_nX_n)$
$= a_1{}^2V(X_1) + \cdots + a_n{}^2V(X_n)$
を使った。

$$= \frac{1}{n^2}\underbrace{V(X_1)}_{\sigma^2} + \frac{1}{n^2}\underbrace{V(X_2)}_{\sigma^2} + \cdots + \frac{1}{n^2}\underbrace{V(X_n)}_{\sigma^2}$$

$$= \underbrace{\frac{\sigma^2}{n^2} + \frac{\sigma^2}{n^2} + \cdots + \frac{\sigma^2}{n^2}}_{n \text{ 項の和}} = n \times \frac{\sigma^2}{n^2} = \underbrace{\frac{\sigma^2}{n}}_{\text{母分散 } \sigma^2 \text{ を } n \text{ で割ったもの}} \cdots\cdots(*2) \quad \text{となって,}$$

$(*2)$ も導けたんだね。後は, これに $\sqrt{}$ をとったものが, 標本平均の標準偏差 $\sigma(\overline{X}) = D(\overline{X})$ なので,

$$\sigma(\overline{X}) = D(\overline{X}) = \sqrt{\frac{\sigma^2}{n}} = \frac{\sigma}{\sqrt{n}} \cdots\cdots(*3) \text{ も導けるんだね。大丈夫?}$$

それでは, 練習問題をやっておこう。

練習問題 56　　母集団と標本平均　　CHECK *1*　　CHECK*2*　　CHECK*3*

右のような母集団分布に従う大きな母集団から, **100** 個の標本を無作為に抽出した。この標本平均 $\overline{X}$ の平均 $m(\overline{X})$ と分散 $\sigma^2(\overline{X})$ を求めよ。

表1　母集団分布

変数 X	0	1	2	3	4
確率 P	$\frac{1}{10}$	$\frac{2}{10}$	$\frac{4}{10}$	$\frac{2}{10}$	$\frac{1}{10}$

まず, 母平均 m と母分散 σ^2 を求めて, 公式 $m(\overline{X}) = m$, $\sigma^2(\overline{X}) = \frac{\sigma^2}{n}$ を用いればいいんだね。頑張って解いてみよう。

・まず, 母集団分布から, 母平均 m を求めると,

$$m = E(X) = 0 \cdot \frac{1}{10} + 1 \cdot \frac{2}{10} + 2 \cdot \frac{4}{10} + 3 \cdot \frac{2}{10} + 4 \cdot \frac{1}{10}$$

$$= \frac{1}{10}(2 + 8 + 6 + 4) = \frac{20}{10} = 2$$

・次に, 母分散 σ^2 を求めると,

$$\sigma^2 = \underbrace{E(X^2)}_{} - \underbrace{m^2}_{\boxed{2^2}}$$

$$= 0^2 \cdot \frac{1}{10} + 1^2 \cdot \frac{2}{10} + 2^2 \cdot \frac{4}{10} + 3^2 \cdot \frac{2}{10} + 4^2 \cdot \frac{1}{10} - 2^2$$

$$= \frac{1}{10}(2 + 16 + 18 + 16) - 4 = \frac{52}{10} - 4 = 1.2$$

以上より，この母集団から無作為に抽出された大きさ 100 の標本平均 $\overline{X}$ の平均 $m(\overline{X})$ と分散 $\sigma^2(\overline{X})$ は，

$$m(\overline{X}) = m = 2, \quad \sigma^2(\overline{X}) = \frac{\sigma^2}{100} = \frac{1.2}{100} = 0.012 \quad \text{となる。}$$

● 中心極限定理は強力な定理だ！

母平均 m，母分散 σ^2 をもつ母集団から，大きさ n の標本を抽出するとその標本平均 $\overline{X}$ の平均は m，分散は $\frac{\sigma^2}{n}$ になることが分かったわけだけれど，

ここで，この標本の個数 n を 50，100，…とどんどん大きくしていくと，標本平均 $\overline{X}$ の従う確率分布が，ナント驚くべきことに，平均 m，分散 $\frac{\sigma^2}{n}$ の正規分布 $N\left(m, \frac{\sigma^2}{n}\right)$ に近づいていくことが数学的に示せるんだね。(もちろん，母集団分布は正規分布である必要はない！)

この証明は，高校数学のレベルではムリだけれど，"中心極限定理"（ちゅうしんきょくげんていり）と呼ばれる強力な定理で，

図3　中心極限定理のイメージ

平均 m，分散 σ^2 をもつ同一の母集団
（正規分布でなくてもいい！）

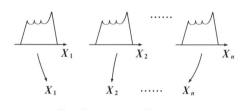

$$\overline{X} = \frac{X_1 + X_2 + \cdots\cdots + X_n}{n} \quad \text{とおき，}$$

n を十分大きくすると，$\overline{X}$ は正規分布 $N\left(m, \frac{\sigma^2}{n}\right)$ に従う。

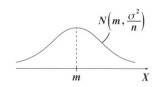

そのイメージを図 3 に示すので，この結果だけを利用することにしよう。

> "**中心極限定理**" の詳しい証明は，「**確率統計キャンパス・ゼミ**」(マセマ) でも詳しく解説しているので，興味のある人は，大学生になって，是非チャレンジするといいよ。

このように，標本の個数 (大きさ) を十分大きくすれば，$\overline{X}$ は，正規分布 $N\left(m, \dfrac{\sigma^2}{n}\right)$ に従う。ということは，$\overline{X}$ から平均 m を引いて，その標準偏差 $\dfrac{\sigma}{\sqrt{n}} = \left(\sqrt{\dfrac{\sigma^2}{n}}\right)$ で割って，標準化した変数 Z，つまり，$Z = \dfrac{\overline{X} - m}{\dfrac{\sigma}{\sqrt{n}}}$ とおけ

ば，Z は，標準正規分布 $N(0, 1)$ に従うんだね。よって，数表を利用すれ

> 平均 0，分散 1 の正規分布のこと

> これは問題文で与えられるから，心配なしだ！

ば，様々な確率計算が可能になるわけだ。理論は難しいから置いておいて，この利用法の流れをシッカリ頭に入れておけばいいんだよ。大丈夫？

練習問題 57　　中心極限定理　　CHECK 1　CHECK 2　CHECK 3

母平均 $m = 200$，母標準偏差 $\sigma = 50$ の母集団から，大きさ $n = 100$ の標本を無作為に抽出するとき，その標本平均 $\overline{X}$ が，

(i) $\overline{X} \geqq 209.8$ となる確率と

(ii) $\overline{X} \geqq 212.9$ となる確率を求めよ。

標準正規分布の確率の表

$$\alpha = \int_a^\infty f_s(z)\, dz$$

a	α
1.96	0.025
2.58	0.005

$\left(\begin{array}{l} f_s(z) : \text{標準正規分布の} \\ \qquad\quad \text{確率密度} \end{array}\right)$

> $n = 100$ は十分大きな標本数と考えていいので，中心極限定理が使える！

標本の大きさ $n = 100$ は，十分大きな数と考えていいので，中心極限定理より，標本平均 $\overline{X}$ は，平均 $m = 200$，標準偏差 $\dfrac{\sigma}{\sqrt{n}} = \dfrac{50}{\sqrt{100}} = \dfrac{50}{10} = 5$ の正規分布 $N(200, 5^2)$ に従うと考えていい。よって，$\overline{X}$ を標準化した変数を $Z = \dfrac{\overline{X} - 200}{5}$ とおくと，Z は，標準正規分布 $N(0, 1)$ に従うものとしていいんだね。

241

よって，

(ⅰ) $\overline{X} \geqq 209.8$ のとき，

この両辺から $200(=m)$ を

引いて，$5\left(=\sqrt{\dfrac{\sigma^2}{n}}\right)$ で割ると，

$$\underset{(Z)}{\underline{\dfrac{\overline{X}-200}{5}}} \geqq \underset{(1.96)}{\underline{\dfrac{9.8}{5}}} \quad \text{より，}$$

$$\alpha = \int_a^\infty f_s(z)\,dz$$
$$\left(f_s(z) = \dfrac{1}{\sqrt{2\pi}}\, e^{-\frac{z^2}{2}} \right)$$

a	α
1.96	0.025
2.58	0.005

$Z \geqq 1.96$ となるので，標準正規分布の確率の表より

$$P(\overline{X} \geqq 209.8) = P(Z \geqq \underset{(a)}{\underline{1.96}}) = \underset{(\alpha)}{\underline{0.025}} \text{ となる。次に，}$$

(ⅱ) $\overline{X} \geqq 212.9$ のとき，

この両辺から $200(=m)$ を引いて，$5\left(=\sqrt{\dfrac{\sigma^2}{n}}\right)$ で割ると，

$$\underset{(Z)}{\underline{\dfrac{\overline{X}-200}{5}}} \geqq \underset{(2.58)}{\underline{\dfrac{12.9}{5}}} \quad \text{より，}$$

$Z \geqq 2.58$ となるので，標準正規分布の確率の表より

$$P(\overline{X} \geqq 212.9) = P(Z \geqq \underset{(a)}{\underline{2.58}}) = \underset{(\alpha)}{\underline{0.005}} \text{ となる。大丈夫？}$$

この後，標準正規分布の標準化変数 $Z = 1.96$ と $Z = 2.58$ いう 2 つの数値は重要な意味をもってくるんだ。つまり，$P(1.96 \leqq Z) = 0.025$ ということは，右図のように $f_s(z)$ の対称性から，

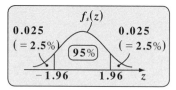

$P(-1.96 \leqq Z \leqq 1.96) = 0.95(=95\%)$ ということになる。また，

$P(2.58 \leqq Z) = 0.005$ ということは，右図から同様に $P(-2.58 \leqq Z \leqq 2.58)$ $= 0.99(=99\%)$ ということになるからだ。

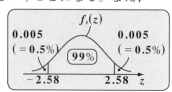

● 母平均 m の存在範囲を推定してみよう！

これまで，母集団の母平均 m と母分散 σ^2 (または，標準偏差 σ) は既知

"分かっている"の意味

として解説してきたけれど，現実には，標本調査しか行えない場合が多い

んだね。したがって，ここでは，母分散 σ^2 (または，標準偏差 σ) は既知

だけれど，母平均 m は未知として，標本平均 $\overline{X}$ の値から

"分かっていない"の意味

(Ⅰ) 母平均 m の 95% "**信頼区間**" と

(Ⅱ) 母平均 m の 99% "**信頼区間**" を求めてみることにしよう。

エッ，"信頼区間"って何って !? これは，95%(または，99%) の確率で

母平均 m が存在する値の範囲のことで，標本平均 $\overline{X}$ とこれを標準化した

$Z = \dfrac{\overline{X} - m}{\dfrac{\sigma}{\sqrt{n}}}$ から導き出すことができる。ではまず，

(Ⅰ) 母平均 m の 95% 信頼区間を求めてみよう。

これはまず，標準正規分布で，標準化変数 Z が 95% 存在し得る範囲

を押さえることから始めればいい。前に解説した通り，$-1.96 \leqq Z \leqq$

1.96 となる確率が $0.95(= 95\%)$ だったので，

$P(-1.96 \leqq Z \leqq 1.96) = 0.95$ ……① となる。

ここで，$Z = \dfrac{\overline{X} - m}{\dfrac{\sigma}{\sqrt{n}}}$ ……② を①に代入すると，

$P\left(-1.96 \leqq \dfrac{\overline{X} - m}{\dfrac{\sigma}{\sqrt{n}}} \leqq 1.96\right) = 0.95$ ……①′ となる。

確率 P の ( ) 内の各辺に $\dfrac{\sigma}{\sqrt{n}}$ をかけると，

$P\left(\underbrace{-1.96 \dfrac{\sigma}{\sqrt{n}}}_{(\text{i})} \leqq \underbrace{\overline{X} - m \leqq 1.96 \dfrac{\sigma}{\sqrt{n}}}_{(\text{ii})}\right) = 0.95$ ……①″ となる。

ここで，この P の ( ) 内を，2 つの不等式 (i)___と (ii)～～に分解

して変形すると，

(i) $-1.96\dfrac{\sigma}{\sqrt{n}} \leqq \overline{X} - m$ より，$m \leqq \overline{X} + 1.96\dfrac{\sigma}{\sqrt{n}}$ となるし，また，

(ii) $\overline{X} - m \leqq 1.96\dfrac{\sigma}{\sqrt{n}}$ より，$\overline{X} - 1.96\dfrac{\sigma}{\sqrt{n}} \leqq m$ となるのはいいね。

これから，$P\left(-1.96\dfrac{\sigma}{\sqrt{n}} \leqq \overline{X} - m \leqq 1.96\dfrac{\sigma}{\sqrt{n}}\right) = 0.95 \ \cdots①''$ は，
$$\underbrace{\qquad}_{(\text{i})}\ \underbrace{\qquad}_{(\text{ii})}$$

$P\left(\overline{X} - 1.96\dfrac{\sigma}{\sqrt{n}} \leqq m \leqq \overline{X} + 1.96\dfrac{\sigma}{\sqrt{n}}\right) = 0.95 \ \cdots①'''$ となる。
$$\underbrace{\qquad}_{(\text{ii})}\ \underbrace{\qquad}_{(\text{i})}$$

$①'''$ をみると，$\overline{X}$ と σ と n は既知だから，結局，母平均 m が 95% の確率で存在する範囲，すなわち "95% 信頼区間" が，

$$\overline{X} - 1.96\dfrac{\sigma}{\sqrt{n}} \leqq m \leqq \overline{X} + 1.96\dfrac{\sigma}{\sqrt{n}} \quad\cdots\cdots(*1)$$ と導かれたんだね。

(II) 母平均 m の 99% 信頼区間も，

$P(-2.58 \leqq Z \leqq 2.58) = 0.99 \quad \cdots\cdots②$ から同様に変形して，
$$\boxed{\dfrac{\overline{X} - m}{\dfrac{\sigma}{\sqrt{n}}}}$$

$\boxed{①''' \text{の } 1.96 \text{ に } 2.58 \text{ が代入されているだけだ！}}$

$P\left(\overline{X} - 2.58\dfrac{\sigma}{\sqrt{n}} \leqq m \leqq \overline{X} + 2.58\dfrac{\sigma}{\sqrt{n}}\right) = 0.99 \quad \cdots\cdots②'$ となる。

よって，母平均 m の "99% 信頼区間" は

$$\overline{X} - 2.58\dfrac{\sigma}{\sqrt{n}} \leqq m \leqq \overline{X} + 2.58\dfrac{\sigma}{\sqrt{n}} \quad\cdots\cdots(*2)$$ と導かれる。

95% 信頼区間に比べて，99% 信頼区間の方がより，母平均 m の存在する確率は高いわけだけれど，その分，係数が 1.96 から 2.58 に変化して，存在範囲が広がってしまうんだね。

このように，母平均 m の 95%(または，99%) 信頼区間を推定することを "区間推定" と呼び，この確率の 95% や 99% のことを "信頼度" と呼ぶことも覚えておこう。

それでは，練習問題を 1 題解いておこう。

母標準偏差 12 の母集団から，大きさ 144 の標本を無作為に抽出した結果，その標本平均は 100 であったとする。このとき，母平均 m の 95% 信頼区間を求めよう。

95% 信頼区間の公式：$\overline{X} - 1.96\dfrac{\sigma}{\sqrt{n}} \leqq m \leqq \overline{X} + 1.96\dfrac{\sigma}{\sqrt{n}}$ ……(*1) を利用すればいいんだね。簡単だね！

標本平均 $\overline{X} = 100$，母標準偏差 $\sigma = 12$，標本の大きさ $n = 144(=12^2)$ より，

これらを，母平均 m の 95% 信頼区間の公式：

$\overline{X} - 1.96\dfrac{\sigma}{\sqrt{n}} \leqq m \leqq \overline{X} + 1.96\dfrac{\sigma}{\sqrt{n}}$ ……(*1) に代入して，

$100 - 1.96\underbrace{\dfrac{12}{\sqrt{144}}}_{\boxed{\frac{12}{12}=1}} \leqq m \leqq 100 + 1.96\underbrace{\dfrac{12}{\sqrt{144}}}_{\boxed{1}}$ より，母平均の 95% 信頼区間が，

$98.04 \leqq m \leqq 101.96$ と求められるんだね。大丈夫？

　つまり，m は 95% の確率で，$98.04 \leqq m \leqq 101.96$ の範囲に入ると言っているんだね。でも，この範囲をさらにしぼりたい場合，どうすればいいか分かる？ …，そうだね。標本の大きさ n を大きくすればいいんだね。ただし，(*1) の左右両辺の分母に $\sqrt{n}$ があるので，たとえば，この範囲を半分にしぼりたかったら，標本の個数 n は 4 倍にして，$n = 144 \times 4 = 576(=24^2)$ にしなければならない。このとき (*1) より

$100 - 1.96\underbrace{\dfrac{12}{\sqrt{576}}}_{\boxed{\frac{12}{24}=\frac{1}{2}}} \leqq m \leqq 100 + 1.96\underbrace{\dfrac{12}{\sqrt{576}}}_{\boxed{\frac{1}{2}}}$　となるので，ナルホド

$99.02 \leqq m \leqq 100.98$ と，m の範囲は半分にしぼれるんだね。

ン？でも，母集団分布の母平均 m だけが未知で，母分散 σ^2 (または，標準偏差 σ) が既知なのは，変だって!? 当然の疑問だね。一般には，母分散 σ^2 (または，標準偏差 σ) も未知と考える方が自然だからね。この場合，抽出した n 個の標本から，標本平均 $\overline{X}$ だけでなく**標本標準偏差 S** も計算できるので，n が十分大きければ，近似的にこれを (* 1) や (* 2) の母標準偏差 σ の代わりに代用できることが分かっている。

では，以上の内容をまとめて示しておくね。

■ 母平均 m の区間推定

(I) 母標準偏差 σ が既知のとき，

（ i ）母平均 m の **95%** 信頼区間は，次のようになる。

$$\overline{X} - 1.96\,\frac{\sigma}{\sqrt{n}} \leqq m \leqq \overline{X} + 1.96\,\frac{\sigma}{\sqrt{n}} \quad\cdots\cdots(\,*\,1\,)$$

（ ii ）母平均 m の **99%** 信頼区間は，次のようになる。

$$\overline{X} - 2.58\,\frac{\sigma}{\sqrt{n}} \leqq m \leqq \overline{X} + 2.58\,\frac{\sigma}{\sqrt{n}} \quad\cdots\cdots(\,*\,2\,)$$

(II) 母標準偏差 σ が未知のとき，

（ i ）母平均の **95%** 信頼区間は，次のように近似できる。

$$\overline{X} - 1.96\,\frac{S}{\sqrt{n}} \leqq m \leqq \overline{X} + 1.96\,\frac{S}{\sqrt{n}} \quad\cdots\cdots(\,*\,1\,)'$$

（ ii ）母平均の **99%** 信頼区間は，次のようになる。

$$\overline{X} - 2.58\,\frac{S}{\sqrt{n}} \leqq m \leqq \overline{X} + 2.58\,\frac{S}{\sqrt{n}} \quad\cdots\cdots(\,*\,2\,)'$$

（ただし，$\overline{X}$：標本平均，S：標本標準偏差）

実は，標本標準偏差 S の求め方にも少し工夫がいるんだけれど，これは問題文で数値として与えられると思うので，今は気にしなくていいよ。

それでは，母標準偏差 σ が未知のときの母平均 m の区間推定の問題をもう 1 題解いておこう。

練習問題 59 　母平均 m の区間推定 (II) 　　CHECK 1　CHECK 2　CHECK 3

ある国の 17 歳の女子の中から，**400** 人を無作為に抽出して，身長を測定した結果，標本平均は **160cm**，標本標準偏差は **4cm** であった。この国の女子の平均身長 m を，信頼度 **99%** で区間推定せよ。

母標準偏差 σ が未知の場合の，母平均 m の **99%** 信頼区間の問題なので，公式： $\overline{X} - 2.58 \dfrac{S}{\sqrt{n}} \leqq m \leqq \overline{X} + 2.58 \dfrac{S}{\sqrt{n}}$ …(＊2)′ を利用すればいい。

標本平均 $\overline{X} = 160\text{cm}$，標本標準偏差 $S = 4\text{cm}$，標本の大きさ $n = 400(= 20^2)$ より，これらを，σ は未知で母平均 m の 99% 信頼区間の公式：

$$\overline{X} - 2.58 \frac{S}{\sqrt{n}} \leqq m \leqq \overline{X} + 2.58 \frac{S}{\sqrt{n}} \quad\cdots\cdots(＊2)′ \text{に代入して，}$$

$$160 - 2.58 \underbrace{\frac{4}{\sqrt{400}}}_{\frac{4}{20} = \frac{1}{5}} \leqq m \leqq 160 + 2.58 \underbrace{\frac{4}{\sqrt{400}}}_{\frac{1}{5}} \text{より，}$$

母平均 m の 99% 信頼区間は，

$159.484 \leqq m \leqq 160.516$ と求められるんだね。大丈夫だった？

● 母比率の推定にもチャレンジしよう！

　たとえば，大量に生産された工業生産物の不良品の割合とか，日本の全有権者の X 政党への支持率とか，ある性質をもつものの全体に対する比率を，母集団の場合は "**母比率**"，標本の場合は "**標本比率**" というんだね。

　ここでは，母比率を p，標本比率を $\overline{p}$ とおくことにして，$\overline{p}$ を用いて，母比率 p の "**95% 信頼区間**" や "**99% 信頼区間**" を求めてみることにしよう。何故，こんなことをするのか？もう分かるね。母比率を求めるには全量検査が必要で，手間とコストがかかるため，抽出した標本の標本比率から推定する方が合理的だからなんだね。

不良品や政党の支持など，ある性質 A に対して，母比率 p をもつ母集団から，大きさ n の標本を無作為に抽出する様子を図4に示した。

図4 母比率の推定

母集団

母比率 p
(そうでない比率 q)

↓

大きさ n の標本

↓

標本比率 $\overline{p}$
(そうでない比率 $\overline{q}$)

この場合，1つ1つの標本を n 回抽出すると考えれば，これは事象 A が n 回中 r 回起こる反復試行の確率 P_r を求めることと同様であることが分かるね。つまり，1回の試行（抽出）で事象 A の起こる確率が p であり，起こらない確率は $q = 1 - p$ となるので，n 回中 r 回だけ事象 A の起こる反復試行の確率と同様に，n 個の標本中 r 個が A の性質をもつ確率を P_r とおくと，

$P_r = {}_n\mathrm{C}_r p^r q^{n-r}$ $(r = 0, 1, 2, \cdots, n)$ となるんだね。よって，A の性質をもつ r 個の標本の数を確率変数 $X = r$ $(r = 0, 1, 2, \cdots, n)$ とおくと，X は二項分布 $\underline{B(n, p)}$ に従うことになる。

> この平均は np，分散は $npq = np(1-p)$ だね。

ここで，n が十分大きいとき，$B(n, p)$ は近似的に正規分布 $N(np, np(1-p))$ になるんだったね。ここで，さらに n が十分に大きければ，分散 $np(1-p)$ の p を標本比率 $\overline{p}\left(\overline{p} = \dfrac{X}{n}\ となる\right)$ でおきかえることができる。よって，この確率変数 X は正規分布 $N(np, n\overline{p}(1-\overline{p}))$ に従うことになるんだね。こうなれば，後は，X から平均 np を引いて，標準偏差 $\sqrt{n\overline{p}(1-\overline{p})}$ で割って，標準化変数 Z，すなわち

$Z = \dfrac{X - np}{\sqrt{n\overline{p}(1-\overline{p})}}$ に持ち込めば，Z は標準正規分布 $N(0, 1)$ に従うことになる。よって，Z が 95%，あるいは 99% 存在する範囲を押さえることにより，母比率 p の 95% と 99% の "**信頼区間**" を標本比率 $\overline{p}$ から求めることができるんだね。ではまず，

(Ⅰ) 母比率 p の **95%** 信頼区間を求めてみよう。

$$P\left(-1.96 \leqq \underbrace{\frac{X-np}{\sqrt{n\overline{p}(1-\overline{p})}}}_{Z} \leqq 1.96\right) = 0.95 \ \cdots① \quad \text{より,}$$

確率 P の ( ) 内の各辺に $\sqrt{n\overline{p}(1-\overline{p})}$ をかけると,

$$P(\underbrace{-1.96\sqrt{n\overline{p}(1-\overline{p})}}_{(\text{i})} \leqq \underbrace{X-np \leqq 1.96\sqrt{n\overline{p}(1-\overline{p})}}_{(\text{ii})}) = 0.95 \cdots①' \text{となる。}$$

確率 P の ( ) 内の **2** つの不等式 (i)___ と (ii)〜〜 に分解して,
変形すると,

(i) $-1.96\sqrt{n\overline{p}(1-\overline{p})} \leqq X-np$ より, $np \leqq X+1.96\sqrt{n\overline{p}(1-\overline{p})}$

両辺を n で割って,

$$p \leqq \underbrace{\frac{X}{n}}_{\overline{p} \text{ のこと}} + 1.96\frac{\sqrt{n\overline{p}(1-\overline{p})}}{n} \quad \therefore p \leqq \overline{p} + 1.96\sqrt{\frac{\overline{p}(1-\overline{p})}{n}} \quad \text{となる。}$$

(ii) $X-np \leqq 1.96\sqrt{n\overline{p}(1-\overline{p})}$ より, $X-1.96\sqrt{n\overline{p}(1-\overline{p})} \leqq np$

両辺を n で割って,

$$\underbrace{\frac{X}{n}}_{\overline{p} \text{ のこと}} - 1.96\frac{\sqrt{n\overline{p}(1-\overline{p})}}{n} \leqq p \quad \therefore \overline{p} - 1.96\sqrt{\frac{\overline{p}(1-\overline{p})}{n}} \leqq p \quad \text{となる。}$$

以上 (i)(ii) より, ①′ は,

$$P\left(\underbrace{\overline{p} - 1.96\sqrt{\frac{\overline{p}(1-\overline{p})}{n}}}_{(\text{ii})} \leqq p \leqq \underbrace{\overline{p} + 1.96\sqrt{\frac{\overline{p}(1-\overline{p})}{n}}}_{(\text{i})}\right) = 0.95 \ \cdots①''$$

となるので, これから母比率 p の **"95% 信頼区間"** が,

$$\overline{p} - 1.96\sqrt{\frac{\overline{p}(1-\overline{p})}{n}} \leqq p \leqq \overline{p} + 1.96\sqrt{\frac{\overline{p}(1-\overline{p})}{n}} \quad \cdots\cdots(*3) \quad \text{と導ける。}$$

(Ⅱ) 母比率 p の **99%** 信頼区間も同様に求めると, $(*3)$ の **1.96** が **2.58** に
変わるだけだから,

$$\overline{p} - 2.58 \sqrt{\frac{\overline{p}(1-\overline{p})}{n}} \leqq p \leqq \overline{p} + 2.58 \sqrt{\frac{\overline{p}(1-\overline{p})}{n}} \cdots (*4)$$ となるんだね。

大丈夫だね。それでは，例題を1題解いておこう。

(ex) 日本国内のすべての有権者から無作為に抽出した**10000**人の内，**X**
政党を支持する人は**2000**人であった。日本の全有権者の**X**政党への
支持率$\overline{p}$の**99%**信頼区間を求めてみよう。

$\overline{p} = \dfrac{2000}{10000} = 0.2$，$n = 10000$ だから，これらを$(*4)$に代入するだけ

だね。よって，

$$0.2 - 2.58 \times \underbrace{\sqrt{\frac{0.2 \times 0.8}{10000}}}_{\boxed{0.004}} \leqq p \leqq 0.2 + 2.58 \times \underbrace{\sqrt{\frac{0.2 \times 0.8}{10000}}}_{\boxed{0.004}}$$

$$0.2 - \underbrace{2.58 \times 0.004}_{\boxed{0.01032}} \leqq p \leqq 0.2 + \underbrace{2.58 \times 0.004}_{\boxed{0.01032}}$$

$0.18968 \leqq p \leqq 0.21032$ となる。よって，求める p の**99%**信頼区間は，

約**18.97%**以上約**21.03%**以下ということになるんだね。

では，少し応用問題になるけれど，次の練習問題もやってみよう。

■ **練習問題 60**	母比率の区間推定	CHECK*1*	CHECK*2*	CHECK*3*

全国である病気の**100**万人の患者の中から，**400**人を無作為に抽出して，
ある新薬を投与（とうよ）したところ，**240**人の患者に効果があった。この新薬の効果
率をpとおいて，このpの(i)**95%**信頼区間と(ii)**99%**信頼区間を求めよ。
また，(ii)のpの**99%**信頼区間の幅を半分にするためには，抽出する
患者の数（標本の大きさ）をどのようにすればよいか。（ただし，標本の数
が変わっても，標本の効果率は変化しないものとする。）

(i)では，pの**95%**信頼区間の公式：

$\overline{p} - 1.96 \sqrt{\dfrac{\overline{p}(1-\overline{p})}{n}} \leqq p \leqq \overline{p} + 1.96 \sqrt{\dfrac{\overline{p}(1-\overline{p})}{n}}$ を利用し，また，

(ii)でも，同様にpの**99%**信頼区間の公式を利用すればいいんだね。

まず，母集団 (100 万人の患者) に対する新薬の効果率を p とおこう。
そして，標本の大きさ $n = 400$ であり，標本の効果率を $\overline{p}$ とおくと，
$\overline{p} = \dfrac{240}{400} = \dfrac{3}{5} = 0.6$ となる。ここで，$n = 400$ は十分に大きいと考えられ
るので，効果率 p の (i) 95% 信頼区間と (ii) 99% 信頼区間は公式を使って，
次のように求めることができるんだね。

(i) p の 95% 信頼区間は，

公式：$\overline{p} - 1.96\sqrt{\dfrac{\overline{p}(1-\overline{p})}{n}} \leqq p \leqq \overline{p} + 1.96\sqrt{\dfrac{\overline{p}(1-\overline{p})}{n}}$ より，

$0.6 - 1.96 \times \sqrt{\dfrac{0.6 \times 0.4}{400}} \leqq p \leqq 0.6 + 1.96 \times \sqrt{\dfrac{0.6 \times 0.4}{400}}$

$\boxed{\sqrt{\dfrac{6 \times 4}{40000}} = \sqrt{\dfrac{6}{10000}} = \sqrt{\dfrac{6}{10^4}} = \dfrac{\sqrt{6}}{10^2} = \dfrac{\sqrt{6}}{100} = \dfrac{2.449\cdots}{100} \fallingdotseq 0.0245}$

$0.6 - \underbrace{1.96 \times 0.0245}_{\boxed{0.048}} \leqq p \leqq 0.6 + \underbrace{1.96 \times 0.0245}_{\boxed{0.048}}$

$\therefore 0.552 \leqq p \leqq 0.648$ となるんだね。大丈夫？

(ii) 次に，p の 99% 信頼区間は，

公式：$\overline{p} - 2.58\sqrt{\dfrac{\overline{p}(1-\overline{p})}{n}} \leqq p \leqq \overline{p} + 2.58\sqrt{\dfrac{\overline{p}(1-\overline{p})}{n}}$ ……($*$) より，

$0.6 - 2.58 \times \sqrt{\dfrac{0.6 \times 0.4}{400}} \leqq p \leqq 0.6 + 2.58 \times \sqrt{\dfrac{0.6 \times 0.4}{400}}$

$\boxed{0.6 - 2.58 \times 0.0245 \fallingdotseq 0.537}$ $\boxed{0.6 + 2.58 \times 0.0245 \fallingdotseq 0.663}$

$\therefore 0.537 \leqq p \leqq 0.663$ となるんだね。これも大丈夫？

ここで，(ii) の p の 99% 信頼区間の幅は，($*$) の公式より，

$\overline{p} + 2.58\sqrt{\dfrac{\overline{p}(1-\overline{p})}{n}} - \left(\overline{p} - 2.58\sqrt{\dfrac{\overline{p}(1-\overline{p})}{n}}\right) = 2 \times 2.58\sqrt{\dfrac{\overline{p}(1-\overline{p})}{n}}$

$\boxed{0.663 - 0.537 = 0.126 \text{ のこと。}}$

これに，$\overline{p} = 0.6$，$n = 400$ を代入して，

$2 \times 2.58 \times \sqrt{\dfrac{0.6 \times 0.4}{400}}$ ……① となるんだね。この①の幅を半分にするための

標本の大きさを n' とおくと，
①と同様に，

$$2 \times 2.58 \times \sqrt{\frac{0.6 \times 0.4}{400}} \quad \cdots\cdots ①$$

$$2 \times 2.58 \times \sqrt{\frac{0.6 \times 0.4}{n'}} \quad \cdots\cdots ② \quad となる。そして，② = \frac{1}{2} \times ① より，$$

$$\cancel{2 \times 2.58} \times \sqrt{\frac{\cancel{0.6 \times 0.4}}{n'}} = \frac{1}{2} \times \cancel{2 \times 2.58} \times \sqrt{\frac{\cancel{0.6 \times 0.4}}{400}} \quad \cdots\cdots ③ \quad となるんだね。$$

これから， $\dfrac{1}{\sqrt{n'}} = \dfrac{1}{2} \times \dfrac{1}{\sqrt{400}} = \dfrac{1}{2} \times \dfrac{1}{20} = \dfrac{1}{40}$ より，

$$\sqrt{n'} = 40 \qquad \therefore n' = 40^2 = 1600 \quad となって，答えだ。$$

このように，信頼区間の幅を $\dfrac{1}{2}$ にしようとすると，標本の大きさは $n = 400$(人)
から $n' = 1600$(人) に，つまり 4 倍に増やさないといけないことが分かった
んだね。面白かった？

　以上で，「**初めから始める数学 B 改訂 10**」の講義は全て終了で～す！
みんな，ホントによく頑張ったね。疲れたって？…，そうだね。毎回毎回
大変な内容だったからね。でも，でき得る限り分かりやすく教えたつもり
だから，この後何回でも自分で納得いくまで反復練習してくれたら，きっ
とすべてマスターできると思うよ。

　そして，このレベルの数学をマスターしたら，さらに上を目指して頑張っ
てほしい。マセマは，そんな頑張るキミ達をいつも応援しているんだよ。
では，しばらくはお別れだけれど，その内さらにまたレベルアップした講
義で会おうな！みんな，それまで元気で…，さようなら…。

マセマ代表　馬場敬之

第4章● 確率分布と統計的推測　公式エッセンス

1. 期待値 $E(X) = m$，分散 $V(X) = \sigma^2$，標準偏差 $D(X) = \sigma$

　(1) $E(X) = \displaystyle\sum_{k=1}^{m} x_k p_k$　(2) $V(X) = \displaystyle\sum_{k=1}^{m} (x_k - m)^2 p_k = E(X^2) - \{E(X)\}^2$

　(3) $D(X) = \sqrt{V(X)}$

2. 新たな確率変数 $Y = aX + b$ の期待値，分散，標準偏差

　(1) $E(Y) = aE(X) + b$　(2) $V(Y) = a^2 V(X)$　(3) $D(Y) = |a|D(X)$

3. $E(X + Y) = E(X) + E(Y)$

4. 独立な確率変数 X と Y の積の期待値と和の分散

　(1) $E(XY) = E(X)E(Y)$　(2) $V(X + Y) = V(X) + V(Y)$

5. 二項分布の期待値，分散

　(1) $E(X) = np$　　　　　　(2) $V(X) = npq$　$(q = 1 - p)$

6. 確率密度 $f(x)$ に従う連続型確率変数 X の期待値，分散

　(1) $E(X) = \displaystyle\int_{-\infty}^{\infty} xf(x)\,dx$　(2) $V(X) = \displaystyle\int_{-\infty}^{\infty} (x - m)^2 f(x)\,dx$

　　　　　　　　　　　　　　　$= E(X^2) - \{E(X)\}^2$

7. 正規分布 $N(m, \sigma^2)$ の確率密度 $f_N(x)$

　$f_N(x) = \dfrac{1}{\sqrt{2\pi}\,\sigma} e^{-\frac{(x-m)^2}{2\sigma^2}}$　$(m = E(X),\ \sigma^2 = V(X))$

8. 標本平均 $\overline{X}$ の期待値 $m(\overline{X})$，分散 $\sigma^2(\overline{X})$，標準偏差 $\sigma(\overline{X})$

　(1) $m(\overline{X}) = m$　(2) $\sigma^2(\overline{X}) = \dfrac{\sigma^2}{n}$　(3) $\sigma(\overline{X}) = \dfrac{\sigma}{\sqrt{n}}$　$\left(\begin{array}{l} m：母平均 \\ \sigma^2：母分散 \end{array}\right)$

9. 母平均 m の（ⅰ）95% 信頼区間，（ⅱ）99% 信頼区間

　（ⅰ）$\overline{X} - 1.96\dfrac{\sigma}{\sqrt{n}} \leq m \leq \overline{X} + 1.96\dfrac{\sigma}{\sqrt{n}}$

　（ⅱ）$\overline{X} - 2.58\dfrac{\sigma}{\sqrt{n}} \leq m \leq \overline{X} + 2.58\dfrac{\sigma}{\sqrt{n}}$

10. 母比率 p の（ⅰ）95% 信頼区間，（ⅱ）99% 信頼区間

　（ⅰ）$\overline{p} - 1.96\sqrt{\dfrac{\overline{p}(1-\overline{p})}{n}} \leq p \leq \overline{p} + 1.96\sqrt{\dfrac{\overline{p}(1-\overline{p})}{n}}$

　（ⅱ）$\overline{p} - 2.58\sqrt{\dfrac{\overline{p}(1-\overline{p})}{n}} \leq p \leq \overline{p} + 2.58\sqrt{\dfrac{\overline{p}(1-\overline{p})}{n}}$

Term・Index

スバラシク面白いと評判の
初めから始める数学 B
改訂 10

マセマ

著　者　馬場 敬之
発行者　馬場 敬之
発行所　マセマ出版社
〒 332-0023 埼玉県川口市飯塚 3-7-21-502
TEL 048-253-1734　　FAX 048-253-1729
Email：info@mathema.jp
https://www.mathema.jp

編　集	山﨑 晃平		平成 25 年 1 月 23 日	初版発行
校閲・校正	高杉 豊　秋野 麻里子　馬場 貴史		平成 26 年 5 月 24 日	改訂 1 4 刷
			平成 27 年 6 月 12 日	改訂 2 4 刷
制作協力	久池井 茂　久池井 努　印藤 治		平成 28 年 10 月 27 日	改訂 3 4 刷
	滝本 隆　栄 瑠璃子　真下 久志		平成 29 年 9 月 23 日	改訂 4 4 刷
	間宮 栄二　町田 朱美		平成 30 年 5 月 12 日	改訂 5 4 刷
			平成元年 5 月 18 日	改訂 6 4 刷
カバーデザイン	児玉 篤　児玉 則子		令和 2 年 4 月 13 日	改訂 7 4 刷
ロゴデザイン	馬場 利貞		令和 2 年 11 月 22 日	改訂 8 4 刷
印刷所	中央精版印刷株式会社		令和 3 年 10 月 26 日	改訂 9 4 刷
			令和 5 年 6 月 14 日	改訂 10 初版発行

ISBN978-4-86615-305-6 C7041